教育部　财政部职业院校教师素质提高计划职教师资培养资源开发项目

《电子信息工程》专业职教师资培养资源开发（VTNE021）

# 电子工艺基础与实训

教育部　财政部　组编

马令坤　张震强　编著

电子工业出版社

Publishing House of Electronics Industry

北京·BEIJING

## 内 容 简 介

本书以电子产品的生产制造工艺为主,从电子元器件的准备、插装、焊接、装配等到电子产品的整机检验,较为全面地介绍了目前主流电子产品的生产工艺。在内容的选择上,既考虑了基本工艺技术、学生应掌握的基本技能,同时又考虑了工艺发展的前沿技术。全书共分 9 章,包括电子工艺基础、电子产品中常用元器件的检测、印制电路板的制作、电子产品制造工艺、典型电子产品的手工生产工艺、典型电子产品的流水线制造工艺、典型电子产品的现代生产工艺、电子产品的静电防护、电子技术文件等。

本书内容充实,可读性强,兼有实用性,可作为职教师资本科电子信息工程专业的核心教材,也可作为一般电子信息类专业的实训教材,同时还可作为职业教育、技术培训及相关工程人员的参考用书。

未经许可,不得以任何方式复制或抄袭本书之部分或全部内容。
版权所有,侵权必究。

图书在版编目(CIP)数据

电子工艺基础与实训/马令坤,张震强编著. —北京:电子工业出版社,2017.1
ISBN 978-7-121-30356-2

Ⅰ. ①电… Ⅱ. ①马… ②张… Ⅲ. ①电子技术-高等学校-教材 Ⅳ. ①TN

中国版本图书馆 CIP 数据核字(2016)第 274228 号

策划编辑:赵玉山
责任编辑:李 蕊
印　　刷:涿州市京南印刷厂
装　　订:涿州市京南印刷厂
出版发行:电子工业出版社
　　　　　北京市海淀区万寿路 173 信箱　邮编 100036
开　　本:787×1 092　1/16　印张:19.5　字数:499.2 千字
版　　次:2017 年 1 月第 1 版
印　　次:2017 年 1 月第 1 次印刷
定　　价:47.00 元

凡所购买电子工业出版社图书有缺损问题,请向购买书店调换。若书店售缺,请与本社发行部联系,联系及邮购电话:(010)88254888,88258888。
质量投诉请发邮件至 zlts@phei.com.cn,盗版侵权举报请发邮件至 dbqq@phei.com.cn。
本书咨询联系方式:(010)88254556,zhaoys@phei.com.cn。

教育部　财政部职业院校教师素质提高计划成果系列丛书

# 项目专家指导委员会

主　任：刘来泉
副主任：王宪成　郭春鸣
成　员：（按姓氏笔画排列）
　　　　刁哲军　王继平　王乐夫　邓泽民　石伟平　卢双盈　汤生玲　米　靖
　　　　刘正安　刘君义　孟庆国　沈　希　李仲阳　李栋学　李梦卿　吴全全
　　　　张元利　张建荣　周泽扬　姜大源　郭杰忠　夏金星　徐　流　徐　朔
　　　　曹　晔　崔世钢　韩亚兰

教育部　财政部职业院校教师素质提高计划成果系列丛书

# 《电子信息工程》专业职教师资培养资源开发
（VTNE021）

项目牵头单位：陕西科技大学
项目负责人：党宏社

# 出版说明

《国家中长期教育改革和发展规划纲要（2010—2020 年）》颁布实施以来，我国职业教育进入加快构建现代职业教育体系、全面提高技能型人才培养质量的新阶段。加快发展现代职业教育，实现职业教育改革发展新跨越，对职业学校"双师型"教师队伍建设提出了更高的要求。为此，教育部明确提出，要以推动教师专业化为引领，以加强"双师型"教师队伍建设为重点，以创新制度和机制为动力，以完善培养培训体系为保障，以实施素质提高计划为抓手，统筹规划，突出重点，改革创新，狠抓落实，切实提升职业院校教师队伍整体素质和建设水平，加快建成一支师德高尚、素质优良、技艺精湛、结构合理、专兼结合的高素质专业化的"双师型"教师队伍，为建设具有中国特色、世界水平的现代职业教育体系提供强有力的师资保障。

目前，我国共有 60 余所高校正在开展职教师资培养，但由于教师培养标准的缺失和培养课程资源的匮乏，制约了"双师型"教师培养质量的提高。为完善教师培养标准和课程体系，教育部、财政部在"职业院校教师素质提高计划"框架内专门设置了职教师资培养资源开发项目。中央财政划拨 1.5 亿元，用于系统地开发用于本科专业职教师资培养标准、培养方案、核心课程和特色教材等系列资源，其中，包括 88 个专业项目、12 个资格考试制度开发等公共项目。该项目由 42 家开设职业技术师范专业的高等学校牵头，组织近千家科研院所、职业学校、行业企业共同研发，一大批专家学者、优秀校长、一线教师、企业工程技术人员参与其中。

经过三年的努力，培养资源开发项目取得了丰硕成果。一是开发了中等职业学校 88 个专业（类）职教师资本科培养资源项目，内容包括专业教师标准、专业教师培养标准、评价方案，以及一系列专业课程大纲、主干课程教材及数字化资源；二是取得了 6 项公共基础研究成果，内容包括职教师资培养模式、国际职教师资培养、教育理论课程、质量保障体系、教学资源中心建设和学习平台开发等；三是完成了 18 个专业大类职教师资格标准及认证考试标准开发。上述成果共计 800 多种正式出版物。总体来说，培养资源开发项目实现了高效益：形成了一大批资源，填补了相关标准和资源的空白；凝聚了一支研发队伍，强化了教师培养的"校—企—校"协同；引领了一批高校的教学改革，带动了"双师型"教师的专业化培养。职教师资培养资源开发项目是支撑专业化培养的一项系统化、基础性工程，是加强职教教师培养培训一体化建设的关键环节，也是对职教师资培养培训基地教师专业化培养实践、教师教育研究能力的系统检阅。

  自 2013 年项目立项开题以来，各项目承担单位、项目负责人及全体开发人员做了大量深入细致的工作，结合职教教师培养实践，研发出很多填补空白、体现科学性和前瞻性的成果，有力推进了"双师型"教师专门化培养向更深层次发展。同时，专家指导委员会的各位专家以及项目管理办公室的各位同志，克服了许多困难，按照两部对项目开发工作的总体要求，为实施项目管理、研发、检查等投入了大量时间和心血，也为各个项目提供了专业的咨询和指导，有力地保障了项目实施和成果质量。在此，我们一并表示衷心的感谢。

编写委员会
2016 年 3 月

# 前　言

本教材是作者承担的教育部、财政部《职教师资本科专业培养标准、培养方案、核心课程和特色教材开发》（电子信息工程专业，VTNE021）的成果之一。该项目在广泛调研论证的基础上，制定了相应的教师标准、教师培养标准、教师评价方案及核心教材和数字化资源等。在项目研究过程中，得到了教育部职教师资培养资源开发项目专家指导委员会各位专家的精心指导和项目管理办公室的大力帮助，作者代表项目组在此表示感谢。

职教师资本科电子信息工程专业培养"懂专业、善教学、有技能、敢创新"的新型复合型人才，在对大量企业走访、中职学校调研、国家相关政策研读分析，以及多年来职教师资本科电子信息工程专业办学实践的基础上，深刻地认识到电子工艺知识和技能在学生未来职业生涯中的地位，确定了电子工艺能力为本专业的核心能力之一，理实一体化的教学方法是提升技能的有效途径。VTNE021项目组组织力量编写了基于工作过程系统化思想的《电子工艺基础与实训》一书，期望为职教师资电类专业人才培养中专业技能的训练提供参考。

本书在内容选取上，主要从目前企业的实际需求出发，以生产制造工艺为主线进行编排，在体现新技术、新工艺的基础上，强调基本工艺技能的介绍；在内容呈现方式上，尝试将知识体系的完整性与基于工作过程系统化思想的项目过程的完整性相结合，使学生在知识的运用中掌握电子制造工艺的基本规律、基本技能，突出了职业性，强调了理论与实践结合。

本书由马令坤任主编。陕西科技大学电气与信息工程学院张震强编写了第3章，张攀峰编写了第5、7、8章，李慧贞编写了第2、9章，马令坤编写了第1、4、6章；全书由马令坤统稿。

陕西科技大学职业教育师范学院院长刘正安老师、教育部相关专家对教材内容的组织与呈现方式给予了指导，在此表示衷心感谢！

限于编者的认识水平，不足之处在所难免，请读者批评指正！

编著者

# 目 录

## 第1章 电子工艺基础 (1)
### 1.1 电子工艺基本概念 (1)
### 1.2 电子产品制造工艺流程简介 (5)
#### 1.2.1 电子产品的研发过程 (5)
#### 1.2.2 电子产品的工艺工作流程 (5)
### 1.3 电子工艺的发展历程及趋势 (7)
思考与练习题 1 (9)

## 第2章 电子产品中常用元器件的检测 (10)
### 2.1 电子元器件检测的基本方法 (10)
### 2.2 电子元器件电气性能参数与检测原理 (12)
#### 2.2.1 电阻器及其检测 (12)
#### 2.2.2 电容器及其检测 (21)
#### 2.2.3 半导体器件及其检测 (27)
#### 2.2.4 电感器及其检测 (33)
#### 2.2.5 集成电路及其检测 (37)
#### 2.2.6 机电器件及其检测 (44)
思考与练习题 2 (51)

## 第3章 印制电路板的制作 (53)
### 3.1 印制电路板制作工艺概述 (53)
#### 3.1.1 印制电路板基础知识 (53)
#### 3.1.2 印制电路板设计软件 (55)
#### 3.1.3 印制电路板设计流程 (57)
#### 3.1.4 印制电路板排版设计 (58)
#### 3.1.5 印制电路板制作工艺 (62)
### 3.2 典型模拟电路 PCB 设计——音频功率放大器 PCB 设计 (69)
#### 3.2.1 设计要求 (69)
#### 3.2.2 原理图设计 (71)
#### 3.2.3 原理图库编辑 (90)
#### 3.2.4 封装库编辑 (94)
#### 3.2.5 电路板设计 (102)
### 3.3 典型数字电路 PCB 设计——交通灯控制演示电路 PCB 设计 (117)
#### 3.3.1 设计要求 (117)

3.3.2 原理图设计 …………………………………………………………………（119）
3.3.3 原理图库编辑 ………………………………………………………………（126）
3.3.4 封装库编辑 …………………………………………………………………（126）
3.3.5 电路板设计 …………………………………………………………………（129）
3.4 典型模数混合电路 PCB 设计——单片机最小系统 PCB 设计 …………………（130）
3.4.1 设计要求 ……………………………………………………………………（130）
3.4.2 原理图设计 …………………………………………………………………（132）
3.4.3 原理图库编辑 ………………………………………………………………（135）
3.4.4 封装库编辑 …………………………………………………………………（136）
3.4.5 电路板设计 …………………………………………………………………（136）
思考与练习题 3 …………………………………………………………………………（140）

# 第 4 章 电子产品生产制造工艺 …………………………………………………………（141）

4.1 电子产品生产过程概述 ……………………………………………………………（141）
4.2 电子产品的部件组装 ………………………………………………………………（141）
4.2.1 组装工艺的发展进程 ………………………………………………………（142）
4.2.2 印制电路板元器件的插装 …………………………………………………（142）
4.2.3 焊接工艺基础 ………………………………………………………………（145）
4.2.4 部件的检查 …………………………………………………………………（148）
4.2.5 部件的调试 …………………………………………………………………（148）
4.3 整机装配 ……………………………………………………………………………（150）
4.3.1 整机装配工艺 ………………………………………………………………（150）
4.3.2 整机装配的基本原则 ………………………………………………………（150）
4.3.3 整机装配和流水线作业法 …………………………………………………（151）
4.4 整机调试 ……………………………………………………………………………（151）
4.4.1 整机性能调试 ………………………………………………………………（151）
4.4.2 整机检验 ……………………………………………………………………（152）
4.4.3 整机的型式试验 ……………………………………………………………（153）
4.4.4 调试安全 ……………………………………………………………………（153）
4.4.5 调试仪器 ……………………………………………………………………（155）
思考与练习题 4 …………………………………………………………………………（157）

# 第 5 章 典型电子产品的手工生产工艺——调幅收音机的手工制作 ………………（159）

5.1 产品简介 ……………………………………………………………………………（159）
5.2 产品的特点与实施方案 ……………………………………………………………（164）
5.3 元器件的检测与成型 ………………………………………………………………（164）
5.4 产品的手工插装与焊接 ……………………………………………………………（166）
5.4.1 元器件的手工插装 …………………………………………………………（167）
5.4.2 印制电路板的手工焊接 ……………………………………………………（167）

5.4.3　插装与焊接质量评价 …………………………………………………（169）
5.5　产品装配 ……………………………………………………………………（173）
　　5.5.1　装配流程 ……………………………………………………………（173）
　　5.5.2　部件的装配 …………………………………………………………（173）
　　5.5.3　整机装配 ……………………………………………………………（174）
　　5.5.4　整机总装质量的检验 ………………………………………………（175）
5.6　产品调试 ……………………………………………………………………（175）
　　5.6.1　调试的主要指标 ……………………………………………………（175）
　　5.6.2　调试的步骤 …………………………………………………………（176）
　　5.6.3　整机电路的调试 ……………………………………………………（177）
5.7　整机质量检验 ………………………………………………………………（178）
思考与练习题 5 …………………………………………………………………（180）

## 第 6 章　典型电子产品的流水线制造工艺——5.5 英寸电视机的生产 …………（182）

6.1　产品简介 ……………………………………………………………………（182）
6.2　产品的特点与实施方案 ……………………………………………………（184）
6.3　元器件的检测 ………………………………………………………………（185）
　　6.3.1　常用元器件的检测 …………………………………………………（185）
　　6.3.2　特殊元器件的检测 …………………………………………………（193）
6.4　插装与焊接工艺 ……………………………………………………………（198）
　　6.4.1　主板的流水线手工插件 ……………………………………………（198）
　　6.4.2　主板的自动焊接 ……………………………………………………（200）
　　6.4.3　主板的自动插装 ……………………………………………………（205）
6.5　部件的准备与调试 …………………………………………………………（209）
　　6.5.1　部件调试的主要指标 ………………………………………………（209）
　　6.5.2　前控板与管座板准备测试 …………………………………………（210）
　　6.5.3　主板的调试 …………………………………………………………（212）
　　6.5.4　主板的在线调试 ……………………………………………………（214）
　　6.5.5　后壳组件的准备与测试 ……………………………………………（217）
6.6　整机装配与调试 ……………………………………………………………（218）
　　6.6.1　总装原则与要求 ……………………………………………………（218）
　　6.6.2　整机装配 ……………………………………………………………（220）
　　6.6.3　整机调试 ……………………………………………………………（220）
6.7　整机质量检验 ………………………………………………………………（222）
思考与练习题 6 …………………………………………………………………（223）

## 第 7 章　典型电子产品的现代生产工艺——手机生产工艺简介 …………………（224）

7.1　产品简介 ……………………………………………………………………（224）
7.2　产品的特点与实施方案 ……………………………………………………（227）

## 7.3 贴片元器件的识别与检测 (228)
### 7.3.1 常用元器件的识别与检测 (228)
### 7.3.2 特殊元器件的识别与检测 (231)
## 7.4 产品的生产流程 (235)
## 7.5 元器件贴装与焊接的 SMT 工艺 (237)
### 7.5.1 锡膏涂敷工艺 (237)
### 7.5.2 SMT 元器件贴片工艺 (239)
### 7.5.3 SMT 涂敷贴片胶工艺 (244)
### 7.5.4 印制电路板的组装及装焊工艺 (246)
### 7.5.5 SMT 焊接质量的检测方法 (250)
## 7.6 产品调试技术简介 (255)
### 7.6.1 调试系统结构 (256)
### 7.6.2 板测与综合测试 (256)
### 7.6.3 天线测试 (257)
## 7.7 整机装配与质量检验 (258)
## 思考与练习题 7 (259)

# 第 8 章 电子产品的静电防护 (260)
## 8.1 静电的产生与危害 (260)
## 8.2 电子器件的静电防护 (264)
## 8.3 电子产品设计中的静电防护 (266)
## 8.4 电子产品制造中的静电防护 (269)
## 思考与练习题 8 (271)

# 第 9 章 电子技术文件 (272)
## 9.1 电子技术文件概述 (272)
## 9.2 产品技术文件 (273)
### 9.2.1 产品技术文件的特点 (273)
### 9.2.2 设计文件 (274)
### 9.2.3 工艺文件 (276)
## 9.3 电子技术文件中的图形符号 (277)
### 9.3.1 常用符号 (277)
### 9.3.2 元器件代号及标准 (278)
## 9.4 原理图简介 (279)
### 9.4.1 系统图 (279)
### 9.4.2 电路图 (280)
### 9.4.3 逻辑图 (283)
### 9.4.4 流程图 (286)
### 9.4.5 功能表图简介 (288)

  9.4.6　图形符号灵活运用 ……………………………………………………………（288）
 9.5　工艺图简介 ……………………………………………………………………………（289）
  9.5.1　实物装配图 ……………………………………………………………………（289）
  9.5.2　印制电路板图 …………………………………………………………………（289）
  9.5.3　印制电路板装配图 ……………………………………………………………（290）
  9.5.4　布线图 …………………………………………………………………………（291）
  9.5.5　机壳底板图 ……………………………………………………………………（292）
  9.5.6　面板图 …………………………………………………………………………（293）
  9.5.7　元器件明细表及整件汇总表 …………………………………………………（294）
 思考与练习题 9 ……………………………………………………………………………（295）
**参考文献** ………………………………………………………………………………………（296）

# 第 1 章　电子工艺基础

## 1.1　电子工艺基本概念

工艺是生产者利用生产设备和生产工具,对各种原材料、半成品进行加工或处理,使之最后成为符合技术要求的产品的艺术(程序、方法、技术),它是人类在生产劳动中不断积累起来的并经过总结的操作经验和技术能力。工艺既表示生产过程(通常所谓工艺流程),也表示加工方法(表明处理工艺、热处理工艺、调试工艺等),还代表着制造质量(工艺水平)。

对于电子工业企业来说,制造工艺是产品生产的主要依据,以达到提高产品质量、降低生产成本、提高生产效率、增加核心竞争力的目的。制造工艺是实现产品设计,保证产品质量,节约能源,降低消耗的重要手段;是企业进行生产准备、计划调度、加工操作、质量检查、安全生产和健全劳动组织的依据;也是企业加速产品改进,提高经济效益的技术保证。可以说,工艺是企业科学生产的法律和法规,工艺学是一门综合性的科学。

电子产品的种类繁多,主要可分为电子材料(导线类、金属或非金属的零部件和结构件)、元器件、配件(整件)、整机和系统。其中,各种电子材料及元器件是构成配件和整机的基本单元,配件和整机又是组成电子系统的基本单元。这些产品一般由专门的厂家生产,必须根据它们的生产特点制定不同的制造工艺。同时,电子技术的应用非常广泛,电子产品涉及计算机、通信、仪器仪表、自动控制等领域,根据工作方式及使用环境的不同要求,其制造工艺又各不相同。所以,电子工艺学实际上是一个涉猎非常广泛的学科。

**1. 电子工艺的主要内容**

电子工艺研究的目的在于提高产品的质量及生产效率,工艺研究就是要发挥好生产过程中设计的所有要素的作用,做好工艺设计和管理工作。

1)电子产品生产中的要素

根据电子产品的类型和要求不同,其生产中的要素会有所不同,主要涉及生产工艺的技术手段和操作技能,即"人、机、料、法、环"五要素。

(1)人(Man)。"人、机、料、法、环"是构成电子制造企业的生产工艺五大要素,在这五大要素中,人是处于中心位置并占主要地位的,而人又是电子产品生产管理中最大的难点，也是目前所有生产管理中关注的重点，围绕着"人"这个因素，不同的企业有不同的管理方法。质量管理，以人为本，只有不断提高人的素质，才能不断提高生产活动或生产过程的质量、产品的质量、组织的质量、体系的质量及其组合的实体质量。只有良好素质、专业技能过硬的员工去操作机器，按合理的方法对原材料进行增值加工，按规定的程序去生产，并在生产过程中减少对环境的影响，电子制造企业才能良性发展。

（2）机（Machine）。机指生产中所使用的设备、工具等辅助生产用具。在生产中，设备是否正常运作、是否先进是影响生产进度、产品质量的又一要素。一个企业的发展，除了要提高人的素质和提升企业的外部形象外，企业内部的设备也要不断更新。

（3）料（Material）。料指物料，包括半成品、配件、原料等产品用料。现代的电子产品生产中所用到的材料，包括电子元器件、导线类、金属或非金属的材料，以及用它们制作的零部件或结构件等。这些材料往往是由企业的多个部门同时运作的，当某一材料或部件未完成时，整个电子产品都不能组装，造成装配工序停工待料。所以，在生产管理工作中必须密切注意前工序送来的半成品、仓库的零部件或结构件、自己工序的生产半成品或成品的进度情况。

（4）法（Method）。法指法则，是指生产过程中所需遵循的规章制度，包括工艺指导书、标准工序指引、生产图纸、生产计划表、产品作业标准、检验标准、各种操作规程等。它们的作用是能及时准确地反映产品的生产和产品质量的要求。严格按照规程作业，是保证产品质量和生产进度的一个重要条件。

（5）环（Environment）。环指环境，即企业生产过程中为使产品符合要求所需的工作环境。如对各种产品、原材料的摆放，工具、设备的布置和个人 5S 管理等工作场所的环境要求；生产过程中产品对 6 种化学物质（铅、汞、镉、六价铬、多溴联苯、多溴二苯醚）的环境控制要求；具体生产过程中对温度、湿度、无尘度等生产条件的要求。

2）工艺设计与工艺管理

在企业中，将产品图纸要求变成产品实物的过程；将原材料制成零件，将零件组装成部件、整机，最后成为产品的过程；对各种原材料、半成品进行加工或处理，最后成为产品的方法和过程，即是工艺设计与工艺管理工作的全部内容。工艺设计内容主要包括各类工艺文件的制定和各种工艺装备（专用设备、夹具、刀具、量具、检具、辅具等）图纸的设计；工艺管理内容主要指对生产制造过程中是否按照各类工艺文件的要求开展活动进行监督、检查、指导、管理。

（1）工艺管理工作。工艺管理工作贯穿于将原材料、半成品转变为成品（包括生产准备、加工、检验、装配、调试直至包装出厂）的全过程中，对制造技术工作进行科学的、系统的管理。它是解决、处理生产过程中相互之间生产关系方面的社会科学。

工艺管理工作包括编制工艺发展规划、编制技术改造规划，制定与组织贯彻工艺标准和工艺管理规章制度，明确各类有关人员和有关部门的工艺责任和权限，参与工艺纪律的考核和督促检查，开展新工艺试验与研究，组织技术革新和合理化建议活动，积极开展工艺情报工作。

工艺管理工作是制造过程中的组织管理与控制。主要内容是科学地分析产品零部件的工艺流程，合理地规定投产批次和批量，监督和指导工艺文件的正确实施，不断总结工艺实施过程中的经验，纠正差错，推广和实施先进经验，以求工艺过程的最优化，进行工序质量控制，配合生产部门搞好文明生产和定置管理。

（2）工艺设计工作。工艺设计工作指产品的工艺技术准备工作。在产品开发设计阶段，主要是工艺调研及产品设计的工艺性审查；在生产准备阶段，指设计各类工艺方案、工艺路线，编制各类工艺规程，编制原材料和工艺材料的技术定额及加工工时定额，专用工艺装备的设计、制造和生产验证，通用工艺装备标准的制定，进行工艺验证、工艺标准验证和工时定额验证等。

## 2．电子工艺的特点

电子工艺在电子产品设计和生产中起着重要作用，设计和工艺密不可分，但是长期以来，人们习惯性地认为只有电路和产品设计才是创造性的工作，没有正确理解工艺设计与工艺管理的重要意义。事实上，对于产品来讲，制造工艺更重要，没有先进的电子工艺就不能制造出高水平、高性能的电子产品。

1）电子工艺涉及众多科学技术领域

电子工艺的技术信息分散在广阔的领域中，与其他学科的知识相互交叉、相辅相成，成为技术密集的学科，其中最主要的有应用物理学、光刻工艺学、电气电子工程学、机械工程学、金属学、焊接学、工程热力学、材料科学、微电子学、计算机科学、工业设计学、人机工程学等。除此之外，还涉及数理统计学、运筹学、系统工程学、会计学等与企业管理有关的众多学科。所以，对电子工程技术人员的知识面、实践能力的要求比较高，即应该是通常所说的复合型人才。

按照传统的领域划分，IT产品技术可以分属于不同的专业，如计算机、通信、无线电技术、机械制造技术、自动控制、家用电器、自动化仪表、电子测量技术等，但从市场经济要求新技术商品化和产品化的角度看，上述不同专业的设计成果都必须历经生产过程才能转化为经济效益和社会效益，而新的元器件、新的材料、新的制造设备、新的生产手段、新的产品质量理念、新的生产管理模式的发展，要求制造技术和生产过程本身具有特别的性质。

2）电子工艺形成时间较晚而发展迅速

电子工艺技术虽然在生产实践中一直被广泛应用，但在国内作为一门学科而被系统研究的时间却不长。系统论述电子工艺的书刊资料不多，直到20世纪70年代后期，第一本系统论述电子工艺技术的书籍才面世，80年代在高等工科院校中才开设相关课程。随着电子科学技术的飞速发展，对电子工艺学也提出了越来越高的要求，人们在实践中不断探索新的工艺方法，寻找新的工艺材料，使电子工艺学的内涵及外延迅速扩展。可以说，电子工艺学是一门充满蓬勃生机的技术学科。与其他行业相比，电子产品制造工艺技术的更新要快得多。经常发生某项新的工艺方法还未能全面推广普及，就已经被更先进的技术所取代的情况。

3）掌握工艺知识是人才培养的基本要求

电子工艺技术人才是复合型人才，产品制造过程所涉及的工艺问题要求其具有广博的知识面和很好的文化基础，要求其对新的理论、新的方法、新的材料、新的设备有良好的感悟性，能够很快地理解、学习、掌握新的技术和知识；同时，电子产品制造过程所涉及的工艺问题很难通过学校的教育环境准确实践、完全理解，学生需要通过学校的学习，再通过在企业中不断学习、不断积累、不断总结，经过长时间的锻炼才能掌握特定电子产品的制造工艺。

工艺水平是企业竞争力的体现。当今的世界已进入知识经济的时代，大到一个国家，小到一个公司，经济、市场的竞争往往表现为关键工艺技术的竞争。从法律的角度，通过专利的手段对关键技术的知识产权进行保护；在企业内部，通过严格的文件管理、资料授权管理把企业的关键工艺技术掌握在一部分人手里；行业之间、企业之间实行技术保密和技术封锁，是非常普遍的现象。因此，获取、收集电子工艺的关键技术是非常困难的。

掌握基本电子工艺知识是培养合格理工科工程技术人员的基本要求。电子工艺学的概念贯穿于电子产品的设计与制造全过程，与生产实践紧密相连。在高等工科院校开设的电子工艺课程中，实践环节是非常重要的，是相关专业能否培养出合格的工程技术人才的关键。培养学生参加实践、提高动手能力、熟悉生产过程，在电子工艺课程的教学活动中应该得到具体的体现。

### 3. 电子工艺的基本原则

现代电子工艺有这样几个基本原则：效益优先、追求完美、以人为本。

1）效益优先的原则

工艺学是为企业制造服务的，对于企业及其所制造的产品来说，工艺工作的出发点是为了提高劳动生产率，生产优质产品及增加生产利润。它建立在对于时间、速度、能源、方法、程序、生产手段、工作环境、组织机构、劳动管理、质量控制等诸多因素的科学研究之上。

2）追求完美的原则

工艺学追求的是"尽善尽美"的产品。工艺工程师要不断设计、完善产品的制作流程和方法，调试和改进机器的工作状态，使生产效率和产品质量达到完美的境界。工艺学的理论及应用，指导企业从原材料采购开始，覆盖加工、制造、检验等每一个环节，直到成品包装、入库、运输和销售（包括销售中、销售后的技术服务及用户信息反馈），为企业组织有节奏的均衡生产提供科学的依据。同时，还应当认识到，在追求完美的过程中，还可能受到各方面的条件限制，适度"妥协"往往也是必要的。

3）以人为本的原则

工艺学的创立是为了实现在同等或更轻的劳动负荷下，生产出数量更多、质量更好的产品。工艺的设计、分析与改进必须考虑企业员工的利益、员工劳动的强度与承受能力，并建立在科学的人体生理学、人机工程学的基础上，不能一味地加大劳动强度，使之成为压榨、强迫员工高强度劳作的工具。和谐的企业文化和生产劳动环境，也是工艺学研究的主要内容之一。

## 1.2 电子产品制造工艺流程简介

电子产品制造工艺是制造的基础，工艺工作伴随产品的整个研发过程，是电子产品性能、质量、效益的决定环节；本节将根据产品的研发过程，介绍不同阶段工艺工作的要点。

### 1.2.1 电子产品的研发过程

这里所说的电子产品的研发过程，是指产品从开发到售出的全过程，一般来说应包括设计、试制、批量制造三个主要阶段。

1）设计

设计阶段应从市场调查开始，了解市场信息，分析用户心理，掌握用户对产品的质量要求。通过调查制定产品的设计方案，对方案进行可行性论证，找出技术关键及难点，对原理方案进行试验。在试验基础上进行样机设计，根据需要进行技术鉴定。

2）试制

试制阶段应进行设计性试制、产品设计定型和小批量试制的生产定型三个工作。依据第一阶段的样机设计资料进行样机试制，实现产品预期的性能指标，验证产品的工艺设计，根据需要，应进行产品鉴定。制定产品生产工艺，进行小批量试生产，并完善全套工艺技术资料。

3）批量制造（生产）

开发产品总希望达到批量生产的目的，生产批量越大，越容易降低成本以达到提高经济效益的目的。批量生产过程中应根据全套工艺技术资料进行生产组织工作，包括原材料供应，零部件的外协加工，工具设备的准备，场地布置，组织装配、调试生产流水线，进行各类人员的技术培训，设置各工序工种的质量检验，制定包装运输的标准及进行试验，开展宣传与销售工作，组织售后服务与维修等一系列工作。

### 1.2.2 电子产品的工艺工作流程

电子产品工艺工作流程是指产品从设计阶段、设计性试制阶段、小批量试生产阶段到大批量生产阶段过程中有关工艺方面的工作规程。工艺工作贯穿于产品设计、制造的全过程。

#### 1. 产品设计阶段的工艺工作

首先是参加新产品的设计调研和老产品的用户访问工作。针对产品结构、性能、精度的特点和企业的技术水平、设备条件等因素，进行工艺分析，提出改进产品工艺性的意见。对按照设计方案生产的初样进行工艺分析，对产品试制中可采用的新工艺、新技术、新型元器件及关键工艺技术进行可行性研究试验，并对引进的工艺技术进行消化吸收。最后，参加初样鉴定会，提出工艺性评审意见。

2．产品试制阶段的工艺工作

产品试制阶段包括设计性试制、设计定型和小批量生产。

1）进行产品设计工艺性审查

对于新设计的产品，在设计过程中均应进行工艺性审查。其目的在于使新设计的产品在满足技术要求的前提下，尽可能在现有生产条件下采用比较经济、合理的方法制造出来，并便于检测、使用和维修；当现有生产条件不能满足设计要求时，及时提出新的工艺方案和技术改造的建议与内容。另外，及时向设计部门提供新材料、新型元器件和新工艺的技术成果，以便改进设计。

工艺审查是从生产制造的角度提出工艺继承性的要求，审查设计文件是否最大限度地采用了典型结构设计、典型线路设计，以便尽可能采用典型工艺和标准工艺。

2）制定产品设计性试制工艺方案和编制必要的工艺文件

工艺方案是指导产品进行工艺准备工作的依据。工艺方案设计的原则是：在保证产品质量的同时，充分考虑生产周期、成本、环境保护和安全性。根据本企业的承受能力，积极采用国内外先进的工艺技术和装备，不断提高工艺管理和工艺技术的水平。

3）在产品设计性试制阶段，应该进行工艺质量评审

工艺质量评审是以产品设计文件（设计图纸和技术文件）、研制任务书或研制合同、有关标准、规范、技术管理和质量保证文件等作为主要依据，重点审查工艺总方案、生产说明书等文件，关键零件、重要部件、关键工序的工艺文件，以及特种工艺的工艺文件，所采用的新技术、新工艺、新材料、新元器件、新装备、新的计算方法和试验结果等。

3．样机试制与产品设计定型

在样机试制中，工艺人员应积极参与关键的装配、调试、检验及各项试验工作，做好原始记录和工艺技术服务工作。

根据样机试制中出现的各种情况，编写工艺审查报告。参加设计定型会，对样机试生产提出结论性意见。

4．小批量生产（产品生产性试制阶段）的工艺与生产定型

制定小批量生产（产品生产性试制阶段）的工艺方案。工艺方案应在总结样机试制工作的基础上，按照正式生产的生产类型要求，提出小批量生产前所需的各项工艺技术准备工作。

编制全套工艺文件并进行工艺标准化审查。工艺文件的编制要符合中华人民共和国电子行业标准的相关规定；工艺标准化审查和编制工艺标准化审查报告要按照有关规定

和要求执行。

组织指导产品试生产。根据工艺文件指导生产，进行工装验证、工艺验证和对生产车间的工艺技术服务。

修改工艺文件、工装。为满足产品正式投产的要求，全套工艺文件和工装要在产品生产性试制阶段通过试生产的考核，对其中不完善的部分进行修改和补充。

编写试制总结，协助组织生产定型会。

### 5. 产品批量生产阶段的工艺工作

完善和补充全套工艺文件。按照完整性、正确性、统一性的要求，完善和补充全套工艺文件。

制定批量生产的工艺方案。在总结生产性试制阶段情况的基础上，提出批量投产前需要进一步改进并完善工艺、工装和生产组织措施的意见和建议。

进行工艺质量评审。在产品批量投产之前，工艺质量评审要围绕批量生产的工序工程能力进行。特别是对于生产批量大的产品，要重点审查生产薄弱环节的工序工程能力。

组织、指导批量生产。按照生产现场工艺管理的要求，积极采用现代化的、科学的管理方法，组织、指导批量生产。

产品工艺技术总结。产品工艺技术总结应该包括下列内容：生产情况介绍；对产品性能与结构的工艺性分析；工艺文件成套性审查结论；产品生产定型会的资料和结论性意见。

## 1.3 电子工艺的发展历程及趋势

### 1. 电子工艺的发展历程

电子工艺的发展大概可分为 4 个时代。第一代电子工艺是指 20 世纪 50 年代的电子管时代，这一时代主要以手工装联焊接技术为基础进行捆扎导线和手工焊接等生产活动。第二代电子工艺是 20 世纪 50 年代至 70 年代的晶体管和集成电路时代，这一时代的工艺技术主要是通孔插装技术（THT），并且开始出现手工/机器插装、浸焊/波峰焊。第三代电子工艺是 20 世纪 70 年代开始的大规模集成电路时代，表面组装技术（SMT）的发明使双表面贴装和再流焊成为新的组装工艺特点，手机、计算机和数码产品就是这一时代的代表产品。第四代电子工艺是 20 世纪 90 年代开始的系统级（超大规模）集成电路时代，这一时代涌现出微组装技术（MPT），让组装工艺朝着多层、高密度、立体化和系统化方向发展。

现在处于三代技术交汇的时代，即第三代 SMT 技术已经成熟，且成为现代电子产品制造的主流技术；第四代 MPT 技术正在发展，已经部分进入实际应用阶段；而第二代 THT 技术仍然还有部分应用。处于这么一个特殊的时代，电子产业的突出特点是工程技术人员成了工业生产劳动的主要力量。在产品的生产过程中，科学的经营管理、先进的仪器设备、高效的工艺手段、严格的质量检查和低廉的生产成本成为赢得竞争的关键。时间、速度、能源、方法、程序、手段、质量、环境、组织、管理等一切与商品生产有关的因素变成人们研究的主要对象。

### 2. 电子产品工艺的发展趋势

（1）趋势一：技术的融合与交汇。

电子产品设备朝着高性能、多功能，向着轻薄、短小的方向发展，从而不断地推动着电子封装技术和组装技术朝着"高密度化、精细化"方向发展。

① 精细化：元器件的安装间距将从目前的 0.15mm 向 0.1mm 发展，工艺上对焊膏的印刷精度、图形质量及贴片精度提出了更高要求。SMT 从设备到工艺都将向着适应精细化组装的要求发展。

② 微组装化：元器件复合化和半导体封装的三维化和微小型化，驱动着板级系统安装设计的高密度化。将无源元器件及 IC 等全部设置在基板内部的终极三维封装及芯片堆叠封装（SDP）、多芯片封装（MCP）和堆叠芯片尺寸封装（SCSP）的大量应用，将迫使电子组装技术跨进微组装时代。引线键合、CSP 超声焊接、DCA、PoP（堆叠装配技术）等将进入板级组装工艺范围。

（2）趋势二：绿色化。

① 无铅：欧盟于 1998 年通过法案，明确规定从 2004 年 1 月起，任何电子产品中不可使用含铅焊料。欧洲电子电气设备指导法令（WEEE Directive）则规定到 2006 年 7 月 1 日，部分含铅电子设备的生产和进口将属非法，同时含铅电子产品也不允许在欧盟区域生产和销售。日本通过了"家用电子产品回收法案"提出限制铅的使用，电子封装协会（JIEP, Japan Institute of Electronics Packaging）在 2002 年的最新无铅路线图中已经要求到 2004 年年底，所有电子元器件均不含铅，而到 2005 年年底彻底废除电子产品中铅的使用。美国政府在 20 世纪 90 年代初的一些法案中就已经提出限制电子产品中铅的使用。中国政府也已于 2003 年 3 月由信息产业部拟定《电子信息产品生产污染防治管理法》，自 2006 年 7 月禁止电子产品中含有铅、汞、镉、六价铬、聚溴化联苯（PBB）、聚溴化苯基（PBDE）及其他有毒有害物质。

② 无卤：大部分有机卤素化合物本身是有毒的，在人体中潜伏可导致癌症，且其生物降解率很低，致使其积累在生态系统中，而且部分挥发性有机卤素化合物对臭氧层有极大的破坏作用，会对环境和人类健康造成严重影响。因此，它被列为对人类和环境有害的化学品，禁止或限量使用，是世界各国重点控制的污染物。

③ 其他方面：如绿色设计、能源效率、产品回收、大部分循环利用等方面。在全球变暖日益加剧，以及其他环境问题日益凸显的今天，电子工艺的绿色化进程无疑具有极大的意义和深远的影响，同时它对人的低碳生活也颇有启示。

（3）趋势三：标准化与国际化。

虽然电子工艺现在面临着一系列的问题，如技术的限制、知识产权的纠纷等。但总的来说，电子工艺的发展还是会朝着标准化与国际化的方向前进。

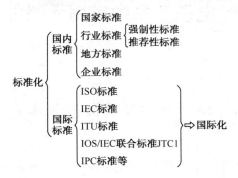

本书的任务在于讨论电子整机（包括配件）产品的制造工艺。这是由于，对于大多数接触电子技术的工程技术人员来说，主要涉及的是这类产品从设计开始，在试验、装配、焊接、调试、检验等方面的工艺过程。对于各种电子材料及电子元器件，则是从使用的角度讨论它们的外部特性及其选择和检验。

就电子产品的生产过程而言，主要涉及两个方面：一方面是制造工艺的技术手段和操作技能；另一方面是工艺设计与管理，是对生产制造过程组织管理与控制。本书主要对第一方面的内容进行比较详细的叙述，而对第二方面的内容仅做简单介绍。

# 思考与练习题 1

1. 电子工艺的内涵是什么？
2. 简述电子产品在开发的不同时期的工艺工作流程与特点。
3. 简述电子工艺的发展趋势。

# 第 2 章　电子产品中常用元器件的检测

## 2.1　电子元器件检测的基本方法

　　电子元器件是组成电子产品整机电路的最小单元，了解并掌握常用电子元器件的种类、结构、性能，并能正确应用对电子产品的设计、制造有着十分重要的意义。

　　电子元器件一般分为无源元器件和有源元器件两大类。无源元器件不需要电源即可工作，如电阻器、电容器、电感器、开关、接插件等。无源元器件也常被叫作元件，并可分为耗能元件、储能元件和结构元件。电阻器属耗能元件；电容器存储电能、电感器存储磁能，属于储能元件；开关、接插件属于结构元件。工作时不仅需要输入信号，同时需要电源支持的元器件被称为有源元器件，如晶体管、集成电路等。有源元器件也常被叫作器件。本章将主要介绍各种常用电子元器件的基本知识、性能和测量方法。

　　在正规的工业化生产过程中，电子生产企业都有专门的质检部门，一般配备专门的检测仪器和装备，由专门的检测筛选车间或工位，按照有关工艺文件对上机的元器件进行严格的检测和筛选。在产品研制或小批量生产中往往不具备这些条件，但要保证装配、调试顺利进行，装、焊前的检测和筛选是绝不可少的步骤，否则等到调试时发现电路不能正常工作再找原因、检查元器件将浪费大量时间和精力，且容易造成元器件和印制电路板的损坏。

**1. 外观质量检查**

　　外观质量检查是最简单易行的检查，可以先期发现某些元器件的缺陷和采购包装、运输过程中的某些失误。一般常用元器件外观检查的内容和标准如下。

　　（1）型号、规格、厂商、产地应与设计要求符合，外包装应完整无损。

　　（2）元器件外观应完好无损，表面无凹陷、划伤、裂纹等缺陷；外部有涂层的元器件应无脱落和擦伤。

　　（3）电极引线应无压折和弯曲，镀层完好光洁，无氧化锈蚀。

　　（4）元器件上的型号、规格标记应该清晰、完整，色标位置、颜色应符合标准，特别是集成电路上的字符要认真检查。

　　（5）有机械结构的元器件要求尺寸合格、螺纹灵活、转动手感合适；开关类元器件操作灵活，手感良好；接插件松紧适宜，接触良好等。

　　各种元器件用于不同的电子产品都有自身特点和要求，除上述共同点外往往还有特殊要求，应根据具体应用区别对待。

## 2．电气性能筛选

要使电子产品稳定可靠工作，并能经受环境和其他一些不利条件的考验，对元器件进行必要的筛选是其重要的一个环节。筛选就是通过对电子元器件施加一种或多种应力等方式使其固有缺陷暴露。

1）浴盆曲线

如图 2-1 所示的电子元器件效能曲线，又称"浴盆曲线"，是科技工作者在元器件使用实践中总结出来的规律。

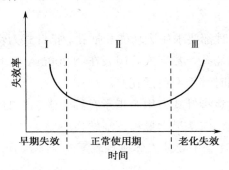

图 2-1　产品效能曲线

在元器件刚投入使用的时候一般失效率较高。这是由于元器件在制造过程中由于原材料、设备、工艺、检验等方面缺陷而造成的，可以通过元器件制造厂的努力降低，但无法杜绝。在正常使用期，一般元器件失效率较低，也称偶然失效期。过了这一阶段后元器件就进入老化失效期，也称损耗失效期，该元器件的工作寿命即告结束。

2）筛选和老化

筛选可以人为制造元器件早期工作条件，将早期失效的产品在使用之前就剔除，从而提高产品可靠性。

在生产过程中老化的内容有高温存储老化，高、低温循环老化，高、低温冲击老化和高温功率老化等。其中常用的高温功率老化，要给元器件模拟工作条件通电，同时给元器件加上高达 80～180℃的温度进行数小时到数十小时的老化，然后测试筛选。

老化需要专门的设备，耗费较多的工时和能量。随着元器件生产水平的提高，在实际生产中根据国家和企业标准来选择不同的老化筛选要求和工艺。对可靠性要求极高的产品，如航天电子设备应 100%严格筛选；一般要求不高的民品采用抽样检测方式；而一般电子产品研制和制造则多采用自然老化和简易电老化方式。

自然老化就是将元器件经过一段时间的存储，在自然温度变化条件下内部应力释放，性能趋于稳定，然后进行测试筛选。但元器件存储时间过长会导致引线氧化锈蚀，焊接性能变差，某些元器件（如电解电容）会因时间过长而性能变化，因此自然老化以不超过一年为宜。

对某些急用和关键部位的元器件可采用简易电老化，即给元器件加上超过工作条件的电压和电流，通电几分钟或更长时间，利用通电发热完成老化过程。

### 3. 参数性能检测

经过外观检查及老化的元器件，还必须进行性能指标的测试，淘汰已失效的元器件。

正规的元器件检测需要多种通用或专门测试仪器。一般性的电子制作和技术改造，利用万用表等普通仪表对元器件检测即可满足产品要求。万用表检测的使用要求如下。

（1）万用表目前常用的有指针式（也称模拟式）和数字式两种，指针式万用表可靠耐用，观察动态过程直观，但读数精度和分辨力较低；数字式万用表读数精确直观，输入阻抗高，但使用维护要求较高。一般检测指针式万用表都可胜任，要求精确度高时应采用数字式万用表。

（2）两种万用表使用时都要求先选功能和插孔。指针式万用表一般测大电流（超过0.5A）、高电压时有专门插孔。数字式万用表在测200mA以上电流时用专用插孔（有些型号的万用表测电流挡时都用专用插孔）。

（3）选择量程时应注意指针式万用表指示在约为满刻度的2/3处，此时误差较小。如果被测量难以确定范围，应从最大量程逐渐转换。

（4）在使用万用表时注意不要使人体接触表笔的金属部分，以保证测量准确和人身安全。

（5）测量高电压或大电流时不得在测量的同时换挡，需换挡时应断开表笔，否则容易损坏万用表。

（6）测量有极性元器件（如二极管、三极管、电解电容等）时应注意表笔极性。在电阻挡，指针式万用表和数字式万用表的极性及表笔间电压如表2-1所示。

表2-1 万用表电阻挡测量表笔间电压

| | 红 表 笔 | 黑 表 笔 | 表笔间电压 |
| --- | --- | --- | --- |
| 指针式万用表 | - | + | 10k挡 9～22.5V，其余1.5V |
| 数字式万用表 | + | - | 所有挡都小于2.8V |

## 2.2 电子元器件电气性能参数与检测原理

### 2.2.1 电阻器及其检测

#### 1. 电阻器和电位器的型号命名方法

对于二端元器件，伏-安特性满足 $u=Ri$ 关系的理想电路元器件叫电阻器，其值大小就是比例系数 $R$（当电流单位为安培、电压单位为伏特时，电阻的单位为欧姆），在电路中常用来做分压、限流等。电阻器可分为固定电阻器（含特种电阻器）和可变电阻器

（电位器）两大类。

国内电阻器和电位器的型号一般由 4 部分组成，如图 2-2 所示。其中各部分的确切含义见表 2-2。

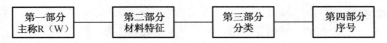

图 2-2  电阻器的型号命名

表 2-2  电阻器和电位器型号的命名方法

| 第一部分 | | 第二部分 | | 第三部分 | | 第四部分 |
|---|---|---|---|---|---|---|
| 用字母表示主称 | | 用字母表示材料 | | 用数字或字母表示分类 | | |
| 符号 | 意义 | 符号 | 意义 | 符号 | 意义 | |
| R | 电阻器 | T | 碳膜 | 1 | 普通 | 用数字表示序号 |
| | | P | 硼碳膜 | 2 | 普通 | |
| | | U | 硅碳膜 | 3 | 超高频 | |
| | | H | 合成膜 | 4 | 高阻 | |
| | | I | 玻璃釉膜 | 5 | 高温 | |
| | | J | 金属膜（箔） | 7 | 精密 | |
| | | | | 8 | 电阻：高压；电位器：特殊 | |
| W | 电位器 | Y | 氧化膜 | 9 | 特殊 | |
| | | S | 有机实心 | G | 高功率 | |
| | | N | 无机实心 | T | 可调 | |
| | | X | 线绕 | X | 小型 | |
| | | | | L | 测量用 | |
| | | C | 沉积膜 | W | 微调 | |
| | | G | 光敏 | D | 多圈 | |

例如：RJ71—精密金属膜电阻器；WSW1—微调有机实心电位器。

常用电阻器、电位器的外形及图形符号如图 2-3 所示。

## 2．电阻器的主要参数及标志方法

1）电阻器的标称阻值和偏差

由于工业化大批量生产的电阻器不可能满足使用者对阻值的所有要求，所以为了保证能在一定的阻值范围内选用电阻器，就需要按一定规律设计电阻器的值。一般选用一个特殊的几何级数，其通项公式为：

$$a_n = (\sqrt[k]{10})^{n-1}$$

式中，$\sqrt[k]{10}$ 是几何级数的公比，$n$ 是几何级数的项数。若在 10 内要求有 6 个值，则 $k$ 选为 6，公比是 1.48，在 10 以内的 6 个值分别为 1.1、1.468、2.154、3.162、4.642、6.813，然后将数值归纳并取其接近值，则为 1.0、1.5、2.2、3.3、4.7、6.8。电阻器的标称值系

列就是将 $k$ 分别选择为 6、12、24、48、96、192 所得值化整后构成的几何级数数列，称为 E6、E12、E24、ZE48、E96、W192 系列，这些系列分别适用于允许偏差为±20%、±10%、±5%、±1%和±0.5%的电阻器。

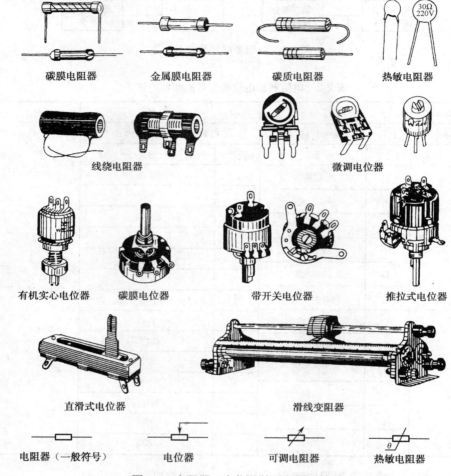

图 2-3  电阻器、电位器外形及图形符号

这种标称值系列（如表 2-3 所示）的优越性就在于：在同一系列相邻两值中较小数值的正偏差与较大数值的负偏差彼此衔接或重叠，所以制造出来的电阻器都可以按照一定的标称值和误差分选。

表 2-3  普通电阻器的标称阻值系列

| E24 | E12 | E6 | E24 | E12 | E6 |
|---|---|---|---|---|---|
| 允许偏差 | 允许偏差 | 允许偏差 | 允许偏差 | 允许偏差 | 允许偏差 |
| ±5% | ±10% | ±20% | ±5% | ±10% | ±20% |
| 1.0 | 1.0 | 1.0 | 3.3 | 3.3 | 3.3 |
| 1.1 |  |  | 3.6 |  |  |
| 1.2 | 1.2 |  | 3.9 | 3.9 |  |

续表

| E24 允许偏差 | E12 允许偏差 | E6 允许偏差 | E24 允许偏差 | E12 允许偏差 | E6 允许偏差 |
|---|---|---|---|---|---|
| 1.3 | | | 4.3 | | |
| 1.5 | 1.5 | 1.5 | 4.7 | 4.7 | 4.7 |
| 1.6 | | | 5.1 | | |
| 1.8 | 1.8 | | 5.6 | 5.6 | |
| 2.0 | | | 6.2 | | |
| 2.2 | 2.2 | 2.2 | 6.8 | 6.8 | 6.8 |
| 2.4 | | | 7.5 | | |
| 2.7 | 2.7 | | 8.2 | 8.2 | |
| 3.0 | | | 9.1 | | |

电阻器的标称电阻值和偏差一般都直接标在电阻体上,其标志方法有三种:直标法、文字符号法和色标法。

(1)直标法。直标法是用阿拉伯数字和单位符号在电阻器表面直接标出标称阻值,如图2-4所示,其允许偏差直接用百分数表示。

(2)文字符号法。文字符号法是用阿拉伯数字和文字符号有规律的组合来表示标称阻值,其允许偏差也用文字符号表示,如表2-4所示。符号前面的数字表示整数阻值,后面的数字依次表示第一位小数阻值和第二位小数阻值,其表示电阻单位的文字符号如表2-5所示。例如,1R5表示1.5Ω,2K7表示2.7kΩ。

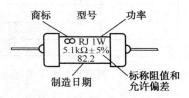

图2-4 直标法表示的电阻器

表2-4 表示允许偏差的文字符号

| 文字符号 | 允许偏差 |
|---|---|
| B | ±0.1% |
| C | ±0.25% |
| D | ±0.5% |
| F | ±1% |
| G | ±2% |
| J | ±5% |
| K | ±10% |
| M | ±20% |
| N | ±30% |

表2-5 表示电阻单位的文字符号

| 文字符号 | 所表示的单位 |
|---|---|
| R | 欧姆(Ω) |
| K | 千欧姆($10^3$Ω) |
| M | 兆欧姆($10^6$Ω) |
| G | 千兆欧姆($10^9$Ω) |
| T | 兆兆欧姆($10^{12}$Ω) |

(3)色标法。色标法是用不同颜色的带或点在电阻器表面标出标称阻值和允许偏差。根据其精度不同又分为两种色标法,分别如图2-5和图2-6所示。

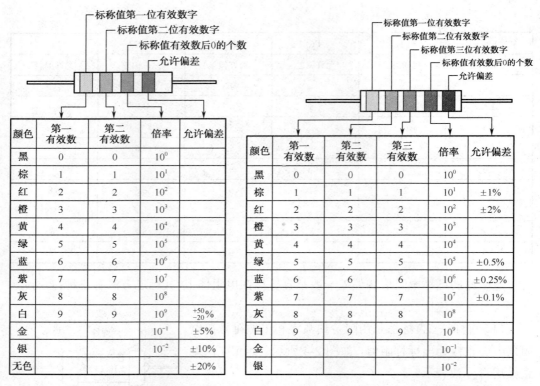

图 2-5 两位有效数字的阻值色标法　　图 2-6 三位有效数字的阻值色标法

① 两位有效数字的阻值色标法。普通电阻器用四条色带表示标称阻值和允许偏差，其中三条表示阻值，一条表示偏差。例如，电阻器上的色带依次为绿、黑、橙、无色，则表示其标称阻值为 50×1000=50kΩ，允许偏差为±20%；又如电阻器上的色带依次是红、红、黑、金，则表示其标称阻值为 22×1=22Ω，允许偏差是 5%。

② 三位有效数字的阻值色标法。精密电阻器用五条色带表示标称阻值和允许偏差。例如，色带是棕、蓝、绿、黑、棕，则表示 165Ω±1%的电阻器。

2）电阻器的额定功率

额定功率指电阻器在正常大气压力（650～800mmHg）及额定温度下，长期连续工作并能满足规定的性能要求时，所允许耗散的最大功率。

电阻器的额定功率也是采用了标准化的额定功率系列值，其中线绕电阻器的额定功率系列为 3W、4W、8W、10W、16W、25W、40W、50W、75W、100W、150W、250W、500W。非线绕电阻器的额定功率系列为 0.05W、0.125W、0.25W、0.5W、1W、2W、5W。

小于 1W 的电阻器在电路图中常不标出额定功率符号。大于 1W 的电阻器都用数字加单位表示，如 25W。

在电路图中表示电阻器额定功率的图形符号如图 2-7 所示。

电阻器的其他参数还有：表示电阻器热稳定性的温度系数；表示电阻器对外加电压的稳定程度的电压系数；表示电阻器长期工作不发生过热或电压击穿损坏等现象的最大工作电压等。

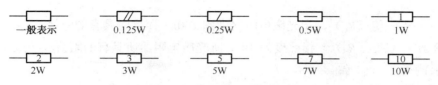

图 2-7 电阻器额定功率的图形符号

### 3．电阻器的种类、结构及性能特点

电阻器的种类很多，分类方法也各不相同。通常有固定电阻器、可变电阻器和敏感电阻器之分。若按电阻器的材料的不同，可分为线绕电阻器和非线绕电阻器。线绕电阻器又可分为通用线绕电阻器、精密线绕电阻器、功率线绕电阻器、高频线绕电阻器等；非线绕电阻器有碳膜电阻器、金属膜电阻器、金属氧化膜电阻器、合成碳膜电阻器、金属玻璃釉电阻器等。按结构形状可分为棒状电阻器、管状电阻器、片状电阻器、有机合成实心电阻器、无机合成实心电阻器等。按用途的不同可分为通用型、高阻型、高压型、高频无感电阻器。按引出线的不同可分为轴向引线电阻器、径向引线电阻器、同向引线电阻器等。

另外，还有一种特殊用途的敏感电阻器，如光敏电阻器、热敏电阻器、压敏电阻器、气敏电阻器、力敏电阻器、磁敏电阻器等。这些敏感电阻器在电路中主要用作传感器，以实现将其他光、热、压力、气味等物理量转换成电信号的功能。

### 4．敏感电阻器

敏感电阻器是一些对温度、光、电压、外力、气味等反应敏感的电阻器。利用这些敏感电阻元器件将不同的物理量转换成电信号以便进行处理，已成为自动控制技术中的主要内容之一。下面简单介绍几种常用的敏感电阻器的种类及特性参数。

1）光敏电阻器

光敏电阻器是利用半导体材料的光电导特性制成的。根据光谱特性可分为红外光敏电阻器、可见光光敏电阻器及紫外线光敏电阻器等。其中可见光光敏电阻器有硫化镉、硒化镓电阻器；红外光敏电阻器有硫化镉、硒化镉、硫化铅光敏电阻器。而硫化镉光敏电阻器的光谱响应范围在常温下为 $0.5\sim0.8\mu m$，时间常数为 $1\mu s\sim1s$。光敏电阻器由玻璃基片、光敏层、电极组成，外形结构多为片状。其外形结构和电路符号如图 2-8 所示。它以灵敏度高、体积小、结构简单、价格便宜等优点而被广泛应用于光电自动检测、自动计数、自动报警、照相机自动曝光等电路中。

主要参数：

（1）额定功率（$P_m$），指光敏电阻器在规定条件下长期连续负荷所允许消耗的最大功率。

（2）最高工作电压（$U_m$），指光敏电阻器在额定功耗下所允许承受的最高电压。

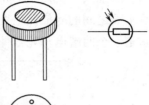

图 2-8 光敏电阻器外形结构和电路符号

（3）亮电阻值（$R_L$），指光敏电阻器受到100Lx照度时具有的阻值。

（4）暗电阻值（$R_0$），指照度为0Lx时光敏电阻器所具有的阻值（一般在光源关闭30s后测量）。

（5）时间常数（$\tau$），指光敏电阻体从光照跃变开始到稳定亮电流的63%所需的时间。

2）热敏电阻器

热敏电阻器大多由半导体材料制成。它的阻值随温度的变化而变化。如果阻值的变化趋势与温度变化趋势一致，则称为正温度系数电阻器，简称PTC；否则称为负温度系数电阻器，简称NTC，NTC被广泛用来作为电路中的温度补偿元器件。

3）压敏电阻器

压敏电阻器是利用半导体材料的非线性特性的原理制成的，是外加电压增加到某一临界值时，电阻器的阻值急剧变小的敏感电阻器，也称为电压敏感电阻器。按材料来分，可分为氧化锌压敏电阻器、碳化硅压敏电阻器等。压敏电阻器在电路中主要用于过电压保护、电路中浪涌电流的吸收和消除噪声等。

4）磁敏电阻器

磁敏电阻器是利用磁电效应能改变电阻器的电阻值的原理制成的，其阻值会随穿过它的磁通密度的变化而变化。形状多为片形，工作温度范围在0～65℃。一般由锑化铟、砷化铟等半导体材料制成，主要用于测定磁场强度，在频率测量、自动控制技术中有着广泛应用。

5）力敏电阻器

力敏电阻器是利用半导体材料的压力电阻效应制成的新型半导体元器件，即电阻值随外加应力的大小而改变。利用力敏电阻器能够将机械力（加速度）转变成电信号的特性，可以制成加速度计、张力计、半导体传声器及各种压力传感器等。

另外，还有湿敏电阻器、气敏电阻器等，这里就不一一介绍了。

### 5. 电位器

电位器实际上是一种可变电阻器，通常由两个固定输出端和一个转动或滑动端（也称中心抽头）组成，滑动端可以在固定输出端之间的电阻体上做机械运动，使其与固定输出端之间的阻值发生变化。其主要作用是分压、分流和作为变阻器。当用作分压器时，它是一个四端电子元器件；当用作变阻器时，它是一个两端电子元器件，如图2-9所示。

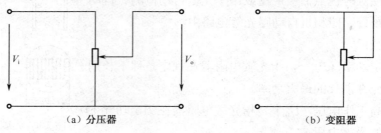

（a）分压器　　（b）变阻器

图2-9　电位器原理图

1）电位器主要参数

电位器主要参数中的标称阻值、额定功率、温度系数等与电阻器相同，不再重述，这里仅介绍电位器的阻值变化规律、分辨率及机械寿命几个特殊参数。

（1）阻值变化规律。电位器的阻值变化规律是指其阻值随滑动触点旋转角度或滑动行程之间的变化关系。常用的有直线式、对数式和指数式三种，分别用 X、D、Z 来表示，如图 2-10 所示。

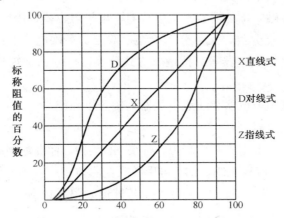

图 2-10　电位器旋转角和实际阻值变化关系

直线式电位器的阻值变化与旋转角度呈直线关系，可用于分压、调流等。

指数式电位器因其上的导电物质分布不均匀，所以其阻值按旋转角度呈指数关系变化。列如，由于人耳对声音响度的听觉特性是接近对数关系的，当音量以零开始逐渐变大的一段过程中，人耳对音量变化的听觉最灵敏，当音量大到一定程度后，人耳听觉逐渐变迟钝。所以音量调整一般采用指数式电位器，使声音变化听起来平稳、舒适。

对数式电位器的阻值按旋转角度呈对数关系变化，一般用在收录机、电视机的音调控制电路中。

（2）分辨率。分辨率反映了电位器的调节精度，对于线绕电位器来讲，当动触点每移动一圈时，输出电压的变化量与输出电压的比值为其分辨率。非线绕电位器的阻值连续变化，所以分辨率较高。

（3）机械寿命。机械寿命指电位器在规定的试验条件下，动触点运动的总周数，通常又称为耐磨寿命。线绕电位器的机械寿命为 500 周左右，合成碳膜电位器的机械寿命可达两万周次。

2）电位器的种类

电位器种类繁多，分法也不同。按电阻体的材料可分为线绕电位器和非线绕电位器。线绕电位器又分为通用线绕电位器、精密线绕电位器、功率型线绕电位器、微调线绕电位器等。非线绕电位器又可分为合成碳膜电位器、金属膜电位器、金属氧化膜电位器、玻璃釉电位器等膜式电位器和有机实心、无机实心型的实心式电位器。

线绕电位器的电阻体是用电阻丝绕在绝缘胶木上制成的。其特点是：耐高温、精度高、额定功率大、稳定性好、寿命长，但其阻值范围小，分布参数大。膜式电位器的共同特点是阻值范围宽、分辨率高、分布电容和分布电感小、制作容易、价格便宜，但比线绕电位器的额定功率小，寿命也短。有机实心电位器是用炭黑、石墨、石英粉、有机黏合剂等经过加热加压后压入塑料基体上制成的，其特点是可靠性高、体积小、耐磨性好、分辨率高、阻值范围宽、耐热性好；但其耐湿性不好、噪声大、精度低，主要用于对可靠性要求较高的电路中。

电位器按接触方式来分类，又分为接触式电位器和非接触式电位器。前面介绍的都属于接触式的。非接触式电位器有光电电位器、电子电位器、磁敏电位器等。

电位器按结构特点分类，又可分为单连、双连、多联电位器；单圈、多圈、开关电位器；锁紧、非锁紧电位器等。按调节方式分类，可分为旋转式电位器和直滑式电位器等。

下面仅以合成碳膜电位器和线绕电位器为例予以介绍。

（1）合成碳膜电位器。

合成碳膜电位器的电阻体是用炭黑、石墨、石英粉、有机黏合剂等配成的一种悬浮液，涂在玻璃纤维板或胶板上制成的。再用各类电阻体制成各种电位器，如片状半可调电位器、带开关的电位器、精密电位器等，其外形如图 2-11 所示。

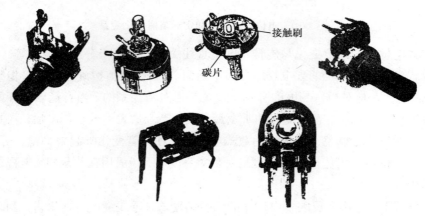

图 2-11　合成碳膜电位器外形

性能特点：

① 阻值范围宽，从几百欧到几兆欧。

② 分辨率高，由于阻值可连续变化，因此分辨率高。

③ 能制成各种类型的电位器，碳膜电阻体可以按不同要求配比组合电阻液，从而制成多种类型的电位器，如精密电位器、函数式电位器等。

④ 寿命长、价格低、型号多，得到广泛应用。

合成碳膜电位器的不足之处：

① 功率较小，一般小于 2W。

② 耐高温性、耐湿性差。

③ 滑动噪声大，温度系数较大。

④ 低阻值的电位器（小于 100Ω）不易制造。

(2) 线绕电位器。

线绕电位器是由电阻体和带滑动触点的转动系统组成的。电阻体是由电阻丝绕在涂有绝缘材料的金属或非金属板片上，制成圆环形或其他形状，经有关处理而成的。

性能特点：

① 耐热性好，温度系数小，并能制成功率电位器。

② 因为金属电阻丝是规则晶体，因此噪声低、稳定性好。

③ 可制成精密线绕电位器。

线绕电位器的不足之处：分辨低，耐磨性差，分布电容和固有电感大，不适合高频电路中使用。

#### 6. 电阻器、电位器性能检测

测量电阻器、电位器时一般采用万用表的欧姆挡来进行。测量前，应先将万用表调零。无论使用指针式还是数字式万用表测量电阻值，都必须注意以下三点。

（1）选挡要合适，即挡值要略大于被测电阻的标称阻值。如果没有标称值，可以先用较高挡位试测，然后逐步逼近正确挡位。

（2）测量时不可用两手同时抓住被测电阻两端引出线，那样会把人体电阻和被测电阻并联起来，使测量结果偏小。

（3）若测量电路中的某个电阻器，则必须将电阻器的一端从电路中断开，以防电路中的其他元器件影响测量结果。

（4）电位器检测需要测试三次，即两个固定端的阻值、活动端与固定端的阻值、活动端与固定端的阻值在旋转过程中的变化情况。

### 2.2.2 电容器及其检测

#### 1. 电容器的型号命名方法

伏-安特性满足 $i = C\dfrac{\mathrm{d}u}{\mathrm{d}t}$ 关系的理想电路元器件叫电容器，其值大小就是比例系数 $C$（当电流单位为安培、电压单位为伏特时，电容的单位为法拉），在电路中常用来做耦合、旁路等。

电容器种类繁多，分类方式有多种，通常按绝缘介质材料分类，有时也按容量是否可调分类。国内电容器的型号一般由以下四部分组成，如图 2-12 所示。各部分的确切含义如表 2-6、表 2-7 所示。

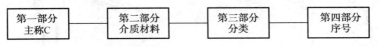

图 2-12　电容器的型号命名

表2-6 用字母表示产品的材料

| 字 母 | 电容器介质材料 | 字 母 | 电容器介质材料 |
|---|---|---|---|
| A | 钽电解 | L | 聚酯等极性有机薄膜 |
| B | 聚苯乙烯等非极性薄膜 | N | 铌电解 |
| C | 高频陶瓷 | O | 玻璃膜 |
| D | 铝电解 | Q | 漆膜 |
| E | 其他材料电解 | ST | 低频陶瓷 |
| G | 合金电解 | VX | 云母纸 |
| H | 纸膜复合 | Y | 云母 |
| I | 玻璃釉 | Z | 纸 |
| J | 金属化纸介 | | |

表2-7 用数字表示产品的分类

| 数 字 | 瓷介电容器 | 云母电容器 | 有机电容器 | 电解电容器 |
|---|---|---|---|---|
| 1 | 圆形 | 非密封 | 非密封 | 箔式 |
| 2 | 管形 | 非密封 | 非密封 | 箔式 |
| 3 | 叠片 | 密封 | 密封 | 烧结粉，非固体 |
| 4 | 独石 | 密封 | 密封 | 烧结粉，固体 |
| 5 | 穿心 | | 穿心 | |
| 6 | 支柱等 | | | |
| 7 | | | | 无极性 |
| 8 | 高压 | 高压 | 高压 | |
| 9 | | | 特殊 | 特殊 |

例如，CCW1表示圆片形微调瓷介电容器；CL21表示聚酯薄膜介质电容器；CD11表示铝电解电容器。

常见电容器的外形及电路符号如图2-13所示。

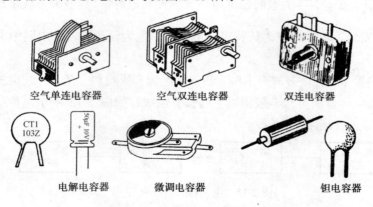

图2-13 电容器的外形及电路符号

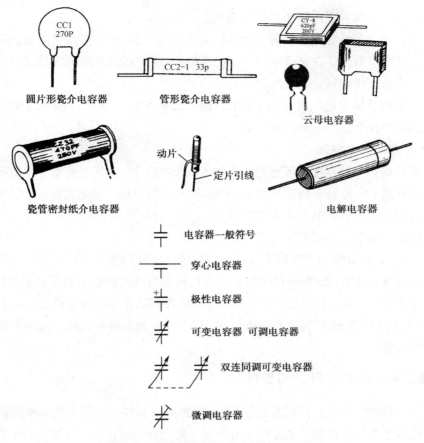

图 2-13 电容器的外形及电路符号（续）

## 2. 电容器的主要参数及标志方法

1）电容器的标称容量和偏差

不同材料制造的电容器，其标称容量系列也不一样，一般电容器的标称容量系列与电阻器采用的系列相同，即 E24、E12、E6 系列。

电容器的标称容量和偏差一般直接标在电容体上，其标志方法和电阻器一样，有直标法、文字符号法和色标法三种。

（1）直标法就是将标称容量及偏差值直接标在电容体上，如 $0.22\mu F \pm 10\%$。

（2）文字符号法就是将容量的整数部分写在容量单位标志符号的前面，容量的小数部分写在容量单位标志符号的后面。例如，2.2pF 写为 2p2；6800pF 写为 6n8；$0.01\mu F$ 写为 10n 等。

（3）电容器色标法原则上与电阻器色标法相同，标志的颜色符号与电阻器采用的相同。色标法表示的电容单位为微微法（pF）。有时对小型电解电容器的工作电压也采用色标法（6.3V 用棕色，10V 用红色，16V 用灰色），而且应标志在正极引线的根部。

2）电容器的额定直流工作电压

额定直流工作电压指在电路中能够长期可靠地工作而不被击穿时所能承受的最大

直流电压。其大小与介质的种类和厚度有关。

钽、钛、铌、固体铝电解电容器的直流工作电压，指 85℃条件下能长期正常工作的电压。如果电容器工作在交流电路中，则应注意所加的交流电压的最大值（峰值）不能超过额定直流工作电压。

电容器常用的额定电压有 6.3V、10V、16V、25V、63V、100V、160V、250V、400V、630V、1000V、1600V、2500V 等。

3）电容器的频率特性

频率特性是指电容器在交流电路工作时（高频情况下），其电容量等参数随电场频率而变化的性质。电容器在高频电路工作时，随频率的升高，介电常数减小，电容量减小，电损耗增加，并影响其分布参数等性能。

4）电容器的损耗角正切

损耗角正切 $\tan\delta$ 这个参数用来表示电容器能量损耗的大小。它又分为介质损耗和金属损耗两部分。其中，金属损耗包括金属极板和引线端的接触电阻所引起的损耗，在高频电路工作时，金属损耗占的比例很大。介质损耗包括介质的漏电流所引起的电导损耗、介质的极化引起的极化损耗和电离损耗。它是由介质与极板之间在电离电压作用下引起的能量损耗。

### 3．电容器的种类、结构及性能特点

电容器的种类很多，分类方法也各不相同。按介质材料不同可分为有机固体介质电容器、无机固体介质电容器、电解介质电容器、复合介质电容器、气体介质电容器；按结构不同可分为固定电容器、可变电容器及微调电容器等。

有机固体介质电容器又分为玻璃釉电容器、云母电容器、瓷介电容器等。电解电容器分为铝电解电容器、铌电解电容器、钽电解电容器等。气体介质电容器分为空气电容器、真空电容器、充气式电容器等。

可变电容器又分为空气介质、塑膜介质和其他介质可变电容器。微调电容器又分为陶瓷介质、云母介质、有机薄膜介质微调电容器。

下面介绍几种常用电容器的结构、性能特点。

1）铝电解电容器

铝电解电容器以氧化膜为介质，其厚度一般为 0.02～0.03μm。铝电解电容器之所以有正、负极之分，是因为氧化膜介质具有单向导电性。当接入电路时，正极必须接入直流电源的正极，否则铝电解电容器不但不能发挥作用，而且会因为漏电流加大，造成过热而损坏。

性能特点：

① 单位体积的电容量大，重量轻。

② 介电常数较大，一般为 7～10。

③ 时间稳定性差，存放时间长时易失效。

④ 漏电流大、损耗大，工作温度范围-20～+50℃。

⑤ 耐压不高，价格不贵，在低压时优点突出。

容量范围：1～10000μF。

工作电压：6.3～450V。

2）钽电解电容器

钽电解电容器有固体钽和液体钽电解电容器之分。固体钽电解电容器的正极是用钽粉压块烧结而成的，介质为氧化钽；液体钽电解电容器的负极为液体电解质，并采用银外壳。

性能特点：

① 与铝电解电容器相比，可靠性高，稳定性好，漏电流小，损耗低。

② 因为钽氧化膜的介电常数大，所以比铝电解电容器体积小；容量大，寿命长，可制成超小型元器件。

③ 耐温性好，工作温度最高可达 200℃。

④ 金属钽材料稀少，价格贵，因此仅用于要求较高的电路中。

容量范围：0.1～1000μF。

工作电压：6.3～125V。

3）涤纶电容器

涤纶电容器的介质为涤纶薄膜。外形结构有金属壳密封的，有塑料壳密封的，还有的是将卷好的芯子用带颜色的环氧树脂包封的。

性能特点：

① 容量大、体积小、耐热、耐湿性好。

② 制作成本低。

③ 稳定性较差。

容量范围：470pF～4μF。

工作电压：63～630V。

4）云母电容器

云母电容器的介质为云母，电极有金属筒式和金属膜式。现在大多是在云母上覆一层银电极，芯子结构是装叠而成的，外壳有金属外壳、陶瓷外壳和塑料外壳几种。

性能特点：

① 稳定性高，精密度高，可靠性高。

② 介质损耗小，固有电感小；温度特性、频率特性好，不易老化；绝缘电阻高。

容量范围：5～51000pF。

工作电压：100～7kV。

精密度：±0.01%。

5）瓷介电容器

瓷介电容器是用陶瓷材料作为介质，在陶瓷片上覆银而制成电极，并焊上引出线，再在外层涂以各种颜色的保护漆，以表示系数。如白色、红色表示负温度系数；灰色、蓝色表示正温度系数。

性能特点：

① 耐热性能好，在 600℃高温下长期工作不老化。
② 稳定性好，耐酸、碱、盐类的腐蚀。
③ 易制成体积小的电容器，因为有些陶瓷材料的介电常数很大。
④ 绝缘性能好，可制成高压电容器。
⑤ 介质损耗小，陶瓷材料的损耗正切值与频率的关系很小，因而广泛应用于高频电路中。
⑥ 温度系数范围宽，因而可用不同材料制成不同温度系数的电容器。
⑦ 瓷介电容器的电容量小，机械强度低，易碎易裂，这是不足之处。

容量范围：1～6800pF。

工作电压：63～500V；高压型：1～30kV。

常见的瓷介电容器有高频型瓷介电容器、低频型瓷介电容器、高压型瓷介电容器、叠片形瓷介电容器、穿心瓷介电容器、独石瓷介电容器等。由于篇幅所限，这里不一一介绍了。

### 4．可变电容器

可变电容器一般由两组金属片组成电极，其中固定的一组称为定片，可旋转的一组称为动片。当旋转动片角度时，就可以达到改变电容量大小的目的。通常依据结构特征又分为固体介质可变电容器、空气介质可变电容器和微调电容器。

1）固体介质可变电容器

动片与定片之间加上云母片或塑料薄膜做介质的可变电容器叫固体介质可变电容器。这种可变电容器整个是密封的。依据电极组数又分为单连、双连和多连几种可变电容器，如调频调幅收音机中的就是四连可变电容器。

2）空气介质可变电容器

当可变电容器的动片与定片之间的介质为空气时，称为空气介质可变电容器。常见的有单连及双连可变电容器，其最大容量一般为几百皮法，如 CB-E-365 型小型空气单连可变电容器的最大容量是 365pF。

3）微调电容器

微调电容器又叫半可变电容器，它是在两片或两组小型金属弹片中间夹有云母介质或有机薄膜介质组成的；也有的是在两个陶瓷片上镀上银层制成的，称作瓷介微调电容器。用螺钉旋动调节两组金属片间的距离或交叠角度即可改变电容量。微调电容器主要用作电路中补偿电容器或校正电容器等，如一般用于收音机或其他电子设备的振荡电路频率精确调整电路中。容量范围较小，一般为几皮法到几十皮法。

### 5．电容器性能检测

在电容器使用前必须进行测量，以判断其质量的好坏和测量其电容值的大小。电容器常见的性能不良现象有：开路失效、短路击穿、漏电或电容量变小等。除了准确的容量要用专用仪表测量（如电容测量仪）外，其他电容器的故障用万用表都能很容易地检测出来，如采用万用表、兆欧表和耳机测试仪测试电容器的绝缘电阻。

1）电解电容器的检测

测量时先将电解电容器两个电极短路，以放掉电容器存储的电荷，然后将万用表红表笔接电解电容器的负极，黑表笔接电解电容器的正极。在刚接触的瞬间，万用表的指针即向右偏转较大角度，接着逐渐向左回转，直到停在某一位置。此时的万用表指示阻值便是电解电容器的正向漏电阻，此值略大于反向漏电阻。实际使用表明，电解电容器的漏电阻一般应在几百千欧姆以上。漏电阻越大越好，如果始终停在无穷大或0Ω的位置，则说明电容器已开路或短路。一般情况下，电解电容器的漏电阻大于500kΩ时性能较好，在200～500kΩ时电容器性能一般，而小于200kΩ时漏电较为严重。

对于正、负极标志不明的电解电容器，可利用上述测量漏电阻的方法加以判别。即先任意测一下漏电阻，记住其大小，然后交换表笔再测出一个阻值。两次测量中阻值大的那一次便是正向接法，即与黑表笔相接的是电容器正极，与红表笔相接的是电容器负极。

2）非电解电容器的检测

瓷介质电容器、聚酯薄膜介质电容器、涤纶电容器均称为无极性电容器，它的容量比电解电容器小，一般在 2μF 以下，首先在测量前必须对电容器短路放电，应选用 R×10kΩ挡或 R×1kΩ挡测量电容器两端，万用表指针应先摆动一定角度后返回无穷大（由于万用表精度所限，对于该类电容器指针最后都应指向无穷大），若指针没有任何变动，则说明电容器已开路；若指针最后不能返回无穷大，则说明电容器漏电较严重；若为0Ω，则说明电容器已击穿。电容器容量越大，指针摆动幅度就越大。所以，根据指针摆动最大幅度值来判断电容器容量的大小，以确定电容器容量是否减小。测量时必须记录好测量不同容量的电容器时万用表指针摆动的最大幅度，才能做出准确判断，若因容量太小看不清指针的摆动，则可调转电容器两极再测一次，这次指针摆动幅度会更大。

应该注意的是，对于 5000pF 以下的电容器，测量时指针偏转很小，基本看不出指针摆动，所以，若指针指向无穷大则只能说明电容器没有漏电。容量再小的电容器用万用表就测不出来了，是否有容量只能用专用仪器（电容测量仪）才能测量出来。若测得的阻值为无穷大或零，则说明电容器内部已开路或短路。

3）可变电解电容器的检测

首先，观察可变电容动片和定片有没有松动，然后再用万用表最高电阻挡测量动片和定片的引脚电阻，并调整电容器的旋钮。若发现旋转到某些位置时指针发生偏转，指向0Ω时，说明电容器有漏电或碰片情况。电容器旋动不灵活或动片不能完全旋入和完全旋出，都必须修理或更换。对于四联可调电容器，必须对其中的每个电容器分别测量。

### 2.2.3 半导体器件及其检测

**1. 半导体分立器件的型号命名方法**

半导体器件的命名由五部分组成（如图 2-14 所示），其中第二、三部分的意义如

表 2-8 所示。例如，2AP9 中 "2" 表示二极管，"A" 表示 N 型锗材料，"P" 表示普通管，"9" 表示序号。又如 3AD50C 中 "3" 表示三极管，"A" 表示 PNP 型锗材料，"D" 表示低频大功率，"50" 表示序号，"C" 表示规格。

图 2-14 半导体分立器件的型号命名

表 2-8 半导体分立器件命名方法中第二、三部分的意义

| 第 二 部 分 | | 第 三 部 分 | | | |
|---|---|---|---|---|---|
| 字母 | 意 义 | 字母 | 意 义 | 字母 | 意 义 |
| A | N 型，锗材料 | P | 普通管 | K | 开关管 | T | 晶闸管（可控制） |
| B | P 型，锗材料 | V | 微波管 | Y | 体效应器件 | A | 高频大功率管 ($f_a \geq 3MHz$, $P_C \geq 1W$) |
| C | N 型，硅材料 | W | 稳压管 | B | 雪崩管 | | |
| D | P 型，硅材料 | C | 参数量 | JG | 阶跃恢复管 | D | 低频大功率管 ($f_a \geq 3MHz$, $P_C \geq 1W$) |
| A | PNP 型，锗材料 | Z | 整流管 | CS | 场效应器件 | | |
| B | NPN 型，锗材料 | L | 整流堆 | BT | 半导体特殊器件 | C | 高频小功率管 ($f_a \geq 3MHz$, $P_C \geq 1W$) |
| C | PNP 型，硅材料 | S | 隧道管 | PIN | PIN 型管 | | |
| D | NPN 型，硅材料 | N | 阻尼管 | FH | 复合管 | X | 低频小功率管 ($f_a \geq 3MHz$, $P_C \geq 1W$) |
| E | 化合物材料 | U | 光电器件 | JG | 激光管 | | |

## 2. 二极管

1）常见二极管及其电路符号

常见二极管及其电路符号如图 2-15 所示。

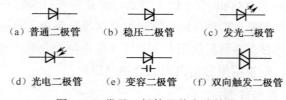

（a）普通二极管　（b）稳压二极管　（c）发光二极管

（d）光电二极管　（e）变容二极管　（f）双向触发二极管

图 2-15 常见二极管及其电路符号

2）常见二极管检测

（1）普通二极管极性判别及性能检测。

二极管具有单向导电性，一般带有色环的一端表示负极。也可以用万用表来判断其极性，用指针式万用表 R×1000 挡或者 R×1kΩ 挡检测二极管正、负向电阻，阻值较小的一次二极管处于导通状态，则黑表笔接触的是二极管的正极（因为接电阻挡时黑表笔是表中电源的正极）。

二极管是非线性元器件，用不同万用表、使用不同挡测量结果都不同，用 R×100 挡测量时，通常小功率锗管正向电阻为 200~600Ω，硅管为 900Ω~2kΩ，利用这一特性可以区别出硅、锗两种二极管。锗管反向电阻大于 20kΩ 即可符合一般要求，而硅管反向电阻都要求在 500kΩ 以上，若小于 500kΩ 则视为漏电较严重，正常硅管测其反向电阻应为无穷大。

二极管正、反电阻值相差越大越好，阻值相同或相近都视为坏管。

（2）稳压管。

稳压管是利用其反向击穿时两端电压基本不变的特性来工作的，所以稳压管在电路中是反偏工作的，其极性和好坏的判断同普通二极管一样。

（3）发光二极管。

① 普通发光二极管。有些万用表用 R×10 挡测量发光二极管正向电阻时，发光二极管会被点亮，利用这一特性既可以判断发光二极管的好坏，也可以判断其极性。点亮时黑表笔所接触的引脚为发光二极管正极。若 R×10 挡不能使发光二极管点亮则只能使用 R×10kΩ 挡测其阻值，看其是否具有二极管特性，这样才能判断其好坏。

② 激光二极管。激光二极管是激光影音设备中不可缺少的重要元器件。它是由铝砷化镓材料制成的半导体，简称 LD。为了易于控制激光二极管的功率，其内部还设置一个感光二极管 PD，如图 2-16 所示为 M 形激光管内部结构。激光二极管顶部为斜面的常用于 CD 唱机，顶部为平面的常用于视盘机。LD 的正向电阻比 PD 大，利用这一特性可以很容易地识别其三个引脚的作用（注意做好防静电措施才可测量）。

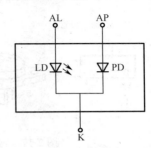

图 2-16　M 形激光二极管内部结构图

（4）光电二极管。

又称为光敏二极管。当光照射到光电二极管时，其反向电流大大增加，使其反向电阻减小。在检测其好坏时，先用万用表 R×1kΩ 挡判断出正、负极，然后再测其反向电阻。无光照时，一般阻值大于 200kΩ。受光照时，其阻值会大大减少。若变化不大，则说明被测管已损坏或者不是光电二极管。此方法也可用于检测红外线接收管的好坏。

3）二极管的选用

（1）根据具体电路要求选用不同类型及特性的二极管。如检波电路中选用检波二极管，稳压电路中选用稳压二极管，开关电路中选用开关二极管，并且要注意不同型号的管子的参数和特性差异。如整流电路中选用的整流二极管，不但要注意其功率的大小，还要注意工作频率和工作电压等。

（2）在选好类型的基础上，要选好二极管的各项主要参数，注意不同用途的二极管对哪些参数要求更严格，如选用整流二极管时要特别注意最大工作电流不能超过管子的额定电流。在选用开关二极管时，开关时间很重要，而这个主要由反向恢复时间来决定。

（3）根据电路要求和电路板安装位置，选好二极管的外形、尺寸大小和封装形式。外形有圆形的、方形的、片状的、小型的、中型的等。封装形式有全塑封装、金属外壳封装、玻璃封装等。

### 3．三极管

常见三极管有晶体三极管、晶体闸流管和场效应管三种，分别简称为晶体管、晶闸管和场效应管。下面分别予以简述。

1）晶体管

（1）晶体管的引脚排列并没有具体的规定，所以各个生产厂家都有自己的排列规则。部分晶体管引脚排列如图2-17所示。

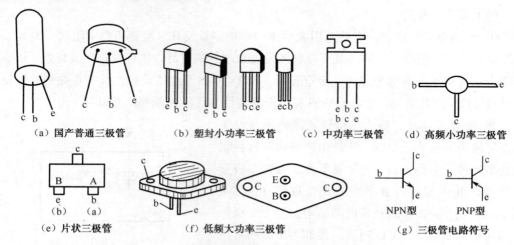

图2-17　常见晶体管外形及其电路符号、引脚排列

（2）用万用表判断晶体管管型和电极。

① 首先找出基极（b极）。使用万用表R×100挡或R×1kΩ挡随意测量晶体管的两极，直到指针摆动较大为止。然后固定黑（红）表笔，把红（黑）表笔移至另一引脚上，若指针同样摆动，则说明被测管为NPN（PNP）型，且黑（红）表笔所接触的引脚为b极。

② c极和e极判别。根据①中测量已确定了b极，且为NPN（PNP），再使用万用表R×1kΩ挡进行测量。假设一极为c极接黑（红）表笔，另一极为e极接红（黑）表笔，用手指捏住假设的c极和b极（注意c极和b极不能相碰），读出其阻值$R_1$。然后再假设另一极为c极，重复上述操作（注意捏住b、c极的力度两次要相同），读出阻值$R_2$。比较$R_1$与$R_2$，以小的一极为正确假设。

（3）晶体管质量判别。通过检测以下三个方面来判断，只要有一个方面达不到要求，即为坏管。

① 首先判断发射结be和集电结bc是否正常，按普通二极管好坏判别方法进行。

② 通过测量ce极漏电阻的大小来判断，测量时对于NPN（PNP）型晶体管，万用表的黑（红）表笔接c极，红（黑）表笔接e极，b极悬空，这时的$R_{ce}$越大越好。一般应大于50kΩ，硅管大于500kΩ才可使用。

③ 检测晶体管有无放大能力。采用判断c极时的方法，观察手捏住c、b极前后万用表指针的变化即可知道该管有无放大能力。

指针变化大说明该管 $\beta$ 值较高,若指针变化不大则说明该管 $\beta$ 值小,其测试原理图如图 2-18 所示。图中 $E$ 为万用表内部电源,$R_S$ 为表内电阻,$R_B$ 为当用手捏住 b、c 极但不短接时的等效电阻。根据所学知识,用手捏住 b、c 极后三极管处于放大状态,$\beta$ 越大,电流 $I_C$ 越大,即指针变化越大。当然万用表若有 $\beta$ 挡,则直接测量更方便。

前面判断三极管 c、e 极的原理,其实质是由三极管的集电区与发射区的掺杂浓度不一样及结构不对称所致,所以三极管的 c、e 极不能互换使用。

这里补充介绍一下电视机、计算机监视器等电路中扫描电路功率器件——行输出管的结构及检测。其内部结构如图 2-19 所示。这种管子要求输出功率大,耐压高,b、e 极间有保护电阻 R,c、e 极间有阻尼二极管 D。

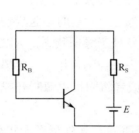
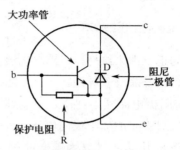

图 2-18　晶体管 $\beta$ 的测试原理图　　　图 2-19　行输出管内部结构极

判断行输出管极性时,用万用表 R×10 挡任意测量其两极,若发现有两极在正、反测量时的阻值都很小(如在 10~70Ω 之间),则比较两次阻值大小,小的一次黑表笔接的是 b 极,红表笔接的是 e 极,剩下的一个极就是 c 极。若要检测其好坏,重点是测量 $R_{ce}$ 正、反向电阻,用 R×10kΩ 挡,黑表笔接 e 极,红表笔接 c 极时阻值应为无穷大,指针稍微偏转都视为漏电。反转表笔测量时,阻值较小,因为这时阻尼二极管导通。

2)晶闸管

晶闸管是晶体闸流管的简称,它实际上是一个硅可控整流器,基本结构是在一块硅片上制作 4 个导电区,形成 3 个 PN 结,最外层的 P 区和 N 区引出两个电极,分别为阳极 A 和阴极 K,由中间的 P 区引出控制极 G。其结构如图 2-20(a)所示,在电路中表示符号如 2-20(d)所示。

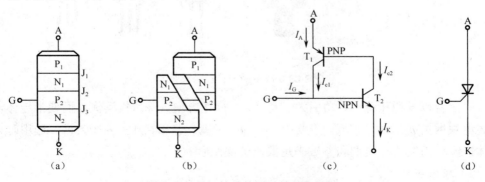

图 2-20　晶闸管结构图及等效电路图

为了说明晶闸管的工作原理,把晶闸管看成是由 PNP 型和 NPN 型两个晶体管连接而成，每个晶体管的基极与另一个晶体管的集电极相连，如图 2-20（b）、（c）所示。阳极 A 相当于 PNP 型晶体管 $T_1$ 的发射极，阴极 K 相当于 NPN 型晶体管 $T_2$ 的发射极。

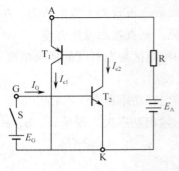

图 2-21 晶闸管工作原理图

如果晶闸管阳极 A 加正向电压，控制极也加正向电压，如图 2-21 所示，那么晶体管 $T_2$ 处于正向偏置，$E_G$ 产生的控制极电流 $I_G$ 就是 $T_2$ 的基极电流 $I_{b2}$，$T_2$ 的集电极电流 $I_{c2}=\beta_2 I_G$。而 $I_{c2}$ 又是晶体管 $T_1$ 的基极电流，$T_1$ 的集电极电流 $I_{c1}=\beta_1 I_{c2}=\beta_1\beta_2 I_G$，此电流又流入 $T_2$ 基极，再一次放大，这样循环下去，形成强烈的正反馈，使两个晶体管很快达到饱和导通，这就是晶闸管的导通过程。导通后，其压降很小，电源电压几乎全部加在负载上。

另外，一旦晶闸管导通之后，它的导通状态完全依靠管子本身的正反馈来维持，即控制电流消失，晶闸管仍然处于导通状态，所以控制极的作用仅仅是触发晶闸管导通，一旦导通之后，控制极就失去控制作用了。要想关断晶闸管，必须将阳极电流减小到使之不能维持正反馈过程，或者将阳极电源断开或者在晶闸管的阳极与阴极间加一个反向电压。

晶闸管按其功能又分为单向晶闸管和双向晶闸管两种。其外形图及电路符号如图 2-22 所示。其中单向晶闸管只能导通直流，且 G 极需加正向脉冲时导通。双向晶闸管可导通交流和直流，只要在 G 极加上相应控制电压即可。

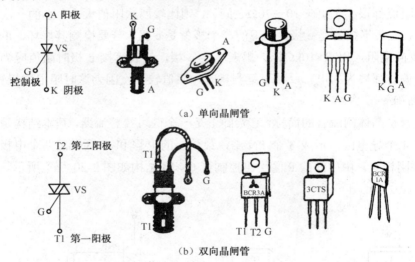

图 2-22 常见晶闸管种类及符号

晶闸管以导通压降小、功率大、效率高、操作方便、寿命长等优点而使半导体器件从弱电领域扩展到强电领域，主要用于整流、逆变、调压、开关 4 个方面。选用时根据具体情况和需要选择类型和参数满足要求的晶闸管。

3）场效应管

场效应管是一种利用电场效应来控制其电流大小的半导体器件，外形和晶体管相似，但它以输入阻抗高、功耗小、噪声低、热稳定性好等优点而被广泛应用。根据其结构不同而分为结型场效应管和绝缘栅型场效应管（后者简称 MOS 管）。电路符号如图 2-23 所示。

（a）N沟道结型场效应管　　（b）P沟道结型场效应管　　（c）NMOS管　　（d）PMOS管

图 2-23　场效应管的电路符号

这里就选用场效应管时应注意的两点说明如下。

（1）对于结型场效应管，根据其结构特点用万用表可判断出极性。将万用表调到 R×1kΩ 挡，然后测任意两个电极间的正、反向电阻值，若某两个电极的正、反向电阻值相等且为几千欧姆，则可判定这两个电极分别是漏极 D 和源极 S（因为结型场效应管的 D 极和 S 极可以互换），另外一个即为栅极 G。然后利用二极管的判别方法，测量 G 极与 S 极（或 D 极）之间的电阻值，进而确定是 N 沟道还是 P 沟道。

（2）对于 MOS 管，因其输入阻抗极高，极易被感应电荷击穿，所以不仅不要随便用万用表测量其参数，而且在运输、贮藏中必须将引出引脚短路，并要用金属屏蔽包装，以防止外来感应电势将栅极击穿。尤其注意保存时应放入金属盒内，而不能放入塑料盒。

为了防止 MOS 管栅极感应击穿，要求从元器件架上用手取下时，应以适当方式确保人体接地；焊接时电烙铁和电路板都应有良好的接地；引脚焊接时，先焊源极，在接入电路前，管子的全部引线端保持相互短接状态，焊完后才允许把短接材料去掉。

### 2.2.4　电感器及其检测

对于二端元器件，伏-安特性满足 $u = L\dfrac{\mathrm{d}i}{\mathrm{d}t}$ 关系的理想电路元器件叫电感器，其值大小就是比例系数 $L$（当电流单位为安培、电压单位为伏特时，电感的单位为亨利）。电感器又称电感线圈，是利用自感作用的元器件，在电路中主要起调谐、振荡、延迟、补偿等作用。

变压器是利用多个电感线圈产生互感作用的元器件。变压器实质上也是电感器，它在电路中主要起变压、耦合、匹配、选频等作用。

**1. 电感器的型号命名方法**

电感器的型号命名一般由 4 部分组成，如图 2-24 所示。表 2-9 为部分国产固定线圈的型号和性能参数。

例如，LGX 代表小型高频电感线圈。

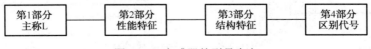

图 2-24　电感器的型号命名

表 2-9 部分国产固定线圈的型号和性能参数

| 型 号 | 电感量范围（μH） | 额定电流（mA） | Q值 | 型 号 | 电感量范围（μH） | 额定电流（mA） | Q值 |
|---|---|---|---|---|---|---|---|
| LG400, LG402 LG404, LG406 | 1～82000 | 50～150 | | LG2 | 1～2200 | A 组 | 7～46 |
| | | | | | 1～10000 | B 组 | 3～34 |
| LG408, LG410 LG412, LG414 | 1～5600 | 50～250 | 30～60 | | 1～100 | C 组 | 13～24 |
| | | | | | 1～560 | D 组 | 10～12 |
| LG1 | 0.1～22000 | A 组 | 40～80 | | 1～560 | E 组 | 6～12 |
| | 0.1～10000 | B 组 | 40～80 | LF12DR01 | 39±10% | 600 | |
| | 0.1～1000 | C 组 | 45～80 | LF10DR01 | 150±10% | 800 | |
| | 0.1～560 | D、E 组 | 40～80 | LFSDR01 | 6.12～7.48 | | >60 |

电感线圈就是用漆包线或纱包线一圈一圈地绕在绝缘管架、磁芯或铁芯上的一种元器件。固定线圈的外形如图 2-25 所示。电路中各种电感线圈的图形符号如图 2-26 所示。

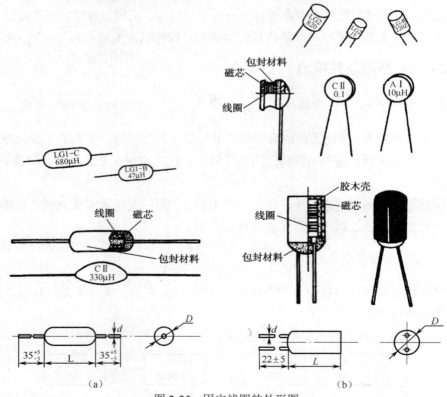

图 2-25 固定线圈的外形图

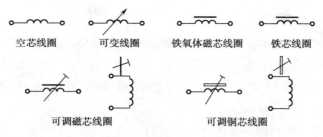

图 2-26　各种电感线圈的电路图形符号

**2．电感器的主要参数及标志方法**

1）电感量及允许偏差

电感器的电感量的大小主要取决于线圈的圈数、绕制方式及磁芯的材料等。其单位为亨利，用字母"H"表示。1H 的意义是当通过线圈的电流每秒钟变化 1A 所产生的感应电动势为 1V 时，线圈的电感量为 1H（即 1 亨利）。

固定电感器的标称电感量与允许偏差，都根据 E 系列规范生产，具体可参阅电阻器部分相应内容。

2）标称电流值

电感器在正常工作时允许通过的最大电流叫标称电流值，也叫额定电流。若工作电流大于额定电流，电感器会发热而改变其固有参数甚至被烧毁。

电感器的电感量、允许偏差和标称电流值这几个主要参数都直接标在固定电感器的外壳上，以便于生产和使用，标志方法有直标法和色标法两种。

（1）直标法：即在小型固定电感器的外壳上直接用文字标出电感器的电感量、偏差和最大直流工作电流等主要参数。其中，最大工作电流常用字母 A、B、C、D、E 等标志，字母与电流的对应关系如表 2-10 所示。

表 2-10　小型固定电感器的工作电流与字母对应关系

| 字　母 | A | B | C | D | E |
|---|---|---|---|---|---|
| 最大工作电流（mA） | 50 | 150 | 300 | 700 | 1600 |

例如，330μH—C·Ⅱ，表明电感器的电感量为 330μH，偏差为 C 级（±10%），最大工作电流为 300mA（C 挡）。

（2）色标法：在电感器的外壳上涂以各种不同颜色的环来表明其主要参数。其中，第一条色环表示电感量的第一位有效数字；第二条色环表示电感量的第二位有效数字；第三条色环表示十进制倍数（即 $10^n$）；第四条色环表示偏差。数字与颜色的对应关系与色环电阻器标志法相同，可参阅电阻器标志法。其单位为微亨（μH）。

例如，某一电感器的色环标志依次为橙、橙、红、银，则表明其电感量为 $33×10^2$μH，允许偏差为±10%。

3）品质因数（$Q$ 值）

品质因数是衡量电感器质量的重要参数，一般用字母"$Q$"表示。$Q$ 值的大小表明了电感器损耗的大小，$Q$ 值越大，损耗越小；反之损耗越大。$Q$ 在数值上等于在某一频率的交流电压下工作时，线圈所呈现的感抗和线圈的损耗电阻的比值，即 $Q=2\pi f L/r=\omega L/r$。

通常 $Q$ 值为几十至一百，高的可达四五百。

4）分布电容

线圈的匝与匝之间存在电容，线圈与地、线圈与屏蔽之间也存在电容，这些电容称为线圈的分布电容。若把这些分布电容等效成一个总的电容 C，再考虑线圈的电阻 r 的影响，那么就构成了分布电容 C 与线圈并联的等效电路，如图 2-27 所示。这个等效电路的谐振频率 $f=1/2\pi\sqrt{LC}$，该式称为线圈的固有频率。为了确保线圈稳定工作，应使其工作频率远低于固有频率。

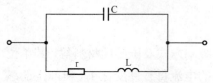

图 2-27　电感线圈等效电路

依线圈等效电路来看，在直流和低频工作情况下，r、C 可忽略不计，此时可当作一个理想电感对待。当工作频率提高后，r 及 C 的作用逐步明显起来，随着工作频率提高，容抗和感抗相等时，达到固有频率。如果再提高工作频率，则分布电容的作用就突出起来，这时电感又相当于一个小电容。所以，电感线圈只有在固有频率以下工作时，才具有电感性。

### 3．电感器的种类、结构及性能特点

电感器按其功能及结构的不同分为固定电感器和可调电感器。常用的电感器有：固定电感器、可调电感器、阻流圈、振荡线圈、中周、继电器等。尽管在电路中作用不同，但通电后都具有存储磁能的特征。

1）固定电感器

用导线绕在骨架上就构成了线圈。线圈有空心线圈和带磁芯的线圈。绕组形式有单层和多层之分，单层绕组有间绕和密绕两种形式，多层绕组有分层平绕、乱绕、蜂房式绕等形式。

（1）小型固定电感线圈是将线圈绕制在软磁铁氧体的基体上构成的，这样能获得比空心线圈更大的电感量和较大的 $Q$ 值。一般有立式和卧式两种，外表涂有环氧树脂或其他材料作为保护层。由于其重量轻、体积小、安装方便等优点，被广泛应用在电视机、收录机等的滤波、陷波、扼流、振荡、延迟等电路中。

（2）高频天线线圈，其中磁体天线线圈一般采用纸管，用多股漆包线绕制而成。

（3）偏转线圈。黑白电视机的偏转线圈由两组线圈、铁氧体磁环和中心位置调节片等组成。为了在显像管的荧光屏上显示图像，就要使电子束沿着荧光屏进行扫描。偏转线圈利用磁场产生的力使电子束偏转，行偏转使得电子束沿水平方向运动，同时场偏转又使电子束沿垂直方向运动，结果在荧光屏上形成长方形的光栅。

2）可变电感器

线圈电感量的变化可分为跳跃式和平滑式两种。例如,电视机的谐振选台所用的电感线圈,就可将一个线圈引出数个抽头,以供接收不同频道的电视信号,这种引出抽头改变电感量的方法,电感量呈跳跃式,所以也叫跳跃式线圈。

需要平滑均匀改变电感值时,有以下三种方法：

（1）通过调节插入线圈中磁芯或铜芯的相对位置来改变线圈电感量；

（2）通过滑动在线圈上触点的位置来改变线圈匝数,从而改变电感量；

（3）将两个串联线圈的相对位置进行均匀改变以达到互感量的改变,从而使线圈的总电感量随之变化。

**4. 电感器及变压器的选用检测**

电感器的选用和电阻器及电容器的选用方法一样,除了要使其主要参数满足电路要求外,还要根据使用场合不同（如高频振荡电路和电源滤波电路）分别选择合适的电感器。但电感器又不像电阻器和电容器那样由生产厂家根据规定标准和系列进行规模生产以供选用。电感器只有一部分如低频阻流圈、振荡线圈及专用电感器按规定的标准生产成品,其他绝大多数为非标准件,往往需要根据实际情况自己制作。这一部分内容可参考有关文献相应内容。

**5. 电感器的检测**

在电感器常见故障检测中,如线圈和铁芯松脱或铁芯断裂,一般细心观察就能判断出来。在确定电感线圈有无松动、发霉、烧焦等现象后,用万用表 R×1Ω 挡,两支表笔接线圈的两个引脚,测得的电阻值由电感线圈的匝数和线径决定。匝数多、线径细的线圈,电阻值就大一些,反之就小一些。对于有抽头的线圈,各引脚之间都有一定的阻值。

若电感器开路,即两端电阻为无穷大,则用万用表很容易测量出来,因为所有电感器都有一定阻值,常见的都在几百欧以下,特殊的也不超过 $10k\Omega$。

若测得的阻值等于零,则说明线圈已经短路。另外,测量时要注意线圈局部短路、断路的问题,线圈局部短路时阻值比正常值小一些；线圈局部断路时阻值比正常值大一些。此时只能使用数字表准确测量其阻值,并与相同型号好的电感器进行比较,才能准确判断。若出现严重短路,阻值变化较大,凭经验也能判断其好坏。也可以用 Q 表测量其 $Q$ 值,若有匝间短路时,$Q$ 值会变得很小。

## 2.2.5 集成电路及其检测

集成电路简称 IC,是利用半导体工艺将许多二极管、三极管、电阻器等制作在一块极小的硅片上,并加以封装后成为一个能完成特定功能的电子器件。随着电子技术发展及半导体工艺改进,集成电路的运行速度、可靠性和集成度远优于分立元器件而被广泛应用。

本节在教材内容的基础上,就集成电路的型号命名方法、引脚识别及性能检测、种类和选用等3个内容予以阐述,另外,还将简述电声器件等集成电路的工作原理及部分产品性能特点。

### 1. 集成电路的型号命名方法

1) 国内集成电路型号命名方法

国标 GB 3430—89 标准规定了半导体集成电路型号的命名由5个部分组成;5个组成部分的符号及意义见图2-28和表2-11。

图 2-28  半导体集成电路型号命名的5个组成部分

表 2-11  集成电路型号命名中各部分的符号及意义

| 第0部分 | | 第1部分 | | 第2部分 | 第3部分 | | 第4部分 | |
|---|---|---|---|---|---|---|---|---|
| 用字母表示器件符号国家标准 | | 用字母表示器件的类型 | | | 用字母表示器件的工作温度范围 | | 用字母表示器件的封装 | |
| 符号 | 意义 | 符号 | 意义 | | 符号 | 意义 | 符号 | 意义 |
| C | 符合国家标准 | T | TTL 电路 | 用阿拉伯数字和字符表示器件的系列和品种代号 | C | 0~70℃ | F | 多层陶瓷扁平 |
| | | H | HTL 电路 | | | | B | 塑料扁平 |
| | | E | ECL 电路 | | | | H | 黑瓷扁平 |
| | | C | CMOS 电路 | | G | -25~70℃ | D | 多层陶瓷双列直插 |
| | | M | 存储器 | | | | J | 黑瓷双列直插 |
| | | μ | 微型机电路 | | L | -25~85℃ | P | 塑料双列直插 |
| | | F | 线性放大器 | | | | S | 黑瓷单列直插 |
| | | W | 稳压器 | | | | K | 金属菱形 |
| | | B | 非线性电路 | | E | -40~85℃ | T | 金属圆形 |
| | | J | 接口电路 | | | | C | 陶瓷芯片载体 |
| | | AD | A/D 转换器 | | R | -55~85℃ | E | 塑料芯片载体 |
| | | DA | D/A 转换器 | | | | G | 网络阵列 |
| | | D | 音响、电视电路 | | M | -55~125℃ | | |
| | | SC | 通信专用电路 | | | | | |
| | | SS | 敏感电路 | | | | | |
| | | SW | 钟表电路 | | | | | |

2) 国外集成电路型号命名方法

国外集成电路,不同公司有不同命名方法,一般前缀字母表示公司,但也有前缀字母相同的并不是一个公司。表2-12列出国外部分公司常见集成电路的命名。

表 2-12 国外（部分公司）常见集成电路命名

| 生产公司 | 第1部分 | 第2部分 | 第3部分 | 第4部分 | 第5部分 | 第6部分 |
|---|---|---|---|---|---|---|
| 日本索尼公司 | 公司标志<br>2个字母CX<br>索尼公司集成电路标志 | 类型<br>A：双极型<br>B：双极型数字<br>D：MOS逻辑<br>K：存储器<br>PQ：微机<br>L：CCD | 单个产品编号 | 改进标志A | 封装形式<br>P：塑料封装双列直插式<br>D：陶瓷封装双列直插式<br>L：单列直插式<br>M：小型扁平封装<br>Q：四列扁平<br>S：收缩型双列直插式 | 无此项 |
| 日本三菱公司 | 公司标志<br>1个字母M表示日本三菱电气公司集成电路产品 | 应用领域<br>5：工业用/消费类电子产品<br>9：高可靠型（军用） | 电路类型<br>0：CMOS<br>1、2：线性电路<br>3：TTL<br>10~19：线性电路<br>32~33：TTL<br>85：P沟道硅栅MOS电路<br>87：N沟道硅栅MOS电路 | 表示系列中电路的类型 | 表示外形不同和某些特性 | 封装形式<br>SP：注塑缩型双列直插式<br>FP：注塑扁平<br>K：玻璃封口陶瓷<br>L：注塑单列直插式<br>P：注塑双列直插式<br>R：金属壳玻璃<br>S：金属封口陶瓷 |
| 日本日立公司 | 种类<br>HA：模拟<br>HD：数字<br>HM：存储器 | 用途<br>11~12：高频<br>13~14：低频<br>17：工业 | 表示序号 | 改进标志<br>A，B，C | 封装形式<br>C：陶瓷封装<br>F：双列扁平<br>G：陶瓷浸渍<br>M：金属封装<br>P：塑料封装<br>R：引脚反接 | 无此项 |
| 德国西门子公司 | 种类<br>T：模拟电路<br>S：数字电路<br>U：数字模拟混合电路 | 温度范围<br>B：0~70℃<br>C：-55~125℃<br>D：-25~70℃<br>E：-25~85℃<br>F：-40~85℃<br>G：-55~85℃ | 表示序号 | 无此项 | 无此项 | 无此项 |

续表

| 生产公司 | 第1部分 | 第2部分 | 第3部分 | 第4部分 | 第5部分 | 第6部分 |
|---|---|---|---|---|---|---|
| 美国国家半导体公司 | 种类<br>LM：模拟电路<br>LF：线性电路<br>LH：混合电路<br>Lh4：线性单片<br>LP：低功耗电路<br>TBA：线性仿制 | 序号 | 封装形式<br>A：改进型<br>D：玻璃（金属）双列直插式<br>F：玻璃（金属）扁平式<br>N：塑料双列直插式<br>G：TO-8 金属壳 | 无此项 | 无此项 | 无此项 |
| 美国无线公司 | CA：模拟电路<br>CD：数字电路<br>CDP：微处理器<br>NWS：MOS 电路 | 表示序号 | 改进标志<br>A、B：可以代替原型号的改进<br>C：不能替代原型号的改进 | 封装方式<br>D：陶瓷双列直插式<br>E：塑料双列直插式<br>EM：带散热片的改进双列直插式塑料封装<br>L：梁式引线器件 | 无此项 | 无此项 |

### 2．集成电路的引脚识别及性能检测

1）集成电路的引脚识别

集成电路封装材料常用的有塑料、陶瓷及金属3种。封装外形有圆顶形、扁平形及双列直插形等。虽然集成电路的引脚数目很多（几脚至上百脚不等），但其排列还是有一定规律的，在使用时可按照这些规律来正确识别引脚。

（1）圆顶封装的集成电路。

对圆顶封装的集成电路（一般为圆形或菱形金属外壳封装），识别引脚时，应将集成电路引脚朝上，再找出其标记。常见的定位标记有锁口突平、定位孔及引脚不均匀排列等。引脚的顺序由定位标记对应的引脚开始，按顺时针方向依次排列引脚①、②、③…，如图2-29所示。

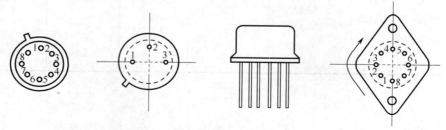

图2-29 引脚的排列

（2）单列直插式集成电路。

识别单列直插式集成电路引脚时应使引脚朝下，面对型号或定位标记，自定位标记对应一侧的头一只引脚数起，依次为①、②、③…脚。这一类集成电路上常用的定位标记为色点、凹坑、小孔、线条、色带、缺角等，如图 2-30（a）所示。但有些厂家生产的同一种芯片，为了印制电路板上灵活安装，其封装外形有多种。例如，为适合双声道立体声音频功率放大电路对称性安装的需要，其引脚排列顺序对称相反。一种按常规排列，即自左至右；另一种则自右向左，如图 2-30（b）所示。对这类集成电路，若封装上有识别标记，按上述不难分清其引脚顺序。若其型号后缀中有字母 R，则表明其引脚顺序为自右向左反向排列。如 M5115P 与 M5115PR，前者引脚排列顺序为自左向右，后者反之。

还有些集成电路，设计封装时尾部引脚特别分开一段距离作为标记，如图 2-30（b）所示。

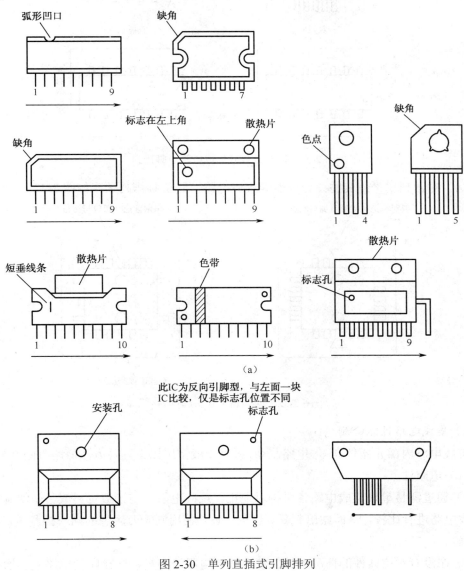

图 2-30　单列直插式引脚排列

(3) 双列直插式集成电路。

识别双列直插式集成电路引脚时,若引脚向下,即其型号、商标向上,定位标记在左边,则从左下角第一只引脚开始,按逆时针方向,依次为①、②、③、…脚,如图2-31所示。若引脚朝上,型号、商标向下,定位标记位于左边,则应从左上角第一只引脚开始,按顺时针方向,依次为①、②、③…引脚。顺便指出,个别集成电路的引脚,在其对应位置上有缺脚符号(即无此引脚)。对这种型号的集成电路,其引脚编号顺序不受影响。

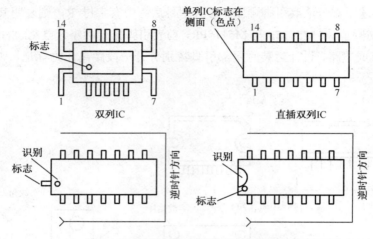

图2-31 双列直插式集成电路引脚排列

(4) 对四列扁平封装的微处理器等集成电路,其引脚排列顺序如图2-32所示。

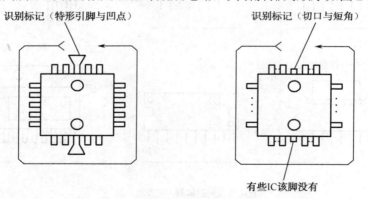

图2-32 四列扁平式引脚排列

2)集成电路性能检测

集成电路内部元器件众多,电路复杂,所以一般常用以下几种方法概略判断其好坏。

(1) 电阻法。

① 通过测量单块集成电路各引脚对地正、反向电阻,与参数资料或另一块好的相同集成电路进行比较,从而做出判断。注意,必须使用同一万用表的同一挡测量,结果才准确。

② 在没有对比条件的情况下只能使用间接电阻法测量,即在印制电路板上通过测

量集成电路引脚外围元器件的好坏（电阻、电容、晶体管）来判断，若外围元器件没有损坏，则原集成电路有可能已损坏。

（2）电压法。

测量集成电路引脚对地的静态电压（有时也可测其动态电压），与线路图或其他资料所提供的参数电压进行比较，若发现某些引脚电压有较大差别，其外围元器件又没有损坏，则判断集成电路有可能已损坏。

（3）波形法。

用示波器测量集成电路各引脚波形是否与原设计相符，若发现有较大区别，并且外围元器件又没有损坏，则原集成电路有可能已损坏。

（4）替换法。

用相同型号集成电路替换试验，若电路恢复正常，则集成电路已损坏。

### 3．集成电路的种类及选用

集成电路种类很多，按其功能一般分为模拟集成电路、数字集成电路和模数混合集成电路三大类。其中模拟集成电路包括运算放大器、比较器、模拟乘法器、集成功率放大器、集成稳压器及其他专用模拟集成电路等；数字集成电路包括集成门电路、驱动器、译码器/编码器、数据选择器、触发器、寄存器、计数器、存储器、微处理器、可编程器件等；混合集成电路有定时器、A/D 转换器、D/A 转换器、锁相环等。

按其制作工艺不同，可分为半导体集成电路、膜集成电路和混合集成电路三类。其中半导体集成电路是采用半导体工艺技术，在硅基片上制作包括电阻、电容、二极管、三极管等元器件并具有某种功能的集成电路；膜集成电路是在玻璃或陶瓷片等绝缘物体上，以"膜"的形式制作电阻、电容等无源器件。但目前的技术水平尚无法用"膜"的形式来制作晶体二极管、三极管等有源器件，因而使膜集成电路的应用范围受到很大限制。在实际应用中，多半是在无源膜电路上外加半导体集成电路或分立的二极管、三极管等有源器件，使之构成一个整体，这便是混合集成电路。根据膜的厚薄不同，往往又把膜集成电路分为厚膜集成电路（膜厚为 1～10μm）和薄膜集成电路（膜厚为 1μm 以下）两种。

按集成度高低不同，可分为小规模、中规模、大规模及超大规模集成电路四类。如 2000 年生产的 80786 微机芯片上集成了 500 万只以上晶体管，这么高的集成度，其功能可想而知了。

按导电类型不同分为双极型和单极型集成电路两类。前者频率特性好，但功耗大，而且制作工艺复杂，绝大多数模拟集成电路和数字集成电路中的 TTL、ECL、HTL、LSTTL 型属于这一类。后者工作速度低，但输入阻抗高，功耗小，制作工艺简单，易于大规模集成，其主要产品有 MOS 型集成电路等。MOS 集成电路又分为 NMOS、PMOS、CMOS 型。其中，NMOS 和 PMOS 以其导电沟道的载流子是电子还是空穴进行区别。CMOS 型则是 NMOS 管和 PMOS 管互补构成的集成电路。

除了上面介绍的各类集成电路外，又有许多专门用途的集成电路，称为专用集成电路。例如，电视专用集成电路就有伴音集成电路，行、场扫描集成电路，彩色解码集成电路，电源集成电路，遥控集成电路等。另外还有音响专用集成电路，电子琴专用集成电路及音乐与语音集成电路等。

通用的模拟集成电路有集成运算放大器和集成稳压电源。

在数字集成电路中，CMOS型门电路应用非常广泛。但由于TTL电路、CMOS电路、ECL电路等逻辑电平不同，当这些电路相互连接时，一定要进行电平转换，使各电路都工作在各自允许的电压工作范围内。

### 2.2.6 机电器件及其检测

本节主要介绍电路中常见的电声器件、控制器件和接插件，而石英晶体谐振器和数字显示器件（LED、LCD等）在教材中已介绍过，这里不再重述。

#### 1. 电声器件

电声器件是指可以将音频电信号转换成声音信号或者能将声音信号转换成音频电信号的器件。常用的电声器件有扬声器、传声器、拾音器、耳机等。表2-13列举了部分电声器件型号。

表2-13 电声器件型号命名举例

| 序号 | 器件 | 型号组成部分 | | | | | 示例 |
|---|---|---|---|---|---|---|---|
| | | 主称 | 分类 | 特征 | 间隔号 | 序号 | |
| 1 | 直径为100mm的动圈式纸盆扬声器 | Y | D | 100 | | 1 | YD100-1 |
| 2 | 短轴6.5cm、长轴10cm的椭圆形动圈式纸盆扬声器 | Y | D | T0610 | | 4 | YDT0610-4 |
| 3 | 短轴10cm、长轴16cm的椭圆形动圈式纸盆扬声器 | Y | D | T1016 | — | 1 | YDT1016-1 |
| 4 | 2级动圈传声器 | C | D | Ⅱ | | 1 | CDⅡ-1 |
| 5 | 额定功率为5VA的高频号筒式扬声器 | YH | — | G5 | | 1 | YHG5-1 |
| 6 | 2级电容传声器 | C | R | Ⅱ | — | 3 | CRⅡ-3 |
| 7 | 3级驻极体传声器 | C | Z | Ⅲ | | 1 | CZⅢ-1 |
| 8 | 立体声动圈耳机 | E | D | L | | 3 | EDL-3 |
| 9 | 耳塞式电磁耳机 | E | C | S | | 1 | ECS-1 |
| 10 | 碳粒送话器 | O | T | | | 1 | OT-1 |

1）传声器

传声器又称话筒，是一种将声音转变为电信号的声电器件，其外形图如图2-33所示。

传声器种类很多，有动圈式、电容式、晶体式、铝带式、炭粒式传声器等，在电路中的图形符号也各不相同。图 2-34（a）为传声器的一般图形符号，而（b）、（c）、（d）、（e）分别为动圈式、电容式、晶体式和铝带式传声器的图形符号。

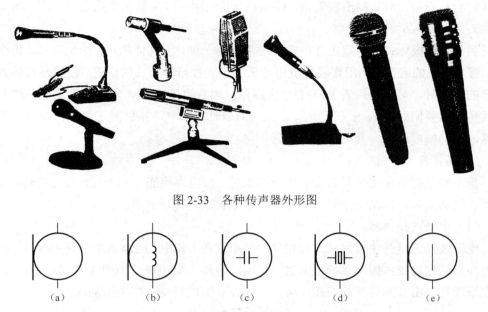

图 2-33　各种传声器外形图

图 2-34　传声器图形符号

（1）动圈式传声器。

动圈式传声器又称电动式传声器，由永久磁铁、音膜、音圈、输出变压器等构成。其结构图如图 2-35 所示。音圈位于磁场空隙中，当人对着传声器讲话时，音膜受声波的作用而振动，音圈在音膜的带动下做切割磁力线的运动，根据电磁感应原理，音圈两端便感应出音频电压。又由于音圈的匝数很少，所以阻抗很低，变压器的作用就是变换传声器的输出阻抗，以便与扩音设备的输入阻抗相匹配。其优点是坚固耐用、价格低廉。

（2）电容式传声器。

电容式传声器是一种靠电容量的变化而起声电转换作用的传声器，其结构如图 2-36 所示。

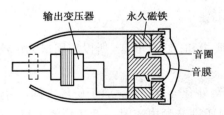

图 2-35　动圈式传声器的结构图

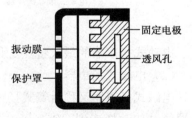

图 2-36　电容式传声器结构图

这是由一金属振动膜片和一固定电极构成的电容器（其介质为空气），且距离仅 0.03mm 左右。使用时在两金属片间接有 200～250V 的直流电压，并串联一个高阻值电阻。平时电容器呈充电状态，当声波作用于振动膜片上时，使其电容量随音频而变化，因而在电路中的充放电电流也随音频变化，其电流流过电阻器，便产生音频电压信号输出。

电容式传声器的灵敏度高，频率特性好，音质失真小，因此多用于高质量广播、录音和舞台扩音用。但其制造较复杂，成本高，且使用时放大器须供给电源，给使用带来麻烦。

另外，驻极体式传声器也是电容式传声器的一种，因其体积小，结构简单，价格低廉，有着广泛的应用，如用作收录机内咪头或声光控自动开关的话筒。检测驻极体式传声器的好坏时，可用万用表 R×1kΩ 挡来测量，黑表笔接 D 极，红表笔接地（三脚驻极体式传声器要同时接触 S 极和地），然后对着话筒吹气，指针随之摆动，即为好的传声器，摆动幅度越大，其灵敏度越高。

2）扬声器

扬声器是把音频电信号转变成声能的器件。按电声换能方式不同，分为电动式、电磁式、气动式等。按结构不同分为号筒式、纸盆式、球顶式等。

（1）电动式扬声器。

电动式扬声器是由磁路系统和振动系统组成的。其中，磁路系统由环形磁铁、软铁芯柱和导磁板组成；振动系统由纸盆、音圈、音圈支架组成，如图 2-37（a）所示。其工作原理是，由音圈与纸盆相连，所以纸盆在音圈的带动下产生振动而发出声音。

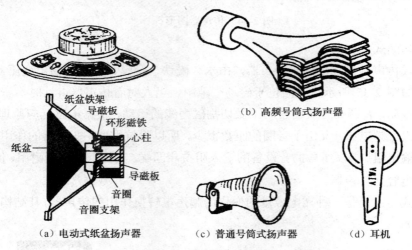

图 2-37 常见扬声器

电动式扬声器的最大特点是频响效果好，音质柔和，低音丰富。所以应用最为广泛。

（2）电磁式扬声器。

电磁式扬声器又称舌簧式扬声器。它是由舌簧外套一个外圈，放于磁场中间，舌簧一端经过传动杆连到圆锥形纸盆尖端。当线圈中通过音频电流时，舌簧片的磁极产生交替变化的磁场，舌簧片在变化磁场作用下产生振动，从而通过传动杆带动纸盆振动而发声。

（3）压电式扬声器。

压电式扬声器是利用压电陶瓷材料的压电效应制成的。当音频电压加在陶瓷片上时，压电片产生机械形变，形变的规律与音频电压相对应。压电片的机械形变带动振动膜片做对应振动，使声音通过空气传出。

另外，常用的耳机一般都是以电磁式或压电式原理工作的。

扬声器使用中最应注意的是阻抗匹配，因为一般扬声器的阻抗为 4Ω、8Ω、12Ω 等，所以要注意与功率放大器的输出阻抗相等，以免引起功率损耗和谐波失真。

**2．开关及继电器**

1）开关

在电路中，开关主要是用来切换电路的。其种类很多，常见的有：连动式组合开关、扳手开关、按钮开关、琴键开关、导电橡胶开关、轻触开关、薄膜开关和电子开关等。开关的电路符号如图 2-38 所示。

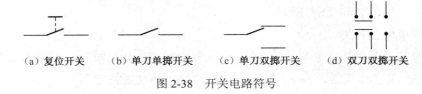

（a）复位开关　　（b）单刀单掷开关　　（c）单刀双掷开关　　（d）双刀双掷开关

图 2-38　开关电路符号

（1）连动式组合开关。

它是指由多个开关组合而成且只有连动作用的开关组合。根据其在电路中的作用分成多种开关，如波段开关、功能开关、录放开关等。开关调节方式有旋转式、拨动式和按键式。每一种开关根据"刀"和"掷"的数量又可分成多个规格。

在每个开关结构中，可以直接移动（或间接移动）的导体称为"刀"，固定的导体称为"掷"。组合开关内有"多少把刀"是指它由多少个开关组合而成。一个开关有多少个状态即有多少"掷"。如图 2-39（a）所示为四刀双掷的拨动式波段开关。组合开关有单列和双列结构。

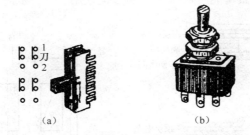

（a）　　　　　　　（b）

图 2-39　波段开关和扳手开关外形

（2）扳手开关。

扳手开关又称钮子开关，常见的有双刀双掷和单刀双掷两种，也称作 2×2 和 1×2 开关，如图 2-39（b）所示，多用作小功率电源开关。

（3）琴键开关。

琴键开关有自锁自复位型、互锁复位型和自锁共复位型结构，常用在收录机、风扇、洗衣机等家电的电路中做功能、挡次转换开关，如图 2-40（a）所示。

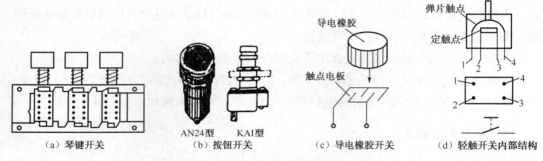

(a) 琴键开关　　(b) 按钮开关　　(c) 导电橡胶开关　　(d) 轻触开关内部结构

图 2-40　常用的几种开关

(4) 按钮开关。

按钮开关分带自锁和不带自锁两种。带自锁的开关每按一次转换一个状态，常在各种家电中作为电源开关。不带自锁的开关即复位开关，每按一次只让两个触点瞬间短路，如门铃开关，如图 2-40（b）所示。

(5) 导电橡胶开关。

导电橡胶开关也是复位开关的一种，它具有轻触、耐用、体积小、结构简单等特点，因其功率小，常在计算器、遥控器等数字控制电路中做功能按键用。开关的触点处有一块黑色橡胶即为导电橡胶，如图 2-40（c）所示，测其阻值一般在几十欧到数百欧之间。当大于 $5k\Omega$ 时会出现按键接触不良或失效等现象。

(6) 轻触开关。

轻触开关也属于复位开关的一种，具有导通电阻小，轻触耐用，手感好，在电视机、音响等家电中做功能转换或调节的按键使用，如图 2-40（d）所示。

(7) 薄膜开关。

薄膜开关是一种较为新型的开关，具有体积小、美观耐用、可防水、防潮等优点。有平面和凸面两种，如图 2-41（a）、（b）所示。常用在全自动洗衣机、数控型微波炉和电饭煲等家电产品中做功能转换或调节的按键使用。

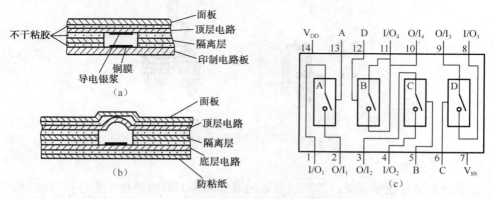

图 2-41　薄膜开关和电子开关结构图

(8) 电子开关。

电子开关又称模拟开关，是由一些电子元器件组成的，常用集成块形式封装，如

CD4066 为 4 个双向模拟开关，内部结构如 2-41（c）所示。其中开关 1、2 是由 13 引脚的高、低电平来控制其通断的。这种开关体积小，易于控制，无触点干扰，常在电视或音响中做信号切换的开关使用。

2）继电器

继电器是自动控制电路中常用的一种元器件，它是用较小的电流来控制较大电流的一种自动开关，在电路中起自动操作、自动调节、安全保护等作用。继电器的电路符号如图 2-42 所示。

（a）继电器线圈图形符号　　　　（b）继电器触点符号

图 2-42　继电器的电路符号

继电器种类很多，通常分为直流继电器、交流继电器、舌簧继电器、时间继电器及固体继电器等。

（1）直流继电器线圈必须加入规定方向的直流电流才能控制继电器吸合。

（2）交流继电器线圈可以加入交流电流来控制其吸合。

（3）舌簧继电器的最大特点是触点的吸合或释放速度快、灵敏，常用于自动控制设备中动作灵敏、快速的执行元器件。

（4）时间继电器与舌簧继电器恰好相反，触点吸合与释放具有延时功能，广泛应用于自动控制及延时电路中。通常按工作原理又分为空气式和电子式延时继电器几种。

（5）固体继电器又叫固态继电器，是无触点开关器件，与电磁继电器的功能是一样的，并且还有体积小、功耗小、快速、灵敏、耐用、无触点干扰点等优点，但其受控端单一，只能作为一个单刀单掷开关。其内部结构主要由三部分构成，如图 2-43 所示为光电耦合的固体继电器内部原理图。固体继电器常见的电路有如下三种：

① 耦合电路常见的有光耦合器耦合电路、变压器耦合电路等。

② 触发电路。把控制信号放大后驱动触发器件（如双向触发二极管），触发晶闸管 G 极。

③ 开关电路主要由双向晶闸管构成。

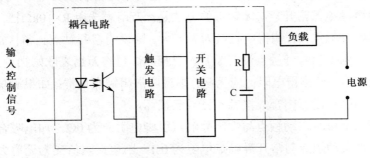

图 2-43　固体继电器内部原理图

3）电磁式继电器原理

电磁式继电器是各种继电器的基础，使用率最高，交、直流继电器也是其中之一。它主要由铁芯、线圈、动触点、动断静触点、动合静触点、衔铁、返回弹簧等部分组成，如图2-44所示。线圈未通电流时，动触点4与常闭静触点7接触；当线圈有电流时，产生磁场并克服弹簧引力，衔铁被吸下，动触点4与常开静触点8接触，实现电路切换。

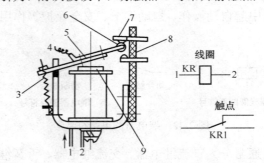

1、2、10—线圈；3—返回弹簧；4、6—动触点；5—衔铁；7—常闭静触点；8—常开静触点；9—铁芯

图2-44 典型电磁式继电器内部结构图

4）继电器的选用及检查

（1）选用。

继电器有许多参数，选择时应遵循以下条件：

① 线圈工作电压是直流还是交流，大小是否适当。

② 线圈工作功率与触发驱动控制电路输出功率是否匹配。

③ 触点允许最大电流必须大于受控电路工作电流的1.5～2倍。

④ 继电器吸合时，若受控电路是闭合的，则把常开触点与动触点接入电路；若受控电路是断开的，则把常闭触点与动触点接入电路；若用于电路转换，则要全部接入电路。

（2）检查。

① 继电器线圈的检测方法与电感器的测量方式一样，首先测量继电器线圈的阻值，一般在几十欧到几千欧之间，这也是判断线圈引脚的重要数据。

② 观察触点有没有发黑等接触不良现象，也可用万用表来测量。

万用表检测继电器常开、常闭触点的方法是：万用表选用R×10kΩ挡，万用表的两支表笔先测量常开触点，若测得电阻值为无穷大，则说明常开触点正常；如果测量的阻值不是无穷大，则说明常开触点没有断开，已损坏。再将万用表欧姆挡调到R×1Ω挡，再去测量常闭触点，若测得电阻值应为零，则说明常闭触点正常；如果测量的阻值不是零，则说明常闭触点没有闭合，接触不良或已损坏。

线圈在未加电压时，动触点与常闭静触点引脚电阻应为0Ω，加电吸合后，阻值应变为无穷大；测量动触点与常开静触点电阻为0Ω，断电后阻值变为无穷大。利用这些数据就可以使用万用表判别出继电器各引脚功能。

## 3. 接插件

接插件又叫连接器,是电子产品中用于电气连接的一类机电元器件,使用非常广泛。采用接插件可提高效率、容易装配、方便调试、便于维修。在电子产品中一般有 A 类(元器件与印制电路板或导线之间连接类连接)、B 类(印制电路板与印制电路板或导线之间的连接)、C 类(同一机壳内各功能单元相互连接)、D 类(系统内各种设备之间的连接)。

接插件按外形分类,有圆形接插件、矩形接插件、条形接插件、印制电路板接插件及 IC 接插件等。按用途分类,有电缆接插件、机柜接插件、电源接插件、光纤光缆接插件及其他专用接插件等。图 2-45 为部分常用连接器外形图。

图 2-45 部分常用连接器外形图

## 思考与练习题 2

1. 电子元器件为什么会老化?
2. 采用万用表对电阻、电容、电感、晶体管进行性能检测时,在量程、操作方法等方面需要注意哪些?

3．电阻器主要的性能参数有哪些？在高频电路、功率电路应用中哪些参数必须特别注意？

4．什么是电容器？电路中的主要作用有哪些？主要参数的物理意义是什么？

5．实验室中有一只没有标识的三极管，请用万用表判断其类型及三个引脚。

6．电感器的主要作用是什么，重要参数有哪些，通常的检测方法有哪些？

7．通用 IC 的检测方法有哪些？

8．如何粗略判定一个继电器的好坏？

# 第 3 章　印制电路板的制作

印制电路板（Printed Circuit Board，PCB），也称印制线路板，由绝缘基板与印制导线、过孔、焊盘组成，为电子元器件提供电气连接途径和元器件承载固定作用，被广泛地应用于各类电子设备、家用电器中。采用印制电路板能有效地减少布线和装配的差错，便于标准化、自动化、规模化生产，提高生产效率。

随着电子产品向着小型化、轻型化、薄型化发展，印制电路板也不断由刚性板向挠性板、由单层板向多层板、由低密度向高密度小孔径、微细化线路连接发展。掌握印制电路板的基本设计方法、制作工艺，了解生产过程是学习电子工艺技术的基本要求之一。

## 3.1　印制电路板制作工艺概述

### 3.1.1　印制电路板基础知识

**1. 印制电路板**

打开电子设备、电子仪器、家用电器的外壳时，总会看到许多电子元器件被焊接在一块或多块印制电路板上，元器件引脚之间通过电路板上一条条走向不同的导电层（印制电路）相连，构成连接通路。计算机中的主板、控制装置中的控制板、接收装置中的接收板，虽然叫法不同，但都是焊接了元器件的电路板，通常所说的印制电路板是指还没有安装焊接元器件的印制电路裸板。

**2. 敷铜板**

制造印制电路板的主要材料是敷铜板（Copper Clad Laminate，CCL，全称覆铜层压板），是由增强材料（绝缘基板）、电解铜箔（导电材料）、黏合剂组成，将木浆纸或玻纤布等作为增强材料浸以树脂，表面覆以铜箔，经黏结、热压而成的一种产品。绝缘基板的材料不同，其机械强度、耐腐蚀、耐高温等性能就不同，可直接影响敷铜板是否易变形、是否怕潮湿，高温下铜箔是否易脱落等使用效果。铜箔厚度不同，会影响 PCB 加工性和品质，特别是对印制电路板的特性阻抗有影响。敷铜板可按照增强材料、黏合剂、阻燃性能进行分类。按照增强材料分类，常用敷铜板有以下几种。

1）刚性敷铜板（Rigid Copper Clad Laminate）

（1）酚醛纸基敷铜板：用浸渍纤维纸做增强材料，浸以酚醛树脂溶液并经干燥加工后，敷以涂胶的电解铜箔，经高温高压压制成型的纸基敷铜板。板的常用厚度有 0.8mm、1.0mm、1.2mm、1.6mm、2.0mm，铜箔厚度一般为 35μm。板材价格低，阻燃强度低，易吸水，耐高温性差，机械性能稍差，其高频损耗较大，可用于低档民用产品，如电动儿童玩具、收音机、录像机等。

（2）环氧树脂纸基敷铜板：环氧树脂纸基敷铜板与酚醛纸基敷铜板不同的是，它所使用的黏合剂为环氧树脂，性能优于酚醛纸基敷铜板。基板厚度为 1.0～6.4mm，铜箔厚度为 35～70μm。机械强度、耐高温、耐潮湿性较好，板材尺寸稳定性较好，适用于工作环境好的仪器、仪表、中档民用电器。

（3）环氧树脂玻璃布敷铜板：由玻璃布浸以双氰胺固化剂的环氧树脂，并敷以电解铜箔，经热压而成。基板厚度为 0.2～6.4mm，铜箔厚度为 25～50μm。高温下机械强度高，受潮时不易变形，高湿下电气性能的稳定性好，适用于机械、电气及电子等领域，主要用于电子计算机、通信设备等工业产品。

（4）聚四氟乙烯板：基板厚度为 0.25～2.0mm，铜箔厚度为 35～50μm。介电常数低，介质损耗低，具有很高的绝缘性能，耐高温，耐腐蚀，适用于高频、航空航天、导弹、雷达等高端仪器设备。

（5）纸电木树脂敷铜板（纸质电木基板）：基板较厚，如 2.0mm、2.4mm，铜箔厚度为 105μm。使用成本低。

刚性敷铜板的绝缘基材还有金属基材、陶瓷基材、热塑性基材等不同材料。使用较多的敷铜板仍然是纸基板和玻璃布基板。

2）挠性敷铜板（Flexible Copper Clad Laminate）

挠性敷铜板是一种特殊的印制电路板。它的特点是重量轻、厚度薄、柔软、可弯曲，主要应用于手机、笔记本电脑、数码相机、液晶显示屏等很多产品。

聚酰亚胺（PI）基板：聚酰亚胺是一种性能优越的绝缘材料基板，具有耐高温、耐辐射、机械强度高、化学性质稳定等优点，基板与铜箔间一般用环氧树脂热固胶接。基板厚度为 0.2mm、0.5mm、0.8mm、1.2mm、1.6mm、2.0mm，铜箔厚度为 25～50μm。单层板从下到上依次为基板—黏合剂—铜箔—黏合剂—保护膜。双层板从下到上依次为保护膜—黏合剂—铜箔—黏合剂—基板—黏合剂—铜箔—黏合剂—保护膜。

常规敷铜板基板厚度≥0.8mm，薄型板厚度<0.8mm。常用铜箔的厚度通常有 18μm、35μm、50μm 和 70μm 四种，最常用的是 35μm，比 35μm 薄的还有 18μm、10μm。铜箔越薄，制作的线路精度越高，也便于机械加工。但是，随着铜箔厚度的降低，增加了对铜箔质量控制的要求和提高生产工艺的要求。一般双面印制电路板和多层板的外层电路使用铜箔厚度为 35μm，多层板的内层电路使用铜箔厚度为 18μm，多层板的电源层电路使用铜箔厚度为 70μm。随着电子技术水平的不断提高，对印制电路的精度要求越来越高，12μm、9μm、5μm 铜箔也在不断使用中。

3．敷铜板性能

敷铜板的性能要求主要包括以下 6 个方面。

（1）外观：铜箔表面有无凹坑、划痕、褶皱、针孔、气泡、白丝等。

（2）尺寸：长、宽、对角线偏差、翘曲度。

（3）电性能：介电常数、体积电阻、表面电阻、绝缘电阻、耐电弧性、介质击穿电压、电气强度等。

（4）物理性能：尺寸稳定性、剥离强度、弯曲强度、耐热性、冲孔性等。

（5）化学性能：阻燃性、可焊性、耐腐蚀性等。

（6）环境性能：吸水性、压力容器蒸煮试验等。

选用敷铜板时，一方面要确定使用哪种敷铜板，另一方面可参考上述几个方面的性能要求进行检查选用。

**4．印制电路板层面**

无论是刚性电路板，还是挠性电路板，按照电路板层数可分为单面板、双面板、四层板、六层板及更多层电路板。

（1）单面板：电路板外层一面有印制电路，电源层和信号层在同一面敷设。

（2）双面板：电路板外层上下两面有印制电路，电源层和信号层两面均可以敷设。

（3）多层板：高速数字电路和射频电路通常采用多层板设计，多层板电路除电路板上下层面有印制电路外，中间夹层也有多层敷铜电路。多层板的顶层（1层）是指最上面的外层，其余依次分为第 2 层、3 层、…、底层（最下面外层）。每层布线的叠层结构不同，典型叠层结构中 4 层板按照信号层（1 层）、接地层（2 层）、电源层（3 层）、信号层（4 层）进行设计。6 层板按照信号层（1 层）、信号层（2 层）、接地层（3 层）、电源层（4 层）、信号层（5 层）、信号层（6 层）布设，或按照信号层（1 层）、接地层（2 层）、信号层（3 层）、信号层（4 层）、电源层（5 层）、信号层（6 层）布设，也可以按照信号层（1 层）、电源层（2 层）、接地层（3 层）、信号层（4 层）、接地层（5 层）、信号层（6 层）布设。

所有印制电路的设计，应根据设计电路要求、抗干扰要求、制作成本要求等因素进行板层的合理选择和设计。制作多层板的设备及加工要求高，需要由电路板制作的专业厂家完成。

### 3.1.2 印制电路板设计软件

**1．发展历程**

计算机软、硬件技术的飞速发展使计算机辅助设计成为电路板设计与制作工作中的一个重要组成部分。尽管电路板设计软件有 PowerPCB、P-CAD、Protel、Allegro、Zuken 等多种，但目前普遍流行使用的电路板设计软件还是 Protel 99 SE 及它的升级版 Altium Designer。Altium 有限公司（前身为 Protel 国际有限公司 Protel International Limited）由 Nick Martin 于 1985 年始创于澳大利亚，用于开发印制电路板（PCB）辅助设计的计算机软件。Protel 是该公司较早开发的一款非常出色的软件，随着软件的广泛应用，通过工程师、设计人员对软件使用过程中源源不断的反馈意见和需求，在增加软件新功能、改进图形引擎、加速布线速度、提高软件使用的有效性等方面不断完善、改进和升级，目前已成为 EDA 行业中使用方便、操作快捷、人性化界面良好的辅助工具。软件主要发展阶段及相应的版本如下。

1985 年，DOS 版 Protel（TANGO），电路原理图绘制与印制电路板设计。

1991 年，Protel for Windows，在 Windows 操作系统下运行，电路原理图绘制与印制电路板设计。

1997 年，Protel 98，32 位产品，5 个核心模块。

1999 年，Protel 99，构成从电路设计到真实板分析的完整体系。

2000 年，Protel 99 SE，性能进一步提高，可以对设计过程有更大控制力。

2002 年，Protel DXP，集成了更多工具，使用方便，功能更强大。

2003 年，Protel 2004，对 Protel DXP 进一步完善。

2006 年，Altium Designer 6.0，集成了更多工具，使用方便，功能更强大，特别在 PCB 设计这一块性能大大提高。

2008 年，Altium Designer Summer 8.0，将 ECAD 和 MCAD 两种文件格式结合在一起，Altium 在其最新版的一体化设计解决方案中为电子工程师带来了全面验证机械设计（如外壳与电子组件）与电气特性关系的能力。还加入了对 OrCAD 和 PowerPCB 的支持能力。

2008 年，Altium Designer Winter 09，引入新的设计技术和理念，以帮助电子产品设计创新、技术进步，使产品设计可以更快地走向市场。通过增强功能的电路板设计，可以实现快速设计。提供全三维 PCB 设计环境，避免模型设计中出现错误。

2009 年，Altium Designer Summer 09，延续了连续不断的新特性和新技术的应用过程。

随后几年又相继出现 Altium Designer release 10、Altium Designer release 11 等升级版本，直至 2014 年 3 月发布了 Altium Designer 14.2 最新版本。

### 2．软件功能

Altium Designer 软件所提供的功能主要体现在以下几个方面：

（1）电路原理图设计；

（2）印制电路板设计；

（3）FPGA 硬件设计；

（4）嵌入式软件开发；

（5）混合信号的电路仿真；

（6）信号完整性分析；

（7）PCB 制造；

（8）通过连接外部配置的 FPGA 开发板（如 Altium NanoBoard），完成 FPGA 的系统实现和调试。

3．设计环境

Altium Designer 软件可在 Windows XP、Vista、Windows 7、Windows 8 系统下运行。

### 3.1.3 印制电路板设计流程

无论是 Protel 99 SE，还是其升级版 Altium Designer，在进行电路板设计时的主要工作流程都如图 3-1 所示，分以下几个步骤。

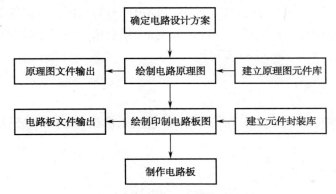

图 3-1　印制电路板设计流程

**1．确定电路设计方案**

确定你最终要绘制的原理图，包括具体电路形式、元器件类型。还应考虑市场有无所需元器件、印制电路板规划等因素，做到心中有数，避免徒劳无果。

**2．绘制电路原理图**

确定图纸大小、图纸数量等设计参数，绘制原理图。

**3．建立原理图元器件库**

在绘制原理图过程中，每个元器件用一个符号表示，如电阻符号、电容符号、三极管符号、集成电路等符号，软件中自带这些常用符号。如果没有代表某个元器件的符号，需要建立一个新的原理图元器件库，在新建元器件库中放入自己所画元器件符号，以备使用。原理图元器件库的建立，既可在绘制原理图前完成，也可在绘制原理图过程中进行。

**4．原理图文件输出**

从原理图中可生成各类报表文件，用于输出打印和后期电路板设计中的元器件自动布局、自动布线等操作。

### 5．绘制印制电路板图

规划电路板尺寸，确定布线规则，绘制电路板。

### 6．建立元器件封装库

元器件封装是元器件实际尺寸和引脚位置在电路板上的表示形式。例如，固定电阻在原理图中的符号都是一样的，由于电阻功率的不同，实际大小不同，两个引脚间隔也不一样，因此在绘制印制电路板时，不同尺寸的电阻有自己所对应的封装。元器件封装库最好在绘制印制电路板前完成，Altium Designer 中自带一些元器件的封装库，供设计者使用。

### 7．电路板文件输出

将画好的印制电路板生成各类报表文件，可用于检查、比较、输出打印，以及后期的电路板制作。

### 8．制作电路板

将相关的印制电路板输出文件交付厂家，完成全工艺电路板制作。条件允许时，可自己制作。

### 3.1.4　印制电路板排版设计

印制电路板的排版设计涉及元器件的布局、元器件的安装、元器件间的连线方式、连线的走向、电路板对外连接方式、抗干扰、散热等因素，会直接影响整机性能和工作的可靠性、稳定性，也会影响是否便于安装、调试和检修。因此，在设计印制电路板时，必须遵守印制电路板设计的一般原则。

### 1．安装布局

（1）单、双面安装要求：无论是单面板还是双面板，元器件都在板子的一面安装的形式是单面安装，元器件在板子两面安装为双面安装。分立式单一通孔元器件一般采用单面安装，对于表面贴元器件，单、双面安装形式并存。

（2）元器件间距要求：为方便焊接、电路检查、测试，元器件之间的间距不宜太近。在不是高密度布线的情况下，元器件焊盘或元器件体之间的间距可选用 100mil（2.54mm）的整数倍，如果元器件中有大电流流过，则间距取大些，小电流流过间距就可以小些。一般电流为 20mA 左右时元器件间距取 0.254mm 以上，电流为 0.1mA 以下时元器件间距可取 0.1mm 以上，大功耗元器件焊盘间距在 0.5mm 以上。

（3）元器件布局：可以每个功能电路的核心元器件为中心，进行元器件布局。

注意某些电位差较高的元器件或导线，应加大它们之间的距离，以免放电引出意外短路。带高压的元器件应尽量布置在调试时手不易触及的地方。易受干扰的元器件之间也不能距离太近。

（4）元器件放置方式：元器件在印制电路板上的安装方式有立式、卧式两种，如图 3-2、图 3-3 所示。对于轴向较长的元器件，应采用卧式安装。由于各元器件厂家产品的封装尺寸不同，所以应注意保留足够的空间位置。大功率元器件周围，应考虑散热片放置的空间位置。金属壳元器件不能与其他金属壳元器件、焊盘、连线相碰触，以防短路。

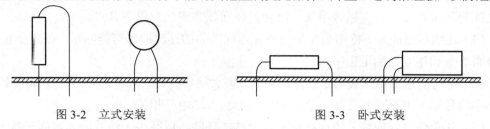

图 3-2　立式安装　　　　　　　　　图 3-3　卧式安装

如果是手工焊接元器件，可采用规则布局或不规则布局；如果是波峰焊接，应选择规则布局，避免漏焊，如图 3-4、图 3-5 所示。

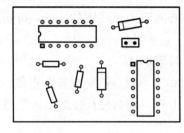 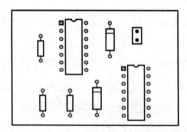

图 3-4　不规则布局　　　　　　　　　图 3-5　规则布局

元器件在板面上应均匀布设。板的四周要留有一定余量，余量大小应根据印制电路板安装固定方式决定。

## 2. 焊盘

焊盘在印制电路中起到固定元器件和连接印制导线的作用。电路板上所有元器件的电路连接可通过焊盘实现，焊盘形状有多种，比较常用的焊盘形状有圆形、方形、泪滴形。圆形焊盘是最常用焊盘，设置时应考虑焊盘尺寸与孔径，通常选择焊盘直径是孔径的 1.6～2 倍。方形焊盘常用于元器件、集成电路的第一脚，便于识别。泪滴焊盘适用于受力大、电流较大、发热量大的情况。使用焊盘时应注意焊盘之间的间距、焊盘与连线的间距，避免短路。

在电路板画图软件中，已经包含元器件封装库文件，封装库中元器件的焊盘已经定义过，可直接使用。特殊要求下，可以对元器件的焊盘尺寸进行编辑调整。没有的元器件封装，需要自己建立元器件封装库。

## 3. 过孔

过孔（金属化孔）主要实现板层间的连接。通常过孔采用圆形。电路板材越薄、电流越小、布线越密，选用的孔径越小。推荐的最小过孔焊盘直径为 18mil（0.4572mm）、孔径为 6mil（0.1524mm），最大过孔焊盘直径为 62mil（1.5748mm）、孔径 32mil（0.8128mm）。

4．布线

由于不合理的布线可能引起电路板中包含寄生天线，引起电磁干扰。长距离的并行线之间容易引起互容、互感等串扰。因此，在布线时应注意以下几点。

（1）连线尽可能短。特别是高频电路元器件之间的连线应尽可能缩短，以减少它们的分布参数和相互间的电磁干扰。

（2）尽可能增加施扰线与受扰线的距离，如大功率、大电流输出元器件及其连线应远离小信号输入电路及其连线，避开输出端与输入端电路相邻。

（3）避免信号线或信号流向在电路板上构成环路，以减少天线效应和电磁干扰。

（4）避免信号线之间长距离并行走向，或者在施扰线与受扰线之间加一条接地线，有利于减少串扰。

（5）如果电路板另一面为接地面，则两线中心间距大于线宽的 3 倍，可防止走线间串扰。

（6）避免 90°拐角，通常采用 135°拐角或弧形走线。

（7）双面板顶层和底层板面的信号线走向宜相互垂直、斜交或弯曲走线，避免相互平行，以减小寄生耦合。通常采用上横下竖或者上竖下横布设，特别是数字系统中的数据线和地址线比较多的时候，更应注意布线走向。

（8）尽量减少过孔数量。

（9）印制导线的宽度主要由导线与绝缘基板间的黏附强度和流过它们的电流值决定。流过电流比较大时，应考虑布线宽度。线越宽，敷铜板铜箔越厚，允许流过的电流越大。电源线和接地线因电流量较大，设计时要适当加宽，一般不要小于 1mm。安装密度不大时，印制导线宽度最好不小于 0.5mm，手工制板不小于 0.8mm。根据电流大小选取印制导线宽度时，可参见表 3-1。

表 3-1 印制导线的宽度与电流关系

| 线宽（mm） | 电流（A） | | |
|---|---|---|---|
| | 铜箔厚度（35μm） | 铜箔厚度（50μm） | 铜箔厚度（70μm） |
| 0.1 | 0.20 | 0.50 | 0.70 |
| 0.2 | 0.55 | 0.70 | 0.90 |
| 0.3 | 0.80 | 1.10 | 1.30 |
| 0.4 | 1.10 | 1.35 | 1.70 |
| 0.5 | 1.35 | 1.70 | 2.00 |
| 1.0 | 2.30 | 2.60 | 3.20 |
| 1.5 | 3.20 | 3.50 | 4.20 |
| 2.0 | 4.00 | 4.30 | 5.10 |
| 2.5 | 4.50 | 5.10 | 6.00 |

（10）印制导线间距由它们之间的安全工作电压决定。相邻导线之间的峰值电压、基板的质量、表面涂覆层、电容耦合参数等都会影响印制导线的安全工作电压。目前厂家加工最小线宽为 5mil（0.127mm），最小线距为 5mil（0.127mm）。在条件允许的情况下，尽量采用低密度布线，使线宽与线距大一些。数字电路系统中的工作电压不高，不必考虑击穿电压，线距只要在制作工艺允许范围内即可。工作电压较大时，应考虑布线线距，两者关系可参考表 3-2。

表 3-2　布线线距最大允许工作电压

| 布线线距（mm） | 0.50 | 1.00 | 1.50 | 2.00 | 3.00 |
|---|---|---|---|---|---|
| 工作电压（V） | 100 | 200 | 300 | 500 | 700 |

5. 接地

接地分安全接地和信号接地两类。安全接地将实际大地与机壳相连，是为防止电气装置的金属外壳带电，危及人身和设备安全而进行的保护接地。安全接地分设备安全接地（机壳与大地相连）、接零保护接地（机壳、大地、电网零线相连）、防雷接地（机壳、大地相连）。信号接地指系统电路内部信号的零电位参考点，也是直流电压的零电位参考点或面。良好的接地可以抑制电磁干扰、保障设备电磁兼容、提高设备的工作可靠性。以下仅讨论电路板上信号接地的布线。

（1）由于地线电阻的存在，两个接地点之间存在电位差，使得地线中存在电流，甚至与电路中其他元器件、电路之间构成电流环，造成地线的电流环干扰。所以，在条件允许的情况下增加地线宽度、面积，以减少地线的电阻。

（2）在如图 3-6 所示电路中，$Z_1$、$Z_2$、$Z_3$ 分别为存在的三个接地阻抗，$Z_1$ 上的压降会耦合到电路 1、电路 2 和电路 3 中，$Z_2$ 上的压降会耦合到电路 2 和电路 3 中，$Z_3$ 上的压降会耦合到电路 3 中，造成接地的公共阻抗耦合干扰。为减少这种干扰，可以采用如图 3-7 所示的方式布设信号地线。公共接地的布线面积大一些，可减少接地电阻的影响。

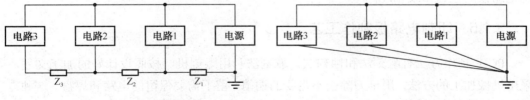

图 3-6　公共阻抗耦合电路　　　　图 3-7　减小公共阻抗耦合电路

（3）集成电路较多的电路板地线可以按照井字形（网状）或平行线形（指状）布设，但注意同一面上两两并行的地线，布设间距应大于 1cm，可以有效减少线间电感量。

（4）模数、数模转换电路及模数混合电路设计中，应分别将模拟地、数字地分开布设，不能混合共用，模、数地线分开布设后，再将模、数部分的接地通过点对点单线、就近相连。

（5）大电流、大信号接地与微弱小信号接地分开设置，最后汇集到电源接地端上。

（6）当电路尺寸小于 0.05λ 时，可采用单点接地方式，即把整个电路系统中的某点作为接地的基准点，再将所有强、弱、模拟、数字接地连接到该接地点上，可避免电路间的相互干扰。当电路尺寸大于 0.05λ 时，可采用多点接地方式，将各部分接地就近连到一个公共接地平面上。

关于其他接地方法及设备的安全接地等内容，请查阅相关专业书籍。

### 6．去耦合

电路工作时，会有一些不需要的噪声信号通过电源耦合到电路中，模拟电路中的热噪声、数字电路中的脉冲干扰等，都会影响系统的正常工作，所以需要为每个电路、每一组电路甚至每个集成电路提供去耦，以滤除不需要的干扰噪声。去耦的方法如下。

（1）小面积电源平面代替电源线条，降低导线电感。

（2）为减少经过电源耦合的噪声干扰，在放大电路电源端、集成电路电源端并接一个去耦电容，达到抑制噪声的作用，如图 3-8 所示。选择的去耦电容容量不同，由于其自谐振频率不同，抑制噪声的频率也不同。

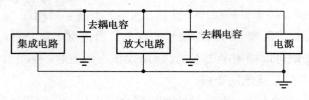

图 3-8　去耦电路

（3）将大、小两个不同容量值（通常相差二到三个数量级）的电容并联，作为去耦电容。大电容抑制低频噪声、小电容抑制高频噪声，可达到扩大抑制噪声频率范围的目的。

### 7．安装孔

安装孔用于大型元器件和印制电路板的固定，安装孔的位置应便于装配且不应与印制电路板的任何布线相连。

## 3.1.5　印制电路板制作工艺

PCB 制作方法有雕刻法和蚀刻法。雕刻法利用雕刻机，按照设计好的加工文件，采用机械加工的方法，用刻刀除去不需要的铜箔，留下需要保留的电路和焊盘。这种方法速度比蚀刻法稍快，每次只能在单面上进行加工，不适合印制电路板的批量制作。雕刻法还可以利用激光雕刻机实现，速度快于机械雕刻，加工精度高，但是设备成本非常高，国内用量不大。目前普遍使用的方法仍然是蚀刻法，利用化学蚀刻的方法去除不需要的铜箔。化学蚀刻法有手工蚀刻和机器蚀刻，分别介绍如下。

### 1．手工热转印单面板制作方法

电路板手工热转印是在电路板计算机辅助设计的基础上进行的，根据已设计好的

PCB 图,经过打印、选材、下料、清洁板面、图形转印、腐蚀、清水冲洗、除去保护层、修板、钻孔、涂助焊剂等一系列操作过程,最终完成电路板的手工制作。主要工艺流程如图 3-9 所示。

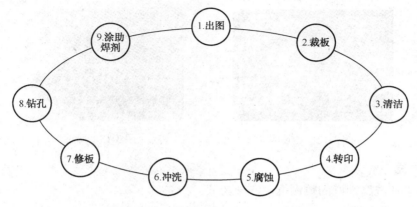

图 3-9　手工热转印单面板制作流程

1) 出图

利用打印机,将绘制好的印制电路板图打印在热转印纸光滑面上,如图 3-10 所示。

2) 裁板

根据电路电气功能和使用的环境条件,选用合适的敷铜板材。按照实际电路板尺寸,用裁板机进行剪裁。用平锉或砂纸将被裁板材四周打磨平整、光滑,去掉毛刺,如图 3-11 所示。

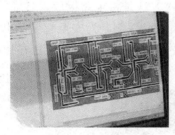　　

图 3-10　打印出图　　　　　　　　　　图 3-11　裁板

3) 清洁

用水砂纸将准备加工的敷铜板铜箔表面(单面板元器件的焊接面,也是印制电路图中的底层)打磨光亮,去除表面氧化。在水中清洗后擦干,保持铜箔表面的平整洁净。

4) 转印

将热转印纸有炭墨粉(该面印有印制电路图)的一面贴到单面敷铜板铜箔面上,用胶带固牢,送入已预热的热转印机中,进行图形转印,使印制电路图转印到铜箔面上。热转印机工作温度应保持在 150~200℃之间,如图 3-12 所示。

5) 腐蚀

揭去热转印纸,敷铜面上印有印制电路图,如果电路、焊盘印记不清,可用修改笔补修。将修补后的敷铜板放入盛有三氯化铁溶液的腐蚀桶中进行腐蚀,达到保留电路面,去掉不需要铜面的目的。腐蚀过程的快慢与三氯化铁溶液的浓度、温度、溶液的流动性有关，浓度和温度越高、溶液流动性大，腐蚀速度越快。待敷铜板面上裸露的铜箔全部腐蚀掉后，立即将敷铜板取出，如图3-13所示。

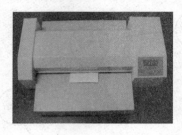 

图3-12　热转印　　　　　　　　图3-13　腐蚀

6）冲洗

用清水冲洗腐蚀好的敷铜板，洗净药液。

7）修板

用水砂纸在清水中轻轻打磨铜箔面，去掉炭墨粉，露出闪亮的铜箔电路。对照原图检查电路板并修整板子上的电路和焊盘。

8）钻孔

用钻孔机对焊孔和机械安装孔进行手动打孔，尽量钻在焊盘的中间位置上，并注意减少钻孔周边的毛刺。

9）涂助焊剂

在电路板焊接面上涂抹助焊剂，有助于焊接。方法是将电路板放入5%～10%稀硫酸中浸泡3～5min，取出洗净、加热烘干，即可喷涂助焊剂。为安全起见，也可以用水砂纸在水中轻轻打磨铜箔面并擦干，用松香浓度较低的酒精松香溶液涂抹在焊接面上晾干即可，如图3-14所示。

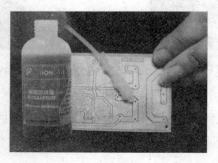

图3-14　涂助焊剂

## 2. 小型工业制板双面板工艺流程

小型工业制板能够完成小批量、高品质单、双面电路板的制作要求。主要分出图、裁板、钻孔、抛光、孔金属化、图形转换、阻焊制作、字符制作、沉锡、切边几个工艺流程，如图3-15所示。各自作用分别如下。

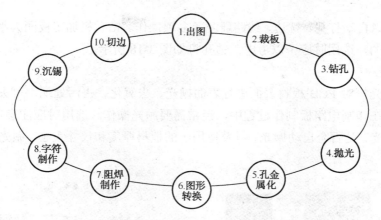

图 3-15　小型工业制板双面板工艺流程图

1）出图

用激光光绘机将提前画好的印制电路板图以 1∶1 的比例印在菲林膜上，以备电路板制作使用。双面板出图主要包括顶层电路、底层电路、顶层丝印（字符层）、底层丝印（字符层）、顶层阻焊、底层阻焊 6 个图面，除两个字符层采用负片出图外，另外 4 个图层采用正片出图。激光光绘机采用激光光源对菲林进行扫描产生图形，具有容易聚焦、能量集中、底片边缘整齐、反差大、不虚光等优点，适合小型工业制板，是光绘行业的主流。

激光光绘机价格较高，非工业制板且要求不高的情况下也可用打印机出图，打印机出图的成像质量不如激光光绘机，且电路宽度、焊盘及过孔的孔径受限。激光光绘机如图 3-16 所示。

2）裁板

进行敷铜板的快速裁剪。不同型号的裁板机，可以剪裁的裁板厚度、宽度、长度是不同的。例如，Create-MCM1200 手动裁板机可剪裁的敷铜板最大厚度为 5mm，最大宽度为 320mm，最大长度不限。裁板机如图 3-17 所示。

图 3-16　激光光绘机　　　　　　　　　图 3-17　裁板机

3）钻孔

钻孔机可实现对印制电路板上的焊盘、过孔等的打孔操作，为后续双面板制作的孔金属化工艺做准备。使用自动钻孔机，需要将设计好的原理图制板文件转换为钻孔机需要的钻孔文件，通过计算机控制，实现对电路板的钻孔。比较好的全自动钻铣机可实现自动换钻头、自动打孔、铣边、线路雕刻等多项操作。钻孔机加工板面大小、钻孔孔径范围是有限的，选用时应予以考虑。钻孔机如图3-18所示。

4）抛光

利用抛光机对PCB板材表面进行表面抛光、去氧化、去污处理，可去除钻孔时产生的毛刺，在印制电路板制作过程中，经常需要抛光操作。选用时应注意考虑是否单、双面均可抛光，是否全自动抛光，以及适用于的板材厚度和尺寸大小。抛光机如图3-19所示。

图3-18 钻孔机

图3-19 抛光机

5）孔金属化

制作双面板时，电路板的顶层电路与底层电路通过过孔或焊盘连接，孔金属化的主要作用就是通过化学镀和电镀方法在过孔的孔径内附着一层导电层，使层间实现可靠连通。金属过孔机可起到对电路板过孔进行金属化过孔、孔壁铜层加厚、显影后板面铜层加厚的作用。利用金属过孔机实现孔金属化，工艺步骤包括：预浸→水洗→烘干→活化→通孔→热固化→抛光→加速→镀铜→水洗→抛光→烘干。"预浸"的作用是除油，去除氧化物、铜粉及板孔内碎屑，调整电荷以利于碳颗粒的吸附。"水洗"的作用是去除前一工艺残留的药水，必须用清水冲洗干净。"烘干"的作用是去除板面和孔内残留水分，更好地进行后面的活化处理。"活化"是为了让导电的纳米碳粒附着在过孔内壁上。"通孔"是将孔内多余的活化液去除，保证每个孔的通透。"热固化"使碳颗粒能够更好地吸附在孔内。"抛光"的作用是去除板面上黑色的碳离子。"加速"的目的是起到一个催化作用，加快镀铜速度。"镀铜"也叫"沉铜"，其主要作用是实现上下电路的通孔导通，在孔内壁镀上铜，再通过水洗、抛光、烘干板子表面及烘干孔内水分等工序，进入"图形转换"制作流程。上述工艺除"烘干"和"抛光"外，都在金属过孔机上进行，选用金属过孔机应注意板材加工尺寸、板材数量、机身耐腐蚀等因素。使用时需要确定每个工艺所需时间、镀铜时间和工作电流大小。金属过孔机如图3-20所示。

6）图形转换

图形转换是通过电路板丝印机对电路板进行电路、阻焊、字符等油墨丝网印制，分刷感光电路油墨→固化→菲林对位→曝光→显影→水洗→热固化→镀锡→水洗→脱膜→水洗→蚀刻→水洗→褪锡→水洗→烘干等多个步骤。刷感光电路油墨的板材表面必须保持光洁、无油污。主要操作步骤如下。

（1）刷感光电路油墨。

利用电路板丝印机刷感光电路，其目的是在敷铜板表面覆盖感光电路油墨。电路板丝印机主要用于对电路板进行电路、阻焊、字符等油墨丝网印制，使用的油墨分感光电路油墨、感光阻焊油墨、感光字符油墨三种。选用丝印机时注意丝网质量、丝网目数，以及可印制尺寸。电路板丝印机如图 3-21 所示。

图 3-20　金属过孔机　　　　　图 3-21　电路板丝印机

（2）固化。

用油墨固化机固化油墨。油墨固化机用于对电路油墨、阻焊油墨、字符油墨进行烘干固化，也可以对水洗后的板材进行烘干。选用时注意考虑板架材料、有效空间尺寸、可同时烘烤的电路板数量。油墨固化机如图 3-22 所示。

（3）菲林对位。

用菲林对位桌对位印制电路，将打印的电路板底片与敷铜板上的孔位对齐。菲林对位桌主要用于电路板电路、阻焊、字符等图形曝光前的菲林对位，在后面的制作工艺过程中需反复使用。菲林对位桌如图 3-23 所示。

图 3-22　油墨固化机　　　　　图 3-23　菲林对位桌

（4）曝光。

用曝光机进行曝光。曝光机用于对线路、阻焊、文字感光油墨或干膜进行图形曝光。选用时应考虑曝光方式、曝光面积、曝光时间等因素。曝光机如图 3-24 所示。

（5）显影。

用喷淋显影机进行电路显影。喷淋显影机的作用是完成电路、阻焊、字符等曝光后的图形显影，可选用自动喷淋显影，具有液体加热、液体过热保护、自动液位检测、液体循环高压喷淋功能、显影工艺自动计时、自动关闭等多种功能和防腐性能。使用时应注意显影尺寸、显影时间、显影温度等参数。显影后需要对显影的板子水洗和热固化，热固化的目的是保证在镀锡的过程中，油墨不会脱落，否则油墨脱落处会镀上锡。喷淋显影机如图 3-25 所示。

图 3-24　曝光机　　　　　图 3-25　喷淋显影机

（6）镀锡。

用镀锡机对电路板上显影出来的电路、过孔等进行镀锡操作，目的是在蚀刻敷铜板时保护电路不被腐蚀掉。使用时应考虑电镀电源能够提供的电流大小、电镀时间、可电镀的板材尺寸。镀锡机如图 3-26 所示。

（7）脱膜。

利用脱膜机完成电路镀锡后油墨脱膜或电路显影后干膜脱膜。脱膜后，电路板上需要保留的部分已经镀锡，脱膜的部分露出铜箔，露出铜箔的部分在下一个蚀刻工艺中会被腐蚀掉。喷淋脱膜机如图 3-27 所示。

图 3-26　镀锡机　　　　　图 3-27　喷淋脱膜机

（8）蚀刻。

脱模后水洗，再将被加工板材放入自动喷淋腐蚀机进行蚀刻。自动喷淋腐蚀机可完成湿膜工艺电路镀锡、脱膜或干膜工艺电路显影后的图形蚀刻。喷淋腐蚀机如图 3-28 所示。

（9）褪锡。

利用褪锡机完成蚀刻后的褪锡操作，将保护锡层去掉，露出覆铜电路。使用时应注意设定好褪锡时间和褪锡温度，褪锡后需要对电路板水洗和烘干，并进入阻焊制作流程。褪锡机如图 3-29 所示。

7）阻焊制作

阻焊制作流程为：刷感光阻焊油墨→烘干→菲林对位→曝光→显影→水洗→热固化，完成后进入字符制作流程。

图 3-28　喷淋腐蚀机　　　　　图 3-29　褪锡机

阻焊制作流程的操作方法与图形转换中的步骤（1）～步骤（5）一样，只是第（1）步刷的是绿色（或蓝色）感光阻焊油墨，第（3）步贴的是印制电路顶层和底层的阻焊菲林图片。

8）字符制作

字符制作流程为：刷感光字符油墨→烘干→菲林对位→曝光→显影→水洗→热固化，步骤与阻焊制作流程一样，只是第（1）步刷的是白色字符油墨，第（3）步贴的是顶层丝印（字符层）、底层丝印（字符层）的菲林图片。

9）沉锡

沉锡分"除油→微蚀→水洗→沉锡"四个步骤，主要是在焊盘部分镀上助焊锡，可防氧化，有利于后面的焊接。助焊防氧化机如图 3-30 所示。

10）切边

根据已做好的电路板切除多余部分，再用打磨机将板子边缘部分打磨光滑。全工艺双面板制作的成品板图如图 3-31 所示。

图 3-30　助焊防氧化机

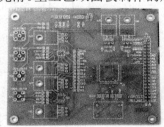
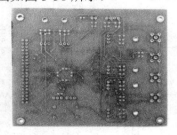

图 3-31　全工艺双面板元器件面与焊接面图

## 3.2　典型模拟电路 PCB 设计——音频功率放大器 PCB 设计

### 3.2.1　设计要求

图 3-32 是一个双声道音频功率放大电路，通过立体声耳机插孔的输入，可将来自手机或计算机音频输出插口的音乐信号放大，放大器输入阻抗≥20kΩ，负载电阻为 8Ω，输出功率为 10W。要求绘制原理图，并设计单面印制电路板。

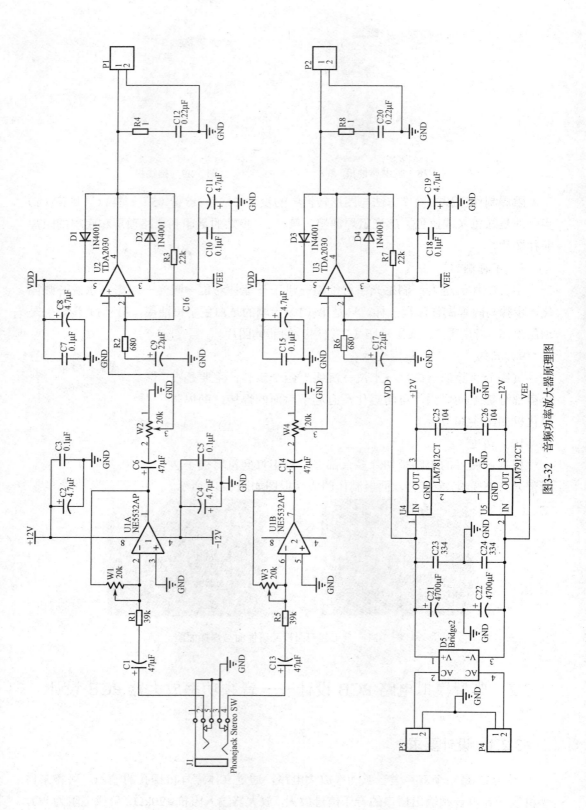

图3-32 音频功率放大器原理图

### 3.2.2 原理图设计

**1. Altium Designer 主窗口介绍**

Altium Designer 主窗口包括系统菜单 DXP、菜单、工具栏、文件标签、设计窗口、工作面板（设计导航栏）、面板访问按钮、状态栏 8 个主要部分，如图 3-33 所示。

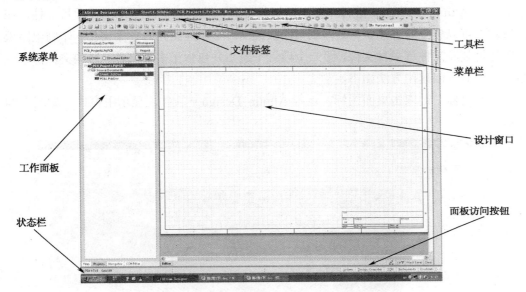

图 3-33　Altium Designer 主窗口

（1）系统菜单：系统菜单"DXP"命令用于设置 Altium Designer 的运行环境参数、进行注册、获取服务信息等操作。

（2）菜单、工具栏：为了便于实现各种操作，软件中配置了丰富的"菜单"命令和"工具栏"，"菜单"命令和"工具栏"的内容可随着打开的编辑器不同而有所不同。例如，打开原理图编辑器和打开印制电路板编辑器时，显示的菜单和工具栏内容是不一样的。

（3）工作面板："工作面板"区域为软件的使用提供了快捷操作。针对系统设计中的不同要求，可以有选择地显示不同工作面板，每个面板所提供的功能也不同。工作面板可设置成锁定显示或浮动显示模式。锁定显示就是一直显示。浮动显示时，光标离开工作面板区域，工作面板消失；当光标放在工作面板的名称标签上时，工作面板滑出显示。还有一种弹出显示方式，用时调出，不用取消。

（4）文件标签：在双击工作面板上的某个原理图文件名时，该原理图显示在"设计窗口"中，可对原理图进行画图、编辑等操作，同时在"设计窗口"的左上方会产生一个"文件标签"。每个被打开的文件都会产生一个标签，单击任意一个标签，即激活了对应文件，其相关内容就会显示在设计窗口中，并可对其进行编辑。

（5）设计窗口：在该窗口下，显示被激活打开的文件并进行布局、编辑等操作。

(6)状态栏:可提供编辑器、当前鼠标位置、命令提示、快捷键、工作面板等信息。

(7)面板访问按钮:这里含有多个按钮,选择不同按钮中的不同选项,可在工作面板处显示相应的内容。例如,选择"system(系统)"→"Projects(项目)"和"Help(帮助)"→"Shoutcuts(快捷键)",则分别显示"项目"工作面板和"快捷键"面板。

**2. 创建工程文件**

使用 Altium Designer 进行印制电路板设计时,应首先创建一个工程项目文件,在该项目下可以建立原理图文件、印制电路板图文件、原理图元器件库文件、印制电路板元器件封装库文件等多种文件,即一个项目下建立并包含了多种文件。这些文件都可以通过菜单命令创建,方法如下。

(1)鼠标左键双击桌面图标,运行 Altium Designer 软件,显示主窗口,如图 3-34 所示。

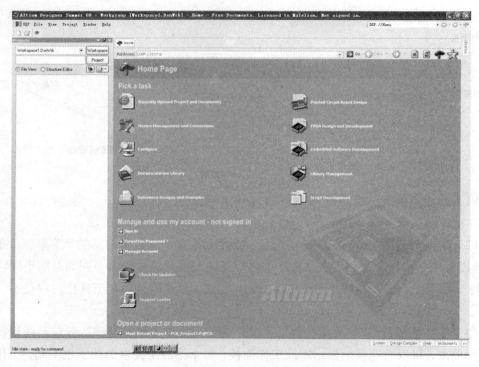

图 3-34  Altium Designer 主窗口

(2)选择菜单"File(文件)"→"New(新建)"→"Project(工程项目)"→"PCB(印制电路板)"命令,创建工程文件,在工程面板中出现了一个工程文件,默认名称为 PCB_Project1.PrjPCB,如图 3-35 和图 3-36 所示。

(3)选择菜单"File(文件)"→"New(新建)"→"Schematic(原理图)"命令,在工程文件中创建原理图文件,默认名称为 Sheet1.SchDoc,如图 3-37 和图 3-38 所示。

(4)选择菜单"File(文件)"→"New(新建)"→"PCB(印制电路板)"命令,在工程文件中创建 PCB 文件,默认名称为 PCB1.PcbDoc,如图 3-39 和图 3-40 所示。

图 3-35　利用菜单创建工程文件　　　图 3-36　创建工程项目文件后工作面板显示结果

 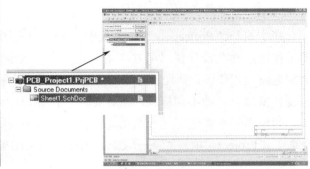

图 3-37　利用菜单创建原理图文件　　　图 3-38　创建原理图文件后工作面板显示结果

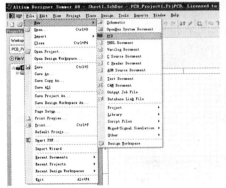 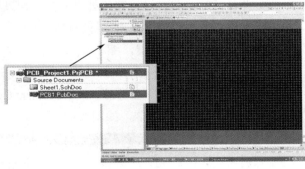

图 3-39　利用菜单创建 PCB 文件　　　图 3-40　创建 PCB 文件后工作面板显示结果

（5）如图 3-41 所示，选择菜单"File（文件）"→"Save Project As（保存工程文件为）"命令，弹出保存对话框，如图 3-42 所示。在此对话框中可设置工程文件的保存路径，建立新文件夹及文件夹命名。设置保存路径为 E:/ PowerAmp 文件夹下，在对话窗口的"文件名"栏下，可以更改 PCB 文件名或默认原名 PCB1.PcbDoc，鼠标左键单击"保存"按钮，保存 PCB 文件，并进入原理图文件保存对话窗口。更改原理图文件名或默认原名 Sheet1.SchDoc，单击"保存"按钮，进入工程文件保存对话框。再次默认并

· 73 ·

单击"保存"按钮，完成对 PCB_Project1.PrjPCB 工程文件的创建过程，其内部包含了原理图和 PCB 两个文件。

图 3-41　利用菜单命令保存工程项目文件　　　　图 3-42　保存对话框

在主窗口"Projects"工作面板中，单击原理图文件名，可在设计窗口中打开原理图工作窗，并在设计窗口上方产生一个标签。双击 PCB 文件名，可在设计窗口中打开印制电路板工作窗，并在设计窗口上方产生另一个标签。单击工作面板中不同文件或单击设计窗口上方的不同标签，可在不同工作窗口和编辑器间切换。

如果需要重新建立一个新的工程项目，应先关闭正在运行的项目，关闭方法是：选择菜单"Project（项目）"→"Close Project（关闭项目）"命令。

### 3．原理图图纸设置

单击主窗口左面"Projects"工作面板中的原理图文件名，或单击设计窗口上方的原理图文件名标签，此时设计窗口处显示的是原理图图纸。

将光标移到原理图上，单击鼠标左键，再单击"PgUp 上页"键，可放大显示画面；也可以单击"PgDn 下页"键，缩小显示画面。

1）图纸设置

选择菜单命令"design（设计）"→"Document Options（文档选项）"，弹出"Document Options（文档选项）"对话框，如图 3-43 所示。

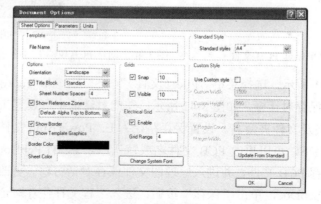

图 3-43　文档选项对话框

① 选择"Orientation（图纸方向）"为"Landscape（水平方向）"。
② 设置"Title Block（图纸标题栏）"为"Standard（标准格式）"。
③ 设置"Snap（捕获栅格）"为"10"，表示光标水平或垂直移动一次，可移动 10 个像素点。
④ 设置"Visible（可视栅格）"为"10"，表示图纸上网格间距为 10 个像素点。
⑤ 设置电气栅格中"Grid Range（栅格范围）"为"4"，并选中"Enable（使能）"复选框。画原理图时，光标可以自动移到与它距离小于 4 个像素点的最近连接点上。
⑥ 设置"Standard styles（图纸大小）"为"A4"。
⑦ 其余默认。

2）原理图背景网格设置

单击窗口左上方"Units（单位）"标签，弹出单位选项对话框，如图 3-44 所示。对话框中有英制和公制两个单位复选框，可根据个人需要任选一种。图 3-44 中的设置为英制，使用单位为 Dxp Defaults（默认）。

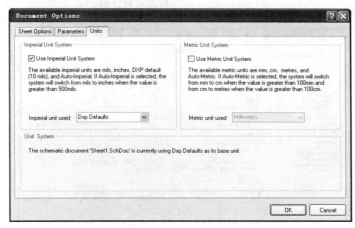

图 3-44　单位选项对话框

3）完成设置

鼠标左键单击"OK"按钮，完成图纸设置。

## 4．原理图工作环境设置

选择"Tools（工具）"→"Schematic Preferences（原理图参数）"菜单命令，打开原理图参数选择对话框，如图 3-45 所示。

1）设置常规环境参数

选择窗口左面导航树中的"General（常规）"参数选项卡，弹出常规环境参数设置对话框。对于初学者而言，这部分设置可以按照图 3-46 选择默认。

注意"Options（选项）"区域中的"Pin Direction（引脚方向）"复选框原本是选中的，现已取消。选中该复选框，可显示原理图中集成电路引脚端口性质为输入、输出或双向；反之，不显示引脚端口性质，如图 3-47 和图 3-48 所示。

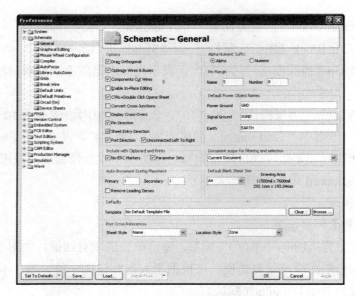

图 3-45　原理图参数选择对话框

图 3-46　常规环境参数设置对话框

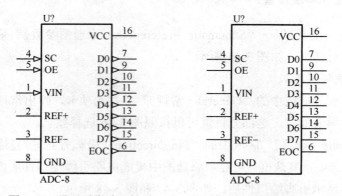

图 3-47　显示引脚端口性质　　图 3-48　不显示引脚端口性质

2）设置图形编辑参数

选择窗口左面导航树中的"Graphical Editing（图形编辑）"参数选项卡，弹出图形编辑参数设置对话框。此处可设置电气点连接、图形自动缩放、光标移动、光标形状等，这部分设置可以按照图3-49选择默认。

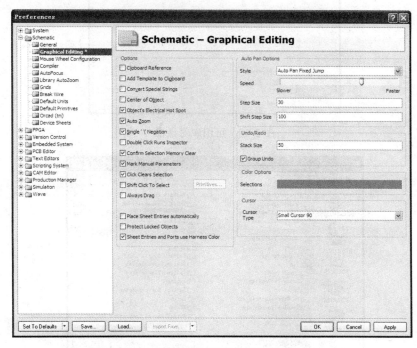

图3-49  图形编辑设置对话框

## 5．加载元器件库

绘制原理图时，需要用到大量的元器件符号，这些符号放在不同的元器件库中，可以随时调用。Altium Designer 的元器件库先以生产厂家分类、再以器件分类，使用前，必须装入所需要的元器件库。

1）装入元器件库的方法

（1）单击菜单"Design（设计）"→"Add/Remove Library…（添加/去除库…）"命令，弹出"Available Libraries（可用库）"对话框，如图3-50所示。单击窗口上方"Installed（已装载）"标签，可显示已载入的库文件列表，这里已装入通用元器件库 Miscellaneous Devices.IntLib 和通用接插件库 Miscellaneous Connectors.IntLib 两个库文件，并且选中了激活复选框，表示已被激活使用。如果没有这两个库文件，需要按照下述安装其他库的方法安装激活。

（2）单击右下角"Install…（安装）"按钮，弹出"打开"对话框。选择库文件的安装路径和需要的库文件名，系统原有库文件都放置在安装路径下 Library 文件夹中。图3-51中显示选择了"Texas Instruments（德克萨斯仪器公司）"元器件库文件夹。

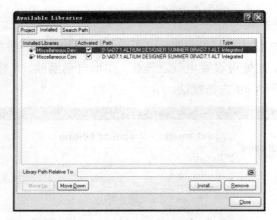

图 3-50 可用库对话框

图 3-51 "打开"对话框

（3）单击图 3-51 右下方"打开"按钮，进入"Texas Instruments"元器件库文件夹，如图 3-52 所示。选择"TI Operational Amplifier.IntLib（TI 运放元器件库）"库文件，然后单击"打开"按钮，完成对"TI Operational Amplifier.IntLib"元器件库的装载操作，如图 3-53 所示。

图 3-52 TI 运放元器件库选择

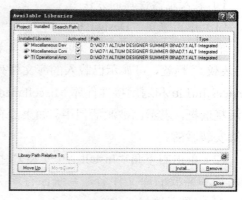

图 3-53 TI 运放元器件库装载

（4）利用同样方法添加"National Semiconductor（国家半导体公司）"元器件库文件夹下的元器件库"NSC Power Mgt Voltage Regulator.IntLib（NSC 稳压源元器件库）"。加载结果如图 3-54 所示。

（5）单击图 3-54 右下方"Close（关闭）"按钮，退出元器件库加载。

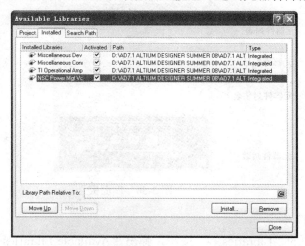

图 3-54　装载 NSC 稳压源元器件库

2）卸载元器件库的方法

（1）单击菜单 "Design（设计）"→"Add/Remove Library…（添加/去除库…）"命令，弹出"Available Libraries（可用库）"对话框。

（2）单击上方"Installed（已载入）"标签，可显示已载入的库文件列表。

（3）在要卸载的库文件图标上单击，使其为蓝色背景，表示选中。再单击右下方"Remove（卸载）"按钮，完成操作。

## 6．放置元器件

1）打开库面板

参考图 3-55，单击 Altium Designer 主窗口右下方面板访问按钮中的"System"按钮，在弹出的菜单中单击"Libraries（库）"命令，在主窗口右侧会弹出如图 3-56 所示的库面板。

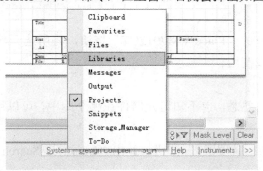

图 3-55　打开库面板方法

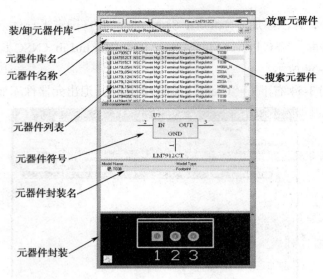

图 3-56　库面板

2）装/卸元器件库

单击图 3-56 中的"Libraries…"按钮，弹出"Available Libraries（可用库）"窗口，可以进行元器件库的装载和卸载操作，操作方法同前述。

3）预览元器件

（1）参考库面板，在"元器件库名"栏，通过下拉菜单，选择已装载的库文件名"NSC Power Mgt Voltage Regulator.IntLib"。

（2）在"元器件名称"栏显示"*"号，表示"元器件列表"栏中可以显示库中的所有元器件名。若将"*"号改成某一个具体的元器件型号，则"元器件列表"栏中只能显示指定元器件名。

（3）选择"元器件列表"栏内的元器件 LM7912CT。

（4）"元器件符号"栏内显示被选中 LM7912CT 的原理图符号，这是一个三端稳压器。

（5）"元器件封装名"栏内显示了 LM7912CT 的封装名为 T03B。

（6）"元器件封装"栏内显示了 LM7912CT 元器件封装，其三个焊盘间距与三端稳压器的引脚间距相一致，孔径应能保证三端稳压器的引脚接入。

4）放置元器件

单击库面板右上方的"Place LM7912CT"按钮，将所选元器件符号放置到原理图中，以备后期画图连线使用。

5）搜索元器件

如果对元器件库不熟悉，也不知道元器件在哪个库中，可以用搜索功能查找，方法如下。

（1）单击"Search…（搜索）"按钮，弹出"Libraries Search（库搜索）"对话框，如图 3-57 所示。

（2）输入需要搜索的元器件型号，如果不能记住全部字母或数字，可用"*"代替，

"*"代表任意字符串。如输入"NE5532"。

（3）"Search in"栏下选择"Components（元器件）"，表示搜索原理图元器件符号。

（4）"Search type"栏下选择"Advanced（先进搜索）"，可输入过滤语句表达式，有助于快速、准确地查找。

（5）在搜索范围区域选中"Libraries on path"复选框，表示在指定路径范围内搜索元器件NE5532。

（6）在路径区域选项中的"Path（路径）"栏中，选择系统安装路径下的Library库文件夹，并选中"Include Subdirectories（包括子目录）"复选框，如图3-57所示，表示在所有元器件库中查找NE5532。

（7）单击对话框左下方"Search（搜索）"按钮，进行搜索查找，结果如图3-58所示。

（8）选择元器件列表区域中的元器件NE5532AP，再单击右上方"Place NE5532AP"按钮，放置所选元器件到原理图中。

（9）利用上述方法，将图3-32中的所有元器件放置到新建原理图中，所含元器件的名称及所在的元器件库名称列于表3-3中，可供参考。其中，在所有库中都不存在TDA2030功率放大器这个元器件，必须先创建新元器件库并制作该元器件。

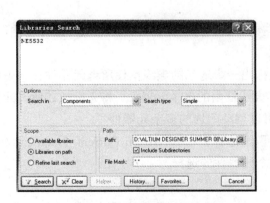

图3-57 库搜索对话框

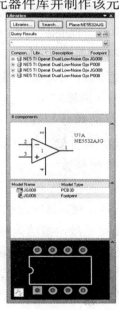

图3-58 搜索结果

表3-3 元器件列表

| 元器件 | 库中元器件名称 | 序号 | 封装 | 连接的库名 | 数量 |
|---|---|---|---|---|---|
| 电容 | Cap | C? | RAD-0.4 | Miscellaneous Devices.IntLib | 12 |
| 电解电容 | Cap Pol1 | C? | CAPPR5-5x5 | Miscellaneous Devices.IntLib | 14 |
| 全桥 | Bridge2 | D? | D-46_6A | Miscellaneous Devices.IntLib | 1 |
| 二极管 | Diode 1N4001 | D? | DO-41 | Miscellaneous Devices.IntLib | 4 |

续表

| 元器件 | 库中元器件名称 | 序号 | 封　　装 | 连接的库名 | 数量 |
|---|---|---|---|---|---|
| 立体声插座 | Phonejack Stereo SW | J? | ST-3150-5N | Miscellaneous Connectors.IntLib | 1 |
| 接线端 | Header 2 | P? | HDR1X2 | Miscellaneous Connectors.IntLib | 4 |
| 电阻 | Res2 | R? | AXIAL-0.4 | Miscellaneous Devices.IntLib | 8 |
| 可变电阻 | RPot | R? | VR5 | Miscellaneous Devices.IntLib | 4 |
| 运放 | NE5532AP | U? | P008 | TI Operational Amplifier.IntLib | 1 |
| 3端稳压器 | LM7812CT | U? | T03B | NSC Power Mgt Voltage Regulator.IntLib | 1 |
| 3端稳压器 | LM7912CT | U? | T03B | NSC Power Mgt Voltage Regulator.IntLib | 1 |
| 集成功放 | TDA2030 | U? | TDA2030_FZ | Schlib1.SchLib （自制元器件库） | 2 |

**7．调整元器件**

1）单个元器件的删除

首先执行菜单命令"Edit（编辑）"→"Delete（删除）"，光标变为十字。再将光标移动到所需删除的元器件上，单击鼠标左键即可。或将光标移到元器件上，单击鼠标左键选中元器件，再按"Delete"键，删除元器件。

2）多个元器件的删除

按住鼠标左键不放，框住所要删除的多个元器件后松开鼠标选中。执行菜单"Edit（编辑）"→"Clear（清除）"。

3）单个元器件的移动

光标移到所选元器件处，按下鼠标左键不放，拖动元器件，然后放开鼠标左键。

4）多个元器件的移动

按住鼠标左键，移动鼠标在工作区内拖出一个适当的虚线框使所选元器件在该虚线框内，然后松开鼠标左键，这时已选择了虚线框内的多个元器件。将光标放在所选元器件上，按下鼠标左键不放，拖动光标就可以移动所选的多个元器件了。

执行"Edit（编辑）"→"Deselect（取消选择）"→"All on Current document（当前被选元器件）"菜单命令，可以取消多个元器件的选择。

5）单个元器件的旋转

将光标移到元器件处并按下鼠标左键不放，按"Space"键就可以90°旋转元器件；若按下鼠标左键，再按"X"键，则水平镜像翻转；若按下鼠标左键，再按"Y"键，则垂直镜像翻转。

6）多个元器件的旋转

先选中多个元器件，在某一选中元器件处按下鼠标左键不放，按"Space"键就可以90°旋转各元器件。$X$、$Y$轴镜像翻转方法与单个元器件的翻转方法一致。

7）调整元器件位置

将放置到原理图中的所有元器件，按照图3-32所示，调整到合适的位置上。

## 8．元器件电气连接

在原理图中放入元器件符号并确定元器件在原理图中的摆放位置后，就可以着手电气连线了，连线时可选用菜单命令或工具栏中相应的工具图标（请参考相关书籍）。掌握连线方法后，参考图3-32，完成电气连线。

1）画总线

选择"Place（放置）"→"Bus（总线）"菜单命令或图标 ，光标为十字显示，将十字光标放到总线起点处，单击鼠标左键，移动光标到终点，再单击鼠标左键，画出一条总线。如果中途需要总线转折，则在转折处单击鼠标左键即可，单击鼠标右键退出画总线功能。

2）放置总线分支

选择"Place（放置）"→"Bus Entry（总线分支）"菜单命令或图标 ，光标为十字显示并带有一个总线分支，将十字光标放在总线上，小×变红色，用空格键调整总线分支的方向，单击鼠标左键即可。总线分支要迎着总线过来的方向连接，这样图面整齐好看。

3）放置节点

放置节点的菜单命令为"Place（放置）"→"Manual Junction（放置节点）"。将光标移至两条连线的交叉点处，单击鼠标左键，放置一个节点。连线过程中，在三条支路的交汇点处，Altium Designer会自动放置节点，无须手动放置。

4）放置电源

放置电源菜单命令为"Place（放置）"→"Power Port（电源）"，工具栏为 ，可放置接地符号。工具栏中还有另一个图标 ，单击后可以直接放置电源VCC。用鼠标左键双击VCC符号，可以编辑和更改VCC名为+5V、-5V或其他电源电压值。

5）电气连线

选择"Place（放置）"→"Wirl（导线）"菜单命令或工具栏 ，可进行线路连接，方法与放置总线的方法相同。无论是线与线相连，还是线与引脚相连，必须是点对点，不要让线与线、线与元器件引脚线间出现线重叠。

6）放置网络标号

选择"Place（放置）"→"Net Label（网络标号）"菜单命令或工具栏 。当光标移动到需要放置网络标号的线端，光标小×变红色，此时放置的网络标号有效。系统视具有相同网络标号的线为同一连线。

7）放置其他

"Place"→"Port"，放置输入输出端口，工具栏为 。

"Place"→"Text String"，放置字符串，工具栏为 。

"Place"→"Text Frame"，放置文本框，工具栏为 。

连线图解说明如图3-59所示。

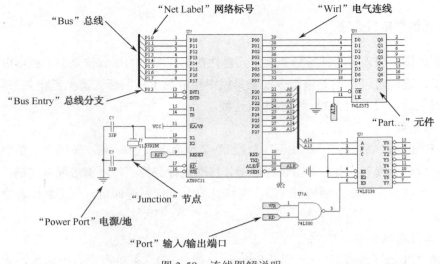

图 3-59 连线图解说明

完成连线后的原理图如图 3-60 所示。

在图 3-60 中,最初每个元器件的序号、标称值、封装形式还没有确定,所以还需要对它们的元器件属性进行设置。

### 9．元器件属性编辑

编辑元器件属性,包括元器件属性的编辑和元器件封装库的连接。对元器件属性的编辑,利于读图、产生各种报表、归纳和统计元器件。确定元器件的封装形式和封装库连接,可为后期电路板设计中自动布局和自动布线的顺利进行提供保证。编辑某个元器件的属性,只需要将光标移到这个元器件上,双击鼠标左键即可弹出元器件属性对话框,主要设置内容有：Designator（元器件序号）、Comment（元器件注释）、Design item ID（元器件标识）、Library Name（元器件库名）、参数设置中元器件标称值的设置与显示、元器件封装形式,如图 3-61 所示。

（1）双击原理图中立体声插座 Phonejack Stereo SW 元器件,弹出该元器件属性对话窗口。主要参数设置如下。

① Designator（元器件序号）。元器件序号用于同类元器件的识别,此处为"J？",手动修改为"J1"。对一张图中的元器件进行编号时,用电阻 R、电容 C、电感 L、集成元器件 U、三极管 Q、二极管 D、按钮 AN、开关 S 等字母加数字表示。多个电阻可用 R1、R2、R3…区别,元器件序号可以自动编排,此处采用手动编排方式。

② Comment（元器件注释）。原理图中某个元器件型号的注释,此处注释内容默认为"Phonejack Stereo SW",选中该栏后面的"Visible（可视）"复选框,让原理图中显示该注释内容。若取消后面的"Visible（可视）"复选框,则原理图中不会显示该注释内容。

③ Design item ID（元器件标识）。元器件标识栏内填写的元器件名称必须与元器件库中的名称一致,此处默认原名。

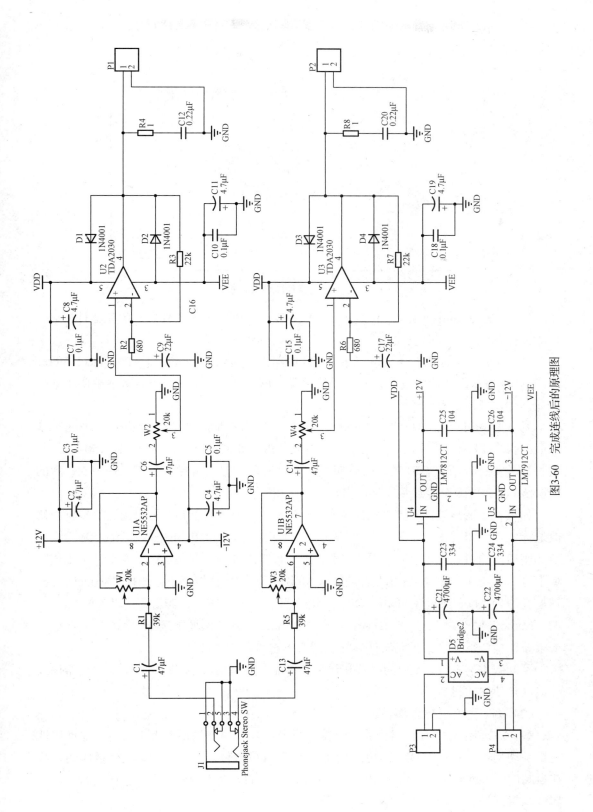

图3-60 完成连线后的原理图

图 3-61　元器件属性对话框

④ Library Name（元器件库名）。该栏内表示了被编辑元器件所在的元器件库名，在添加元器件时，库名已默认。

⑤ Value（标称值）。"Value"栏在窗口右上方"Parameters for J?- Phonejack Stereo SW"区域内，立体插座没有该栏，无须设置，也不显示。电阻、电容等需要明确数值的元器件，都添加有这一栏并显示在原理图上。

⑥ Footprint（引脚封装）。"Footprint"栏在窗口右下面"Models for J?- Phonejack Stereo SW"区域内，通过下拉菜单选取封装，由于此处只有一种封装 ST-3150-5N，与实物封装不符，所以暂时默认，后期再处理。鼠标左键双击封装名 ST-3150-5N 后的"Footprint"，可弹出该封装模型，供观察和选用。

如果要改变封装，需要自建封装库，产生新的元器件封装后，再回到这一步重新修改选择。或者知道在已装入工程项目的元器件库中含有与"Phonejack Stereo SW"立体声插座相符的封装，并知道该封装名称，则可直接添加现有封装。添加方法是单击该区域下方的"Add"按钮，弹出"Add New Model"添加新模型菜单；选择"Model Type"模型类型为"Footprint"，单击"OK"按钮，弹出另一个窗口；在新窗口"PCB Model"的"Name"栏下输入元器件封装名，在"PCB Library"区域下选中"Any"复选框，如果在该窗口下方看到了元器件的封装图，单击"OK"按钮确认。

不同版本的软件，库中的封装和封装名可能有所不同，应根据实际使用的元器件尺寸，确定使用的封装。

（2）编辑所有元器件属性。

参考原理图 3-32 和元器件属性设置对照表 3-4，对自制的原理图上所有元器件属性进行手动编辑。其中，TDA2030 功率放大器、音量电位器、接线端、立体插座的封装在自制库中，必须先创建新元器件封装库和建立新的元器件封装，才可进行元器件封装属性编辑。

表 3-4  元器件属性设置对照表

| 名称 | Designator 元器件序号 | Comment 元器件注释 | Design item ID 元器件标识 | Value 元器件标称值 | FootPrint 元器件封装 |
|---|---|---|---|---|---|
| 电解电容 | C1 | Cap Pol1 不显示 | Cap Pol1 | 47μF/25V | CAPPR5-5X5 |
| 电解电容 | C2 | Cap Pol1 不显示 | Cap Pol1 | 4.7μF/25V | B |
| 电容 | C3 | Cap 不显示 | Cap | 0.1μF | VP32-3.2 |
| 电解电容 | C4 | Cap Pol1 不显示 | Cap Pol1 | 4.7μF/25V | B |
| 电容 | C5 | Cap 不显示 | Cap | 0.1μF | VP32-3.2 |
| 电解电容 | C6 | Cap Pol1 不显示 | Cap Pol1 | 47μF | CAPPR5-5X5 |
| 电容 | C7 | Cap 不显示 | Cap | 0.1μF | VP32-3.2 |
| 电解电容 | C8 | Cap Pol1 不显示 | Cap Pol1 | 4.7μF | B |
| 电解电容 | C9 | Cap Pol1 不显示 | Cap Pol1 | 22μF | B |
| 电容 | C10 | Cap 不显示 | Cap | 0.1μF | VP32-3.2 |
| 电解电容 | C11 | Cap Pol1 不显示 | Cap Pol1 | 4.7μF | B |
| 电容 | C12 | Cap 不显示 | Cap | 0.22μF | VP32-3.2 |
| 电解电容 | C13 | Cap Pol1 不显示 | Cap Pol1 | 47μF | CAPPR5-5X5 |
| 电解电容 | C14 | Cap Pol1 不显示 | Cap Pol1 | 47μF | CAPPR5-5X5 |
| 电容 | C15 | Cap 不显示 | Cap | 0.1μF | VP32-3.2 |
| 电解电容 | C16 | Cap Pol1 不显示 | Cap Pol1 | 4.7μF | B |
| 电解电容 | C17 | Cap Pol1 不显示 | Cap Pol1 | 22μF | B |
| 电容 | C18 | Cap 不显示 | Cap | 0.1μF | VP32-3.2 |
| 电解电容 | C19 | Cap Pol1 不显示 | Cap Pol1 | 4.7μF | B |
| 电解电容 | C20 | Cap 不显示 | Cap | 0.22μF | VP32-3.2 |
| 电解电容 | C21 | Cap Pol1 不显示 | Cap Pol1 | 4700μF/50V | CAPPR7.5-16x35 |
| 电解电容 | C22 | Cap Pol1 不显示 | Cap Pol1 | 4700μF/50v | CAPPR7.5-16x35 |
| 电容 | C23 | Cap 不显示 | Cap | 334 | VP32-3.2 |
| 电容 | C24 | Cap 不显示 | Cap | 334 | VP32-3.2 |
| 电容 | C25 | Cap 不显示 | Cap | 104 | VP32-3.2 |
| 电容 | C26 | Cap 不显示 | Cap | 104 | VP32-3.2 |
| 二极管 | D1 | Diode 1N4001 不显示 | 1N4001 | 无此项 | DO-41 |
| 二极管 | D2 | Diode 1N4001 不显示 | 1N4001 | 无此项 | DO-41 |
| 二极管 | D3 | Diode 1N4001 不显示 | 1N4001 | 无此项 | DO-41 |
| 二极管 | D4 | Diode 1N4001 不显示 | 1N4001 | 无此项 | DO-41 |
| 整流全桥 | D5 | Bridge2 不显示 | Bridge2 | 无此项 | D-46_6A |
| 立体声插座 | J1 | Phonejack Stereo SW 不显示 | Phonejack Stereo SW | 无此项 | Phonejack Stereo_FZ  自制 |
| 接线端 | P1 | Header 2 不显示 | Header 2 | 无此项 | KF128_FZ  自制 |
| 接线端 | P2 | Header 2 不显示 | Header 2 | 无此项 | KF128_FZ  自制 |
| 接线端 | P3 | Header 2 不显示 | Header 2 | 无此项 | KF128_FZ  自制 |
| 接线端 | P4 | Header 2 不显示 | Header 2 | 无此项 | KF128_FZ  自制 |

续表

| 名称 | Designator 元器件序号 | Comment 元器件注释 | Design item ID 元器件标识 | Value 元器件标称值 | FootPrint 元器件封装 |
|---|---|---|---|---|---|
| 电阻 | R1 | Res2 不显示 | Res2 | 20k | AXIAL-0.4 |
| 电阻 | R2 | Res2 不显示 | Res2 | 680 | AXIAL-0.4 |
| 电阻 | R3 | Res2 不显示 | Res2 | 22k | AXIAL-0.4 |
| 电阻 | R4 | Res2 不显示 | Res2 | 1 | AXIAL-0.4 |
| 电阻 | R5 | Res2 不显示 | Res2 | 20k | AXIAL-0.4 |
| 电阻 | R6 | Res2 不显示 | Res2 | 680 | AXIAL-0.4 |
| 电阻 | R7 | Res2 不显示 | Res2 | 22k | AXIAL-0.4 |
| 电阻 | R8 | Res2 不显示 | Res2 | 1 | AXIAL-0.4 |
| 电位器 | W1 | RPot 不显示 | RPot | 200 k | VR5 |
| 电位器 | W2 | RPot 不显示 | RPot | 20k | B20K_FZ 自制 |
| 音量电位器 | W3 | RPot 不显示 | RPot | 200k | VR5 |
| 音量电位器 | W4 | RPot 不显示 | RPot | 20k | B20K_FZ 自制 |
| 运放 | U1A | NE5532AP 显示 | NE5532AP | 无此项 | P008 |
| 运放 | U1B | NE5532AP 显示 | NE5532AP | 无此项 | P008 |
| 功率放大器 | U2 | TDA2030 显示 | TDA2030 | 无此项 | TDA2030_FZ 自制 |
| 功率放大器 | U3 | TDA2030 显示 | TDA2030 | 无此项 | TDA2030_FZ 自制 |
| 三端稳压器 | U? | LM7812CT 显示 | LM7812CT | 无此项 | T03B |
| 三端稳压器 | U? | LM7912CT 显示 | LM7912CT | 无此项 | T03B |

**10．打印与报表输出**

1）产生网络表

网络表可用于印制电路板的自动布线、仿真，也可与电路板生成的网络表进行比较、校对。 由原理图生成网络表方法如下。

执行菜单命令"Design（设计）"→"Netlist for Document（网络表）"→"Protel"，生成网络表，如图3-62所示。网络表中主要显示了原理图中各元器件的属性，各元器件引脚间的连接关系。

2）产生元器件清单

元器件清单列出了当前原理图中用到的所有元器件及它们的标识、型号、标称值、封装等信息，为元器件整理、采购提供方便。

执行菜单命令"Reports（报告）"→"Bill of Material（材料清单）"，弹出元器件清单对话框，选择元器件清单对话框左下方的"Value"复选框，可显示元器件标称值，如图3-63所示。

单击对话框左下方"Export"按钮，弹出文件输出对话框。选择保存路径，默认文件名为PCB_Project1.xls，如图3-64所示，单击"保存"按钮，保存网络表文件，退到元器件清单对话框。单击"OK"按钮，完成操作。

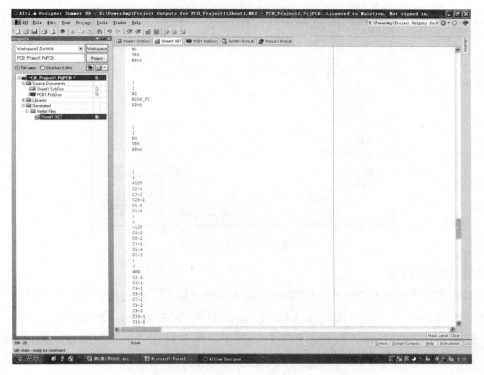

图 3-62　生成网络表

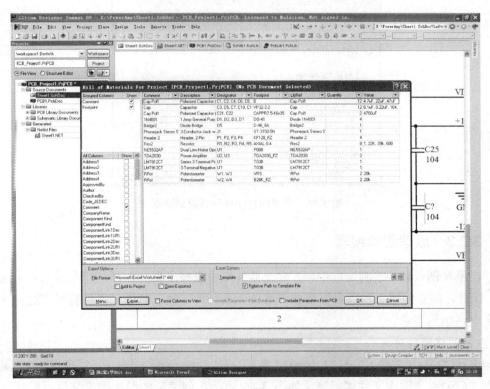

图 3-63　元器件清单对话框

图 3-64　文件输出窗口

3）打印原理图

单击菜单"File（文件）"→"Page Set（页面设置）"，弹出原理图打印属性设置对话框。如图 3-65 所示，分别设置 A4 纸、水平打印、居中放置、整页打印、单色打印。单击打印预览"Preview"按钮，预览打印效果。单击打印"Print"按钮，即可打印出图。

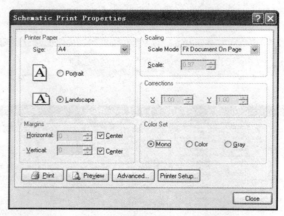

图 3-65　原理图打印属性设置对话框

### 3.2.3　原理图库编辑

在原理图设计、绘制过程中，有时元器件库中没有所用元器件的电气符号，无法画图。因此，需要创建工程项目需要的原理图元器件库，建立新的元器件符号，这样才能满足电路制图要求。

1）创建新的库文件

选择"File（文件）"→"Library（库）"→"Schematic Library（原理图库）"菜单命令，启动原理图库文件编辑器，如图 3-66 所示，创建新的原理图库文件，默认文件名为 Schlib1.SchLib。在设计窗口上方出现"Schlib1.SchLib"文件名标签，单击不同标签，可激活设计窗口显示相应的设计画面。

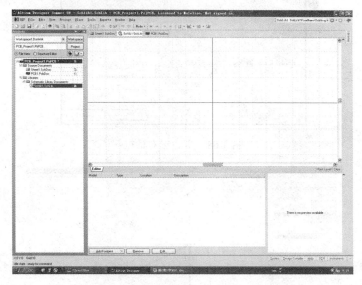

图 3-66 原理图库文件编辑器窗口

选择"File（文件）"→"Save（保存）"菜单命令，保存新建的原理图元器件库文件。

2）绘制 TDA2030 集成功放元器件符号

（1）选择"Place（放置）"→"Polygon（多边形）"菜单命令，光标变成十字，将光标移到画图区的十字线上，画出一个三角形，如图 3-67 所示。

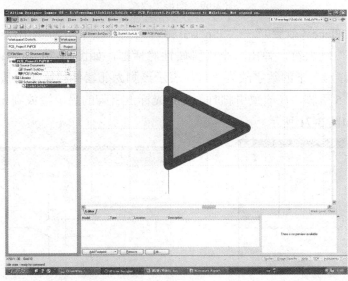

图 3-67 画出三角形

（2）鼠标左键双击三角形符号，弹出多边形对话框，并按照图 3-68 进行设置，"Border Width（边线宽）"为"Small（细）"，"Fill Color（填充色）"为"Transparent（透明）"。单击"OK"按钮，结果如图 3-69 所示。

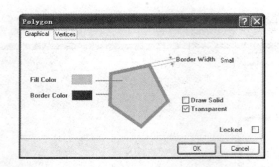

图 3-68 多边形对话框

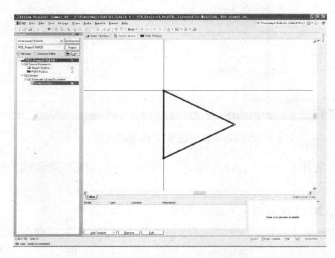

图 3-69 图形更改结果

（3）选择"Place（放置）"→"Pin（引脚）"菜单命令，光标上出现一个引脚符号；单击键盘"Tab"制表符，弹出一个引脚属性对话框，如图 3-70 所示；将第 2 个栏"Designator（标号）"下的数字改为"1"，表示该脚为元器件的第 1 个脚，依次连续放置 1、2、3、4、5 引脚，在放置引脚时，应将光标上引脚的另一端放到元器件符号的轮廓线上，结果如图 3-71 所示。

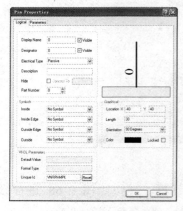

图 3-70 引脚属性对话框

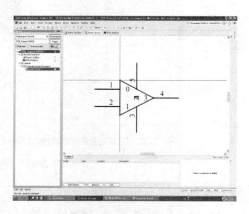

图 3-71 引脚放置结果

（4）双击引脚1，弹出引脚属性对话框，第1行"Display Name（显示名称）"栏下为引脚名称，将数字"0"改为"＋"，表示同相输入端；第2行"Designator（标号）"栏下为引脚编号，已在第（3）步操作中完成设定；默认第3行"Electrical Type（电气类型）"栏下Passive设置；其他默认，单击"OK"按钮，完成并退出对引脚1的属性设置。

用同样的方法设置引脚2属性，将"Display Name"改为"－"，表示反相输入端。分别将3、4、5脚的"Display Name"栏下的数字去掉，或者取消其后面复选框的选中状态，不显示引脚名称。引脚属性设置结果如图3-72所示。

在编辑集成电路引脚名称属性时，低电平有效的表示方法为：输入"C\S\"，该引脚名称为$\overline{CS}$。

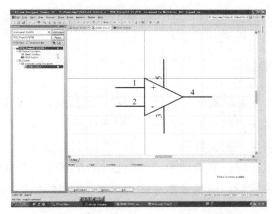

图3-72　引脚属性设置结果

（5）选择"Tools（工具）"→"Comment Properties（元器件属性）"菜单命令，弹出元器件属性对话框，分别设置：

"Designator"元器件序号为U？。

"Comment"元器件注释为TDA2030。

"Description"元器件描述为Power Amplifier。

"Design item ID"符号引用为TDA2030，这是该元器件在原理图库中的元器件名称。单击"OK"按钮，退出元器件属性菜单功能。

（6）选择"Tools（工具）"→"Rename Commpont（元器件更名）"菜单命令，弹出"Rename Commpont（元器件更名）"对话框。输入新元器件名TDA2030，单击"OK"按钮，结束更名操作。

（7）单击"File（文件）"→"Save（保存）"菜单命令或工具栏中的"保存"按钮，保存新元器件，此时在原理图元器件库Schlib1.SchLib中存有一个元器件名为TDA2030的元器件符号，元器件库Schlib1.SchLib保存在工程项目的路径中。

3）库中添加新元器件

如果需要继续在元器件库Schlib1.SchLib中添加新元器件，选择菜单命令"Tools（工具）"→"New Component（新元器件）"，在弹出的对话框中输入新元器件名，再按

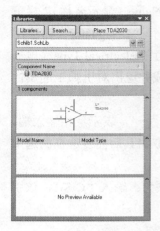

图 3-73 新元器件库浏览

照上述各步骤进行。一个元器件库中可包含多个元器件。

4）加载新元器件库

在原理图设计窗口下，调用新库的方法与加载元器件库的方法相同，只是新库的路径在项目路径 E:/PowerAmp/Schlib1.SchLib 下，图 3-73 中表明新建原理图中只有 TDA2030 这一个元器件。

5）放置新元器件

单击右上方"Place TDA2030"按钮，即可将元器件放到原理图中。

6）设置属性

双击 TDA2030，弹出元器件属性窗口，可对元器件的属性进行设置。

### 3.2.4 封装库编辑

在电路板设计中，每个元器件都需要一个对应的封装，封装主要由焊盘、边框、元器件说明文字组成。焊盘的大小尺寸、间距、数量由实际元器件的电气引脚决定，以保证电气引脚能够放置到电路板上焊接。如果元器件自身带有非电气固定用引脚，封装中最好也画出固定的机械孔位。本设计中需要新建 TDA2030 功率放大器、音量电位器、接线端、立体声插座的封装，这些元器件的外形如图 3-74 所示，供绘制时参考。

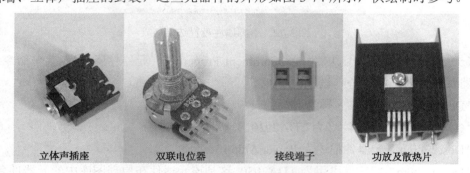

图 3-74 各种元器件实物外形图

#### 1. 创建封装库方法

选择"File（文件）"→"Library（库）"→"PCB Library（印制电路板器件库）"菜单命令，启动 PCB 库文件编辑器，创建新的封装库文件，默认文件名为 PchLib1.PchLib。此时在项目工作面板上出现封装库文件名，在设计窗口上方出现文件名为"PchLib1.PchLib"的标签，单击该标签，可进入编辑器件封装的操作界面。

选择"File（文件）"→"Save（保存）"菜单命令，保存新建的 PCB 库文件。

## 2. 绘制TDA2030集成功放元器件封装

1）启动编辑器

单击设计窗口上方的"PchLib1.PchLib"标签，打开"PchLib1.PchLib"文件。选择"Tool（工具）"→"Library（库）"→"PCB Library（印制电路板器件库）"菜单命令。打开封装库编辑器，如图3-75所示。

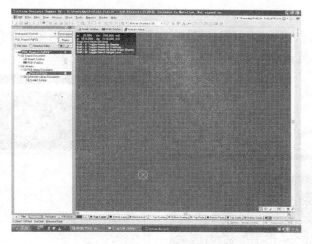

图3-75 封装库编辑器窗口

2）设置测量单位

选择"Tool（工具）"→"Library Options…（库选择）"菜单命令，弹出板选择对话框，如图3-76所示。在"Unit（单位）"栏下，有"Imperial（英制）"和"Metric（公制）"两个选项，前者以mil为单位，1mil为0.0254mm；后者以mm为单位。本例选择"Metric"，其他设置默认，在设计窗口左下方状态栏中显示光标的坐标单位为"mm"。

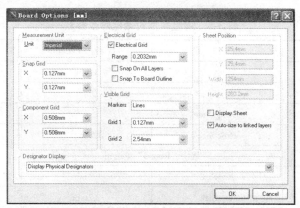

图3-76 板选择窗口

3）放置焊盘

单击设计窗口下方的"Bottom Layer（底层）"按钮，表示选择电路板底层工作面。选择"Place（放置）"→"Pad（焊盘）"菜单命令，此时光标上带有一个焊盘，焊盘编号为 0，将光标放到设计窗口处并单击，放置一个焊盘。由于 TDA2030 有 5 个引脚，可将鼠标移动位置，连续放置剩下的 4 个焊盘，但应避免重叠放置。

也可将 0 焊盘编号从 1 开始放置，方法是在放置第一个焊盘时，选择"Place（放置）"→"Pad（焊盘）"菜单命令，光标上带一个可移动焊盘，此时单击"Tab"键，弹出一个对话框，在"Properies"属性区域中的"Designator"栏下输入数字"1"，单击"OK"按钮，连续放置 5 个焊盘即可，如图 3-77 所示。

4）定义焊盘

用鼠标左键双击图 3-77 中的 0 号焊盘，弹出如图 3-78 所示的焊盘属性对话框。按照表 3-5 的要求修改相应栏内的内容，其他默认。

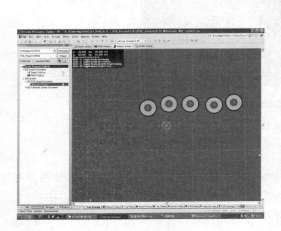
图 3-77  放置焊盘

图 3-78  焊盘属性对话框

表 3-5  焊盘属性对话框修改参数

| 设置区域 | 相应栏 | 栏下修改内容 | 含义说明 |
| --- | --- | --- | --- |
| Location（位置） | X | 0mm | 确定焊盘坐标位置 |
|  | Y | 0mm |  |
| Hole Information（孔信息） | Designator | 1 | 指定为 1 号脚 |
|  | Hole Size | 1.2 mm | 定义孔尺寸 |
|  | 选中"Round"单选钮 |  | 孔形状为圆形 |
| Size and Shape（焊盘尺寸形状） | X—Size | 1.8 mm | 定义 X 方向尺寸 |
|  | Y—Size | 2.2mm | 定义 Y 方向尺寸 |
|  | Shape | Rectangular | 焊盘形状为矩形 |

属性设置结果如图 3-79 所示。

设置好参数，单击"OK"按钮，退出焊盘属性设置窗口。此时原来的 0 号焊盘移到了具有白色交叉标记处，此处坐标为（X:0mm，Y:0mm），如图 3-80 所示。

图 3-79 属性设置结果　　　　　　　　　　图 3-80 定义焊盘

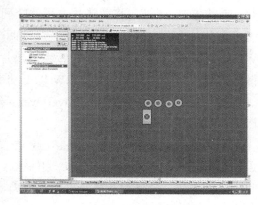

参照对 0 号焊盘的属性设置方法，参考表 3-6，设置另外 4 个焊盘的属性。其中每个焊盘的坐标位置由元器件实际引脚的相互间距决定，可以用千分卡尺测量实际尺寸，也可以参考元器件手册给出的封装数据。设置结果如图 3-81 所示。

表 3-6　其余焊盘属性修改参数

| 设置内容 | 原焊盘1 | 原焊盘2 | 原焊盘3 | 原焊盘4 |
|---|---|---|---|---|
| X | 1.78mm | 3.56mm | 5.33mm | 7.11mm |
| Y | 3.81mm | 0mm | 3.81mm | 0mm |
| Designator | 2 | 3 | 4 | 5 |
| Hole Size | 1.2mm | 1.2mm | 1.2mm | 1.2mm |
| 孔形状 | 选中"Round"单选钮 | 选中"Round"单选钮 | 选中"Round"单选钮 | 选中"Round"单选钮 |
| X—Size | 2.2mm | 2.2mm | 2.2mm | 2.2mm |
| Y—Size | 3mm | 3mm | 3mm | 3mm |
| Shape | Round | Round | Round | Round |

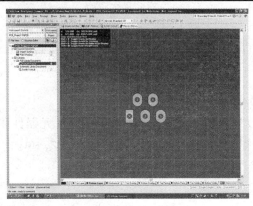

图 3-81　焊盘设置结果

5) 画元器件边框

根据元器件所占空间的大小、形状,在焊盘四周划上边框,既美观,又可以在元器件摆放布局时,适当保留放置空间,避免相互碰撞重叠。由于TDA2030功率放大需要散热,所以在画边框时,将散热片占用的空间尺寸也一并考虑进去了,为了不影响布线,未考虑散热片上两个固定引脚的安装,这两个固定引脚被去掉了。注意,TDA2030在10W输出功率下工作,需要配置较大散热片,如果散热不好,易发烫损坏。这里配用的散热片较小,应避免长时间在2W以上功率输出下工作。

单击设计窗口下方的"Top Overlayer(丝印层)"按钮,表示选择电路板工作面为丝印面。

选择"Place(放置)"→"Line(线)"菜单命令,光标为十字,参考图3-81,在5个焊盘周边画一个大的黄色矩形框。矩形框左下角坐标为(X:-11.5mm,Y:-2.1mm),按照逆时针顺序,另外3个角的坐标分别为(X:18.5mm,Y:-2.1mm),(X:18.5mm,Y:22.9mm),(X:-11.5mm,Y:22.9mm),鼠标坐标位置显示在主窗口左下方的状态栏或设计窗口左上方蓝色背景的活动显示窗口中。

画出中间的一条水平横线,起点坐标为(X:-11.5mm,Y:7.9mm),终点坐标为(X:18.5mm,Y:7.9mm)。

选择"Place(放置)"→"Full Circle(圆)"菜单命令,光标为十字,单击鼠标左键,确认圆心;将鼠标向下方移动,画出一个圆,单击鼠标左键确认;双击该圆,设置圆心坐标为(X:3.6mm,Y:13.7mm),半径为1.6mm;单击鼠标右键,退出命令,如图3-82所示。这里的圆不需要实际钻孔。

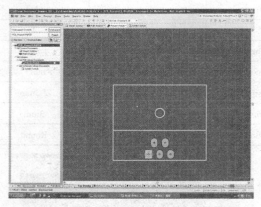

图3-82 画元器件边框

6) 定义原理图TDA2030封装名

选择"Tool(工具)"→"Component Properties…(元器件属性)"菜单命令,在弹出的窗口的"Name 名称"栏下输入封装名TDA2030_FZ,单击"OK"按钮完成命名操作。

7) 保存

选择"File(文件)"→"Save(保存)"菜单命令,或者工具栏中的"保存"按钮,保存 PCB 封装库中新元器件。

### 3．制作新封装

选择"Tool（工具）"→"New Blank Component（新元器件）"菜单命令，可对下一个元器件的封装进行编辑制作。

按照绘制 TDA2030 封装的方法，分别对音量电位器、接线端、立体声插座的封装进行编辑制作，并注意随时选择工具栏中的"保存"按钮，保存 PCB 封装库编辑内容。封装制作可参考封装数据表。音量电位器封装名可定义为 B20K_FZ，接线端封装名定义为 KF128_FZ，立体插座封装名定义为 Phonejack Stereo_FZ。

（1）参考表 3-7 给定的数据，制作音量电位器封装，以公制为单位。

表 3-7 音量电位器封装数据

| 设置内容 | 焊盘 | | | | | |
| --- | --- | --- | --- | --- | --- | --- |
| | 1号焊盘 | 2号焊盘 | 3号焊盘 | 4号焊盘 | 5号焊盘 | 6号焊盘 |
| X 坐标 | 0mm | 10.16mm | 5.08mm | 0mm | 5.08mm | 10.16mm |
| Y 坐标 | 0mm | 0 mm | 0 mm | 5.08mm | 5.08mm | 5.08mm |
| Designator | 1 | 2 | 3 | 4 | 5 | 6 |
| Hole Size | 1.3mm | 1.3mm | 1.3mm | 1.3mm | 1.3mm | 1.3mm |
| 孔形状 | 选中"Round"单选钮 | 选中"Round"单选钮 | 选中"Round"单选钮 | 选中"Round"单选钮 | 选中"Round"单选钮 | 选中"Round"单选钮 |
| X—Size | 3mm | 3mm | 3mm | 3mm | 3mm | 3mm |
| Y—Size | 3mm | 3mm | 3mm | 3mm | 3mm | 3mm |
| Shape | Rectangular | Round | Round | Round | Round | Round |
| 最大矩形边框 | | | | | | |
| 设置内容 | 左下角 | 右下角 | 右上角 | 左上角 | | |
| X 坐标 | -2.54mm | 12.70mm | 12.70mm | -2.54mm | | |
| Y 坐标 | -2.54mm | -2.54mm | 7.62mm | 7.62mm | | |
| 说明 | 自己画出最小矩形边框，以及大矩形边框内的中间分割线 | | | | | |

说明：其中 4、5、6 号焊盘是另一个可变电阻的三个引脚，此处仅起固定元器件作用，引脚不能进行任何的电气连接。

（2）参考表 3-8 给定的数据，制作接线端封装。

表 3-8 接线端封装参考数据表

| 设置内容 | 焊盘 | | 边框（正方形） | | | |
| --- | --- | --- | --- | --- | --- | --- |
| | 1号焊盘 | 2号焊盘 | 左下角 | 右下角 | 右上角 | 左上角 |
| X 坐标 | 0mm | 5.08mm | -2.54mm | 7.62mm | 7.62mm | -2.54 mm |
| Y 坐标 | 0mm | 0mil | -5.08mm | -5.08mm | 5.08mm | 5.08 mm |

续表

| 设置内容 | 焊盘 | | 边框（正方形） | | | |
|---|---|---|---|---|---|---|
| | 1号焊盘 | 2号焊盘 | 左下角 | 右下角 | 右上角 | 左上角 |
| Designator | 1 | 2 |  | | | |
| Hole Size | 1.3mm | 1.3mm | | | | |
| 孔形状 | 选中"Round"单选钮 | 选中"Round"单选钮 | | | | |
| X—Size | 2.5mm | 2.5mm | | | | |
| Y—Size | 2.5mm | 2.5mm | | | | |
| Shape | Rectangular | Round | | | | |

（3）参考表3-9给定的数据，制作立体插座封装。

表3-9 立体声插座封装数据

| 设置内容 | 焊盘 | | | | |
|---|---|---|---|---|---|
| | 1号焊盘 | 2号焊盘 | 3号焊盘 | 4号焊盘 | 5号焊盘 |
| X坐标 | 0mm | -2.5mm | 5.08mm | 7.62mm | 2.54mm |
| Y坐标 | 0mm | 0 mm | 0 mm | 0 mm | 5.08 mm |
| Designator | 1 | 2 | 3 | 4 | 5 |
| Hole Size | 1.2mm | 1.2mm | 1.2mm | 1.2mm | 1.2mm |
| 孔形状 | 选中"Round"单选钮 | 选中"Round"单选钮 | 选中"Round"单选钮 | 选中"Round"单选钮 | 选中"Round"单选钮 |
| X—Size | 2.0mm | 2.0mm | 2.0mm | 2.0mm | 2.2mm |
| Y—Size | 2.2mm | 2.2mm | 2.2mm | 2.2mm | 2.0mm |
| Shape | Round | Round | Round | Round | Round |
| 最大矩形边框 | | | | | |
| 设置内容 | 左下角 | 右下角 | 右上角 | 左上角 | 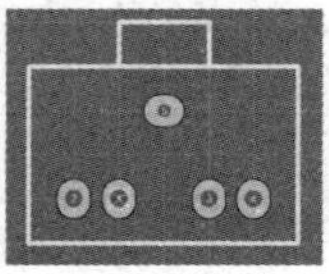 |
| X坐标 | -5.08mm | 10.16mm | 10.16mm | -5.08mm | |
| Y坐标 | -2.54mm | -2.54mm | 7.62mm | 7.62mm | |
| 说明 | 自己画出最小矩形边框 | | | | |

（4）按住换挡键"Alt"不放，再按"←"或"→"键，可连续显示元器件的封装。

### 4．调用方法

（1）单击设计窗口上方原理图文件名标签，设计窗口显示原理图画面，双击原理图右上方集成功率放大器 U?/TDA2030 符号，弹出元器件属性对话框，如图3-83所示。

（2）单击对话框右下方"Models for U? - TDA2030"元器件模型区的"Add"按钮，弹出添加新模型对话框，如图3-84所示。

（3）选择"Model Type（模型类型）"为"Footprint"，单击"OK"按钮，弹出PCB模型对话框。在"Footprint Model（封装模型）"区域的名称栏下输入封装元器件名称TDA2030_FZ，对话框下方显示该封装元器件的封装图，如图3-85所示。

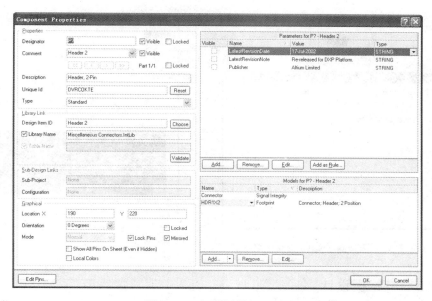

图 3-83 元器件属性对话框

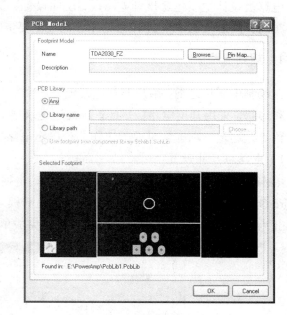

图 3-84 添加新模型对话框　　图 3-85 PCB 模型对话框

（4）选中"PCB Library（PCB 库）"区域的"Library Path（库路径）"复选框，选择封装库所在路径，选中封装库文件名，单击"打开"按钮，画面返回 PCB 模型对话框，如图 3-86 和图 3-87 所示。单击"OK"按钮，完成对原理图元器件 TDA2030 封装调用的设置。

（5）用同样的方法，对原理图中的立体声插座 J1、音量电位器 W3、音量电位器 W4、接线端 P1、P2、P3、P4 进行元器件属性编辑。

· 101 ·

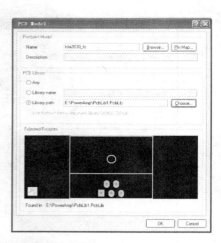

图 3-86　选择封装库路径及库名　　　　　图 3-87　PCB 模型对话框

### 3.2.5　电路板设计

电路板设计主要包含规划电路板、层面设置、安装元器件封装库、调入网络表、元器件布局、PCB 布线、文件存盘打印等几个主要步骤。

**1. 规划电路板**

在绘制电路板之前,用户要对电路板有一个初步的规划,如电路板采用多大的物理尺寸和形状,采用几层电路板,是单层板还是双层板,各元器件采用何种封装形式及安装位置等。这是一项非常重要的工作,是确定电路板设计的框架。

1）电路板尺寸设置

单击设计窗口上方 PCB 文件名标签,启动电路板编辑。选择"Design(设计)"→"Board Options(板选择)"菜单命令,在弹出的板选择对话框中选择单位为"Metric",以 mm 为单位,其他默认。单击"OK"按钮完成单位选择操作,如图 3-88 所示。

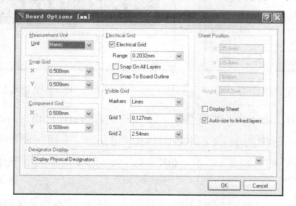

图 3-88　板选择对话框

2）电路板边框设置

电路板的边框就是它的物理尺寸,同时也是它的电气边界,PCB 的元器件布局将在这个电气轮廓中进行。规划电路板并定义电气边界的方法有两个,一个是利用系统提供的板框向导来做,另一个是人工手动设置,这里以第二种方法为例。

(1) 单击设计窗口下方层面选择的"Mechanical 1"标签,使该层面处于当前工作窗口中。

(2) 选择"Design(设计)"→"Board Shape(板形)"→"Redefine Board Shape"菜单命令,光标变成十字,单击鼠标左键选起点,注意起点坐标。按照电路板尺寸(200mm×100mm),参考光标所在坐标值,画一个封闭矩形框区域。为便于观察,实际所画区域应大于电路板尺寸,如图3-89所示。

(3) 单击设计窗口下方层面选择的禁止布线层"Keep-Out Layer"标签,使该层面处于当前工作窗口中。

(4) 选择"Place(放置)"→"Line(线)"菜单命令,光标变成十字,按照电路板实际尺寸(200mm×100mm),在电路板区域内画出一个封闭矩形框,框内是元器件的布局和布线区。如果所画矩形尺寸与实际不符,可以双击4条粉红色边线,分别输入起点与终点坐标,调整尺寸,如图3-90所示。

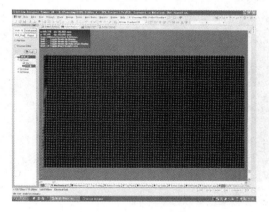
图3-89 定义电路板尺寸

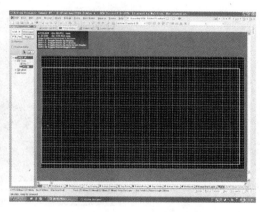
图3-90 定义布线区

### 2. 层面设置

层面设置包含板层设置和工作层面设置两方面,板层设置是确定电路板为单面、双面、或多层板的设置,也是确定电路板有几个层面的设置,系统默认为双面板。工作层面设置是指在绘制电路板时,如顶层、底层、顶层丝印、底层丝印、机械层等工作层面的选取和颜色的设置。

设置工作层面时,选取"Design(设计)"→"Board Layers & Color(板层与颜色)"菜单命令,弹出板层与颜色对话框,如图3-91所示。建议初学者默认各层颜色的设置。在设计窗口下有许多层面标签,如果只保留顶层(Top Layer)、底层(Bottom Layer)、顶层丝印(Top Overlay)、底层丝印(Bottom Overlay)、机械层1(Mechanical 1)、禁止布线层(Keep-Out Layer)、多层(Multi-Layer)7个层面的标签,只需要取消其他层面的显示复选框的选中状态即可,结果如图3-92所示,在设计窗口下方保留了7个层面标签。

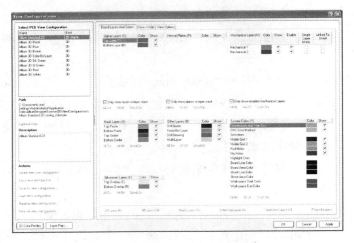

图 3-91　板层与颜色对话框

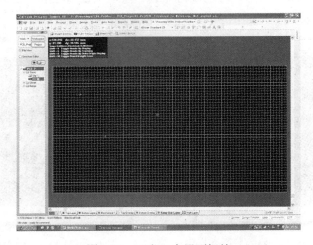

图 3-92　下方 7 个层面标签

### 3．安装元器件封装库方法

安装元器件封装库的方法与原理图元器件库安装的方法相同，只是在选择和打开文件时，在"文件类型"栏内选择"Protel Footprint Library（*.PCBLIB）"，再单击所需要的封装库文件即可。

安装举例如下。

（1）打开库面板，单击库面板上的"Libraries…（库）"按钮，弹出"Available Libraries（可用库）"对话框，进行库的装载和卸载操作，如图 3-93 所示。

（2）单击右下方"Install…（安装）"按钮，弹出"打开"对话框，选择库文件的安装路径和需要的库文件名。在"文件类型"栏内选择"Protel Footprint Library（*.PCBLIB）"，系统原有库文件都放置在安装路径下 Library 文件夹中。图 3-94 中选择了"Texas Instruments（德克萨斯仪器公司）"元器件库文件夹。

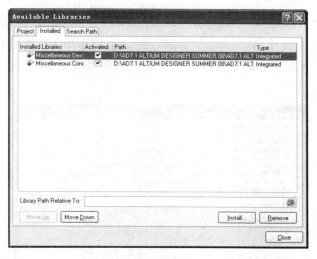

图 3-93 可用库对话框

图 3-94 "打开"对话窗口

（3）单击右下方"打开"按钮，进入"Texas Instruments"元器件库文件夹，选中"Texas Instruments Footprints.PcbLib"库文件名，单击"打开"按钮，完成对"Texas Instruments Footprints.PcbLib"元器件封装库的装载操作，如图 3-95 和图 3-96 所示。

图 3-95 封装库选择

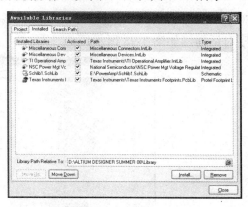

图 3-96 装入封装库

（4）利用同样方法添加"National Semiconductor（国家半导体公司）"元器件库文件夹下的元器件封装库"National Semiconductor Footprints.PcbLib"和工程文件"PCB_Project1.PrjPCB"路径下的自制元器件封装库"PcbLib1.PcbLib"。加载结果如图 3-97 所示。

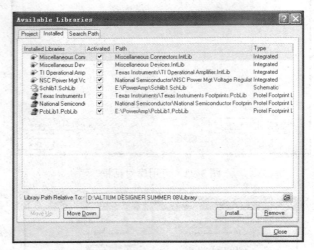

图 3-97　装入多个元器件封装库

如果所装载的元器件库扩展名为 IntLib，则表示这是一个集成库，包含了元器件的原理图库和元器件封装库，所以在画原理图时，只需要装入这个集成库就可以了，不需要再装入封装库了。图 3-96 中前 4 个是元器件集成库，第 5 个是自制的原理图库，最后一个是自制的元器件封装库，是项目文件中必须包含的，在创建这两个库时，系统会自动装入，不需要手动安装。第 6 和第 7 个库已重复安装，可以从列表中去除。

**4．调入网络表**

网络表的调入过程实际上是将原理图中的元器件封装及元器件连接关系数据装入印制电路板设计环境中。

（1）单击设计窗口上方原理图文件"Sheet1.SchDoc"标签，选择"Design（设计）"→"Update PCB Document PCB1.PcbDoc"菜单命令更新 PCB 文档菜单，弹出工程变更顺序对话框，如图 3-98 所示。

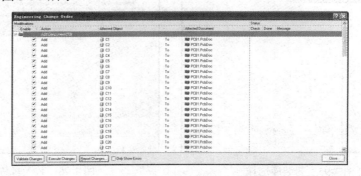

图 3-98　工程变更顺序对话框

（2）单击左下方生成变更"Validate Changes"按钮，系统判断有效性。在每项所对应的"Check"检查栏中，符号"√"表示有效变更，符号"×"表示有错，需要修改原理图中的错误。修改至全部有效变更后，单击"Execute Changes（执行修改）"按钮，在每项"Done"栏中都标有"√"符号，表示完成网络表调入操作，变更结果如图3-99所示。

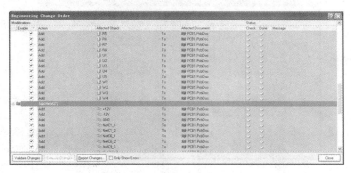

图3-99　变更结果

（3）单击"Close（关闭）"按钮，退出操作。此时回到电路板设计画面，可看到全部封装元器件已经放置在布线区外了，如图3-100所示。

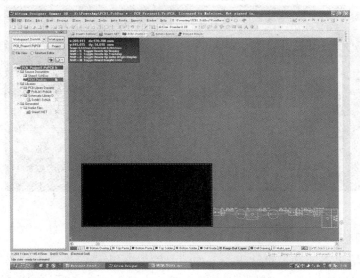

图3-100　封装元器件在布线区外

### 5．元器件布局

用户可以根据自己的习惯和电路的复杂程度灵活选择元器件布局方式。初学者常用的方式是手动布局，将元器件一个一个放置到印制电路板上。也可采用自动布局，但很难满足设计需要。最好的办法是通过手动布局方式，将主要元器件布设在电路板上并锁定位置，再通过自动布局、手动调整方式完成布局设计，以达到布局美观、使用方便、满足设计要求的目的。本书介绍先自动布局、再手动调整方法。

1）自动布局

选择"Tools（工具）"→"Component Placement（元器件放置）"→"Autoplacer（自动放置）"菜单命令，弹出自动布局对话框。参照图3-101，选择布局方法设置，单击"OK"按钮，进行自动布局。

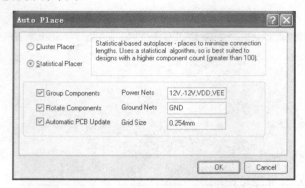

图3-101　自动布局对话框

自动布局完成后，弹出一个自动布局完成信息窗口，显示"Auto-Place is Finished"，单击"OK"按钮，所有元器件已经放置到规定的电路板区域中，如图3-102所示。

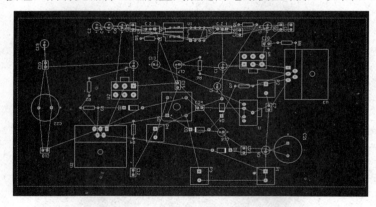

图3-102　自动布局结果

2）手动调整

自动布局结果不能满足设计需要，如信号输入/输出端、音量电位器等应放置在电路板边沿处，所以需要重新调整各元器件位置。首先选中元器件，再按照原理图中元器件移动、旋转等操作方法进行操作。在电路板元器件布局调整过程中，不允许进行镜像翻转操作。

在手动调整中，由于元器件移动距离为0.508mm，移动间距过大，无法保证两个元器件引脚焊盘在一条水平线或垂直线上，造成连线不直。此时可单击"Design（设计）"→"Board Options（板选项）"菜单命令，在"Component Grid"区域，分别修改X、Y值为0.254mm（相当于10mil），单击"OK"按钮，完成对元器件移动间距的调整，使不同元器件的引脚焊盘可放置在同一直线上。

手动调整后结果如图3-103所示。

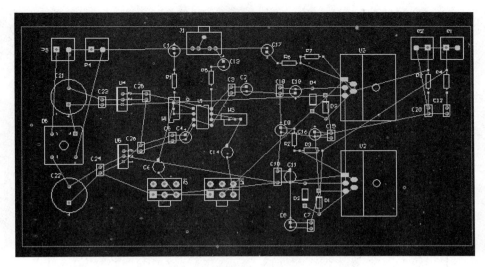

图 3-103 手动调整布局结果

### 6. 自动布线

对于初学者而言,可以先采用手动布线的方法进行电路板设计,不建议使用自动布线。自动布线可以提高布线效率,减少布线错误。如果自动布线不能满足设计要求,可以在自动布线后,进行手动调整和布线。自动布线前,先要对 PCB 的布线规则进行设置,布线时可以对设定的规则进行选取。

1) 布线规则设置

(1) 打开 PCB 规则及约束编辑器窗口。选择 "Design(设计)"→"Rules…(规则)"菜单命令,弹出 "PCB Rules and Constraints Editor(PCB 规则及约束编辑器)"窗口。

(2) 设置布线间距。单击编辑器左边导航窗口 "Electrical(电气)"选项下的"Clearance"安全间距规则,如图 3-104 示。选中 "Where The First Object Matches" 优先应用对象区域下的 "All"复选框,表示该项规则适用于电路板上的全部对象。修改"Constraints"区域下的 "Minimum Clearance"最小安全间距为 1mm,单击 "Apply"按钮确定。用同样的方法设定另外 3 项"短路、未布线、未连接"规则,均默认系统设置。由于采用普通热转印法制作单面板,不加阻焊层,为避免在焊接元器件引脚时,造成焊盘与连线短路现象,采用了 1mm 较宽的布线间距,如果电路板空间不大,则会影响自动布线的完成情况,出现较多无法连接的飞线。因此,可以根据设计需要,适当调整布线间距,提高布线率。

(3) 设置布线宽度。单击左边导航窗口 "Routing(布线)"选项下的 "Width(线宽)"规则,如图 3-105 所示。选中 "Where The First Object Matches(优先应用对象)"区域下的 "All"复选框,表示该项规则适用于电路板上的全部对象。修改右中方"Constraints"约束区域下的 "Min Width"最小线宽、"Preferred Width"首选线宽、"Max Width"最大线宽分别为 1mm。设定全部布线宽度为 1mm,单击 "Apply"按钮确定。

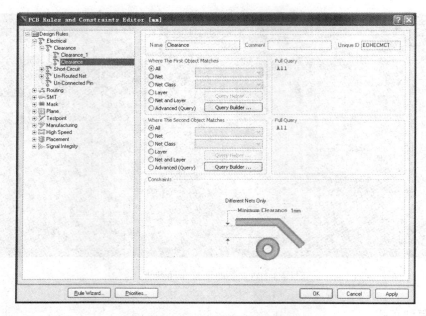

图 3-104 设置布线间距

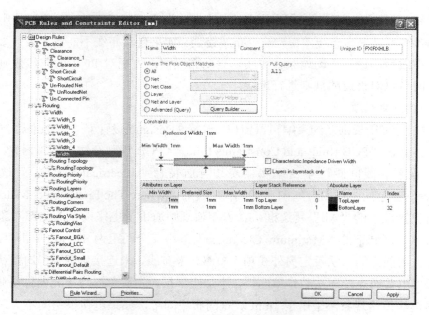

图 3-105 设置布线宽度

设定+12V 布线宽度为 2mm，单击左边导航窗口"Routing（布线规则）"选项下的"Width_1"线宽规则，选中"Where The First Object Matches"区域下的"Net"复选框，在网络选项框内选择+12V，表示该项规则适用于电路板上的+12V 对象。修改右方"Constraints（限定值）"区域下的"Min Width"最小线宽、"Preferred Width"首选线宽、"Max Width"最大线宽分别为 2mm，单击"Apply"按钮确定，如图 3-106 所示。

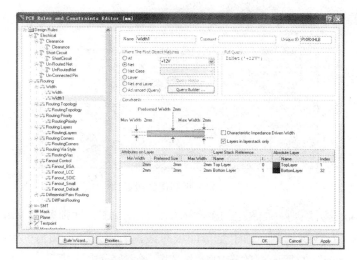

图 3-106　设定+12V 线宽为 2mm

添加一个-12V 线宽新规则，设定为 2mm 线宽。在左边导航窗口的"Width"线宽规则处单击鼠标右键，在弹出的菜单中选择"New Rules…"命令，如图 3-107 所示，产生新的名为"Width_2"规则。单击"Width_2"，弹出约束编辑器窗口，规则名称默认为 Width_2，也可以自己修改名称。选中"Where The First Object Matches"区域下的"Net"复选框，在网络选项框内选择-12V。修改右中方"Constraints"区域下的"Min Width"最小线宽、"Preferred Width"首选线宽、"Max Width"最大线宽分别为 2mm，单击"Apply"按钮确定。

图 3-107　添加新规则

分别设定 VDD、VEE、GND 布线宽度为 2mm，设定方法与-12V 布线的设置方法一样。最终实现+12V、-12V、VDD、VEE、GND 布线宽度 2mm，其余布线宽度为 1mm 的设置目的。

（4）设置布线的优先级。布线优先级决定了导线占用空间的先后次序，也就是在同一空间布线的先后次序。

布线优先级设置方法：在设置布线宽度的同时，单击 PCB 规则及约束编辑器窗口左下方"Priorities…（优先级）"按钮，弹出"Edit Rule Priorities（编辑规则优先级）"窗口，如图 3-108 所示。单击选中的网络名"Width_5"（GND 线宽规则），单击"Increase Priority"按钮，将该网络名移到第一行，可使其优先级最高。依照同样的方法，分别按照+12V、-12V、VDD、VEE、Width 次序，进行优先级排列。最后单击"Close"按钮，完成设置。电源线、地线、信号线哪个优先级别高，要看设计要求，应综合考虑。例如，大功率板可以电源线优先，小信号板则可以信号线优先，布线密度高可以先考虑信号线优先。由于设定了 GND、+12V、-12V、VDD、VEE 线宽均为 2mm，所以优先级比信号线高。如果 Width 优先级最高，则布设出来的线宽都是 1mm。

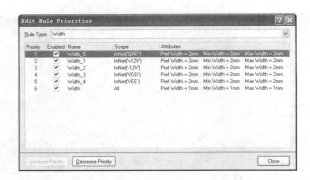

图 3-108 规则优先级窗口

（5）设置布线层规则，如图 3-109 所示。单击 PCB 规则及约束编辑器窗口中的"RoutingLayers"布线层规则。由于是单面板布线，所以去掉窗口右面"Constraints"区域下的"Top Layer"的复选框的选中状态，表示不布设电路板顶层线路，仅进行底层的布线。单击"Apply"按钮确定设置。

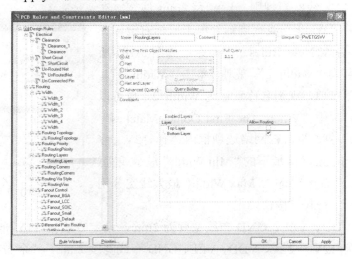

图 3-109 设置布线层规则

对于其他布线规则，可以默认系统设置。单击"OK"按钮，退出布线规则设置操作。布线规则设定是否合理，会直接影响布线的效果，需要不断摸索和积累经验。

2）自动布线

完成布线规则的设置后，就可以实施自动布线操作，步骤如下。

（1）选择"Auto Route（自动布线）"→"All...（全部）"菜单命令，弹出确定布线策略对话框，如图 3-110 所示。

单击"Edit Rules..."按钮，打开 PCB 规则及约束编辑器窗口。单击左面导航窗中最上一行"Design Rules"设计规则，编辑器窗口右面显示出所有的布线规则，安全间距规则"Clearence_1"是 0.254mm，要求是 1mm 安全间距，所以去掉该规则的选中状态，保留其上一行"Clearence（间距）"的 1mm 规则。其他规则根据需要取舍，此处默认。单击"OK"按钮完成设置。

图 3-110 确定布线策略对话框

图 3-111 选取布线规则

（2）自动布线。

单击布线策略对话框下方的"Route All"按钮，启动自动布线。布线过程需要一定时间，并实时显示布线信息，完成后关闭信息显示窗口即可。自动布线结果如图 3-112 所示。

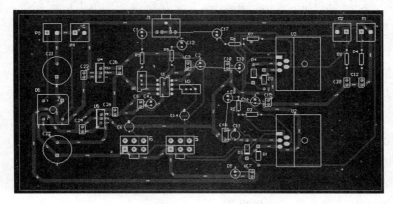

图 3-112 自动布线结果

（3）电气规则检查。

自动布线的完成并不表示所有电气连线都布设正确，单击"Tools（工具）"→"Design Rule Check（设计规则检查）"菜单命令，进行电气规则检查，产生设计规则检查报告，报告中列出了所有偏离规则项，可逐项修改。画面结果如图 3-113 所示，其中白色飞线表示没有连接上的线，绿色线表示违反设计规则的线、短路交叉线或靠得太近已超出布线规则要求的线，上述情况都需要手动调整修改。

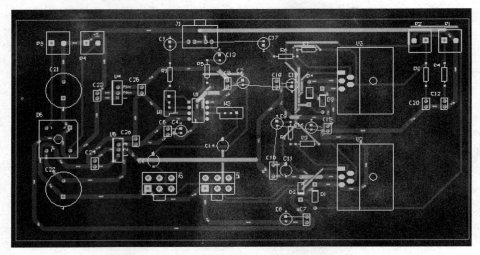

图 3-113　电气检查后画面结果

3）手动调整

单面板布线手动调整主要包括修改走线、重新调整元器件位置、调整个别电阻和电容元器件两个引脚间距离、改变走线宽度、放置焊盘连接飞线等操作，需要对原来的不合理布线进行重新布设，修改内容可能较多，因此是一个仔细、耐心的设计过程。

修改走线方法：

① 选定要修改的电路层面，本设计为单面板，在底层布线，选择工作层面为 Bottom 底层。

② 光标移到电路板上单击鼠标左键，再单击鼠标右键，弹出菜单窗口。

③ 再将光标移至"Interactive Routing"交互布线处，单击鼠标左键，出现十字光标；也可直接选择工具栏中交互布线按钮。

④ 将十字光标移至被修改电路的修改点上。

⑤ 单击鼠标左键，确定连线起点。

⑥ 移动鼠标，引出新的连线，改变方向只需在拐点处单击鼠标左键。

⑦ 将光标移至本连线终点交汇处，单击左键，完成本次走线的连接。再单击鼠标右键退出本次布线。

⑧ 在电路板画面空白处单击鼠标右键，退出连线修改命令。

调整元器件位置时，可以运用移动、复制、删除、旋转等方法，与原理图操作的方法一致，但不能对元器件进行镜像操作。

通过改变个别电阻或电容的封装，调整其两个引脚间的距离，可在两个引脚间穿过一两条走线，又不影响电阻和电容的焊接。

为了调整线宽，可将光标移动到被修改电路上，双击鼠标左键，弹出"Track"窗口，在"Width"线宽处修改数值即可。

在布设单面板时，相同网络名称的连线 A 被连线 B 隔断无法直接连通，需要在电路板元器件面（顶层）布设短接线，避免交叉短路。最简单的方法为：先在连线 B 两侧的 A 线上各手动放置一个焊盘，再分别将这两个焊盘移到 B 线两侧；单击设计窗口下方"Top Layer"标签，选择布线的工作面为顶层元器件面，再手动连接两个焊盘，且系统默认的顶层布线为红色连线。单面板布线时，建议尽量少用顶层布设短接线方式。调整后的结果如图 3-114 所示。

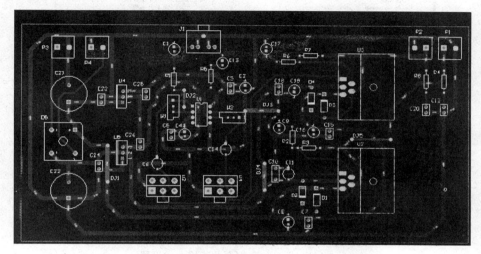

图 3-114 手动调整后结果

上图在顶层放置了 5 条短接线，分别表示为 DJ1、DJ2、DJ3、DJ4、DJ5，在顶层用短接线相连。另外调整了元器件 C6、C11、C14 的封装为 CAPPR5-5X5，调整了 C10 的封装为 VP45-3.2，使元器件的两个焊盘间能够通过一条走线。

**7．大面积敷铜**

敷铜主要指把电路板空余处未走线部分全部覆盖铜箔，并与某一网络相连。通常敷铜与系统 GND 相连，减小了地线的接触电阻，可提高电路的抗干扰能力。

敷铜时应注意线间距，对于全工艺电路板制作，由于具有阻焊层，不容易造成在手动焊接过程中的线间短路。在焊接手工制作没有阻焊的电路板时，如果敷铜面与连线间距小，则容易在焊接过程中产生短路的现象。所以，可在敷铜前设置加宽布线规则中的线间距，敷铜后再恢复原来的线间距设置。操作步骤如下。

1）设置线间距规则

选择"Design"→"Rules..."菜单命令，弹出 PCB 规则及约束编辑器窗口。选择该窗口左方"Electrical"电气规则的"Clearance"安全间距选项，并修改窗口右下方

"Constraints"区域下"Minimum Clearance 0.5mm"为1mm。使得敷铜与线的间距为1mm。完成后单击"Apply"按钮。注意,有的电路连线变成绿色,表示线间距小于1mm规定,这里无须修改,继续执行下面的操作。

2)设置焊盘与敷铜面的连接方式

展开"Plane"敷铜面规则,选择"Polygon Connect Style"多边形连接方式下的"PolygonConnect";在右下方"Constraints"区域下,选择"Connect Style"栏内的"Direct Connect(直接连接)"方式,使与敷铜面网络名称一致的焊盘能够全部被包含和连接到敷铜面上,如图3-115所示。单击"OK"按钮,退出规则设置。

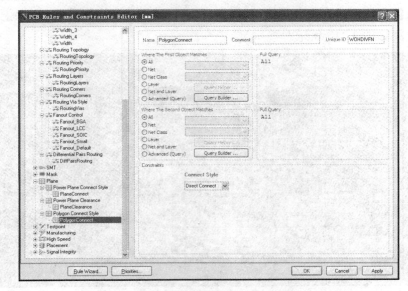

图3-115 焊盘与敷铜面的连接方式设置

3)选择工作层面

单击设计窗口下方"Bottom Layer"底层焊接面标签。

4)敷铜

选择"Place(放置)"→"Polygon Pour…(多边形敷铜)"菜单命令,弹出"Polygon Pour"敷铜对话窗口。在"Fill Mode(填充模式)"区域下选中"Solid",使敷铜面为实面,非网状填充;在"Properties(属性)"区域下选择"Layer"栏为"Bottom Layer"底层,表明在底层进行敷铜;在"Net Options(网络选择)"区域的"Connect to Net"栏选择"GND",表明敷铜面为"GND",并选"Pour Over All Same Net Objects"表示敷铜覆盖全部接地线和接地焊盘;其余选项参照图3-116选择默认。单击"OK"按钮,退出对话框,此时光标显示为十字光标。

按照顺时针或逆时针方向,绕着电路板边框画出一个封闭的矩形框。在起点处单击,移至下一个转折点,再次单击,直至回到起点处,单击鼠标左键,完成封闭矩形框的连接。单击鼠标右键退出连线,完成敷铜操作,结果如图3-117所示。

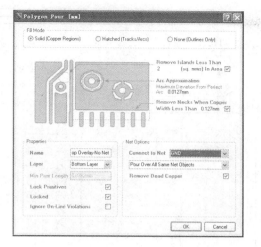

图 3-116　敷铜对话框

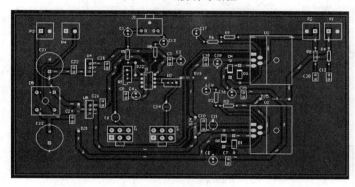

图 3-117　敷铜效果

5）恢复线间距规则

选择"Design（设计）"→"Rules…（规则）"菜单命令，弹出 PCB 规则及约束编辑器窗口。选择该窗口左方"Electrical"电气规则的"Clearance"线间距选项，并修改窗口右下方"Constraints"区域下"Minimum Clearance 1mm"为 0.5mm。单击"OK"按钮，此时所有绿色连线恢复为原来的颜色。

通过上述一系列的操作，最终完成电路原理图和单面印制电路板的设计。

## 3.3　典型数字电路 PCB 设计——交通灯控制演示电路 PCB 设计

### 3.3.1　设计要求

完成如图 3-118 所示的交通灯控制演示电路板原理图设计，生成网络表，再完成 PCB 尺寸规划、元器件布局、单面板布线设计。本例主要学习和实践单面板设计，有条件可以实际制板并进行简单的编程训练。电路输入电源为直流 9V，连接到输入电源插座 J2 中。LED 选用 $\phi 3$ 驱动电流小的发光二极管。

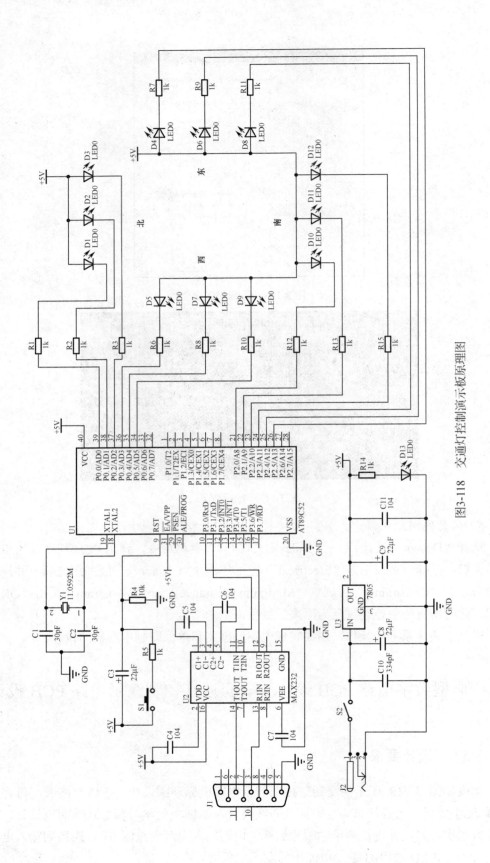

图3-118 交通灯控制演示板原理图

### 3.3.2 原理图设计

(1) 启动 Altium Designer 设计软件，选择"File"→"New"→"Project"→"PCB Project PCB"菜单命令，创建工程文件。

(2) 选择"File"→"New"→"Schematic"菜单命令，在工程文件中创建原理图文件。

(3) 选择"File"→"Save Project As"菜单命令，弹出"保存原理图"对话框。在对话框内选择保存路径和创建存放工程文件的文件夹，再为原理图文件命名，可默认原名，扩展名为 SchDoc，单击"保存"按钮。此时显示"保存项目文件"对话框，路径不变，可默认或为项目文件重新命名，扩展名为 PrjPCB。

(4) 项目文件建立和保存后，就可以着手进行原理图的设计工作了。双击工作面板上的原理图文件名或设计窗口上方的原理图文件名标签，使设计窗口显示原理图画面。参照本书原理图设计的内容，进行原理图图纸设置、原理图工作环境设置、加载元器件库、放置元器件、元器件电气连接、元器件属性编辑、产生网络表和元器件清单等操作，完成原理图设计。选择"Design（设计）"→"Document Options（文档选项）"菜单命令，弹出"Document Options（文档选项）"对话框。设置内容如下。

① 图纸方向（Orientation）：水平方向（Landscape）；
② 图纸标题栏（Title）：标准格式（Standard）；
③ 捕获栅格（Snap）：10；
④ 可视栅格（Visible）：10；
⑤ 电气栅格捕捉范围（Grid Range）为4，选中使能（Enable）复选框；
⑥ 图纸大小（Standard Styles）：A4；
⑦ 其余默认。

单击对话框上方"Units"标签，选择使用英制单位系统（Use Imperial Unit System）复选框，网格单位为默认（Dxp Defaults）。

(5) 选择"Tools（工具）"→"Schematic Preferences（原理图参数）"菜单命令，打开原理图参数选择对话框，进行环境设置。

(6) 装载 5 个集成元器件库，其扩展名为 IntLib，分别是 Miscellaneous Connectors.IntLib、Miscellaneous Devices.IntLib、库文件夹 Philips 下的 Philips Microcontroller 8-Bit.IntLib、库文件夹 ST Microelectronics 下的 ST Power Mgt Voltage Regulator.IntLib 和库文件夹 Maxim 下的 Maxim Communication ransceiver.IntLib，如图 3-119 所示。

(7) 在原理图设计窗口上放置元器件。为便于查找元器件出处，表 3-10 中列出元器件名和元器件所在的库名，供设计参考。也可以通过查找元器件的方法选取和放置元器件。

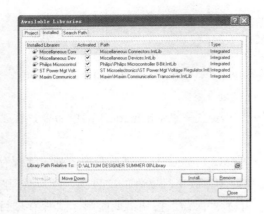

图 3-119 装载元器件库

表 3-10 放置的元器件列表

| 元器件类型 | 元器件名称 | 序号 | 封装 | 连接的库名 | 数量 |
|---|---|---|---|---|---|
| 单片机 | P89C51RD2BN/01 | U? | SOT129-1 | Philips Microcontroller 8-Bit.IntLib | 1 |
| 三端稳压器 | L78M05ABV | U? | TO220V | ST Power Mgt Voltage Regulator.IntLib | 1 |
| 收发电路 | MAX232EJE | U? | JE16 | Maxim Communication ransceiver.IntLib | 1 |
| DB9 插座 | D Connector 9 | J? | DSUB1.385-2H9 | Miscellaneous Connectors.IntLib | 1 |
| 低电压电源插座 | PWR2.5 | J? | KLD-0202（待调整封装） | Miscellaneous Connectors.IntLib | 1 |
| 复位按键 | SW-PB | S? | SPST-2（待调整封装） | Miscellaneous Devices.IntLib | 1 |
| 电解电容 | Cap Pol2 | C? | POLAR0.8 | Miscellaneous Devices.IntLib | 3 |
| 电容 | Cap | C? | RAD-0.3 | Miscellaneous Devices.IntLib | 8 |
| 电阻 | Res2 | R? | AXIAL-0.4（待调整封装） | Miscellaneous Devices.IntLib | 15 |
| 发光二极管 | Typical INFRARED GaAs LED | D? | LED-0 | Miscellaneous Devices.IntLib | 13 |
| 按键开关 | SW-SPST | S? | SPST-2（待调整封装） | Miscellaneous Devices.IntLib | 1 |
| 晶振 | Crystal Oscillator | Y? | R38 | Miscellaneous Devices.IntLib | 1 |

（8）将各元器件位置摆放好后，进行电气连线。

（9）编辑各元器件属性。参考上节方法，用鼠标左键双击原理图中某个元器件，弹出元器件属性对话框，可分别对元器件的序号（Designator）、元器件注释（Comment）、元器件标称值（Value）和元器件封装（Footprint）属性进行修改和设置。在这个过程中需要说明以下几点。

① 标注序号。为提高效率，减少编号错误，可以对元器件的序号属性进行自动标注，方法如下。

a. 选择"Tools（工具）"→"Annotate Schematic（原理图标注）"菜单命令，弹出

如图 3-120 所示的"Annotate"对话框，默认原设置。

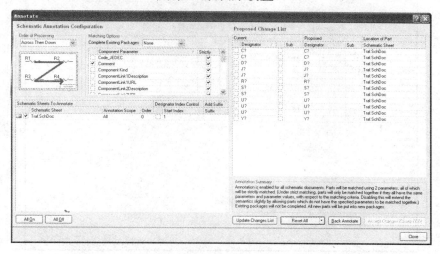

图 3-120　"Annotate"对话框

b．单击对话框下方的"Update Changes List"按钮并确认。

c．单击"Accept Changes（Creat ECO）"按钮，弹出"Engineering Change Order"对话框，如图 3-121 所示。

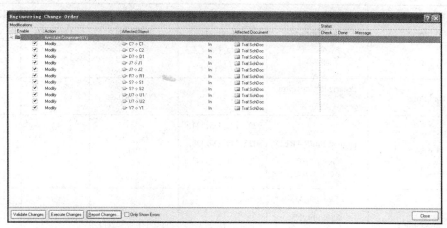

图 3-121　Engineering Change Order"对话框

d．单击"Execute Changes"按钮，再依次单击"Close"按钮，关闭前两个对话框，完成自动编辑元器件序号功能。

② 产生元器件清单。元器件序号自动标注后，可以临时产生元器件清单，在元器件清单中可清楚地浏览各个元器件的属性，也便于对元器件属性进行修改统计。

a．执行"Reports"→"Bill of Material"菜单命令，弹出元器件清单窗口，选择左下方的元器件注释（Comment）、描述（Description）、元器件序号（Designator）、元器件封装（Footprint）、数量（Quantity）、标称值（Value）显示复选框，表示清单中需要显示的参数，如图 3-122 所示。

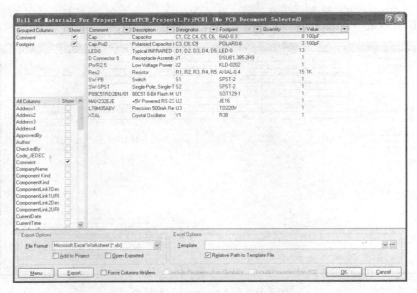

图 3-122 元器件清单窗口

b. 选择"Export"按钮，产生如表 3-11 所示的元器件清单，保存文件。

表 3-11 元器件清单

| 元器件注释 Comment | 元器件描述 Description | 元器件序号 Designator | 元器件封装 Footprint | 元器件数量 Quantity | 标称值 Value |
|---|---|---|---|---|---|
| Cap | Capacitor | C1, C2, C4, C5, C6, C7, C10, C11 | RAD-0.3 | 8 | 100pF |
| Cap Pol2 | Polarized Capacitor（Axial） | C3, C8, C9 | POLAR0.8 | 3 | 100pF |
| LED0 | Typical INFRARED GaAs LED | D1, D2, D3, D4, D5, D6, D7, D8, D9, D10, D11, D12, D13 | LED-0 | 13 | |
| D Connector 9 | Receptacle Assembly, 9 Position, Right Angle | J1 | DSUB1.385-2H9 | 1 | |
| PWR2.5 | Low Voltage Power Supply Connector | J2 | KLD-0202 | 1 | |
| Res2 | Resistor | R1, R2, R3, R4, R5, R6, R7, R8, R9, R10, R11, R12, R13, R14, R15 | AXIAL-0.4 | 15 | 1kΩ |
| SW-PB | Switch | S1 | SPST-2 | 1 | |
| SW-SPST | Single-Pole, Single-Throw Switch | S2 | SPST-2 | 1 | |

续表

| 元器件注释<br>Comment | 元器件描述<br>Description | 元器件序号<br>Designator | 元器件封装<br>Footprint | 元器件数量<br>Quantity | 标称值<br>Value |
|---|---|---|---|---|---|
| P89C51RD2BN/01 | 80C51 8-Bit Flash Microcontroller Family, 64 KB ISP/IAP Flash with 1 KB RAM | U1 | SOT129-1 | 1 | |
| MAX232EJE | +5V Powered RS-232 Driver/Receiver | U2 | JE16 | 1 | |
| L78M05ABV | Precision 500mA Regulator | U3 | TO220V | 1 | |
| XTAL | Crystal Oscillator | Y1 | R38 | 1 | |

③ 逐个修改元器件封装与标称值。表 3-11 中电容 C1 封装为 RAD-0.3、容量为 100pF，需要将电容 C1 的封装修改为 RAD-0.1、容量修改为 30pF，方法如下。

a. 用鼠标左键双击 C1，弹出元器件属性对话框，如图 3-123 所示。

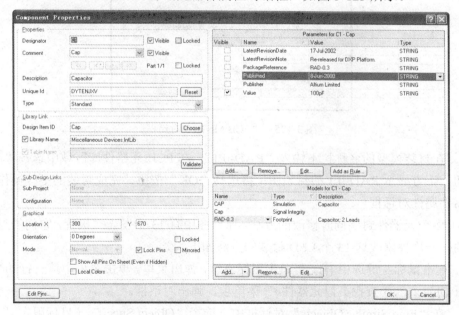

图 3-123 元器件属性对话框

b. 在对话框右上方"Parameters for C1- Cap"区域内的"Value"栏下，修改 100pF 为 30pF。

c. 在对话框右下方"Models for C1-Cap"区域内的"RAD-0.3"栏下，单击下拉箭头，只有 RAD-0.3、P32-3.2、VP45-3.2 三种封装，没有 RAD-0.1 封装。选择"Add"按钮，弹出"Add New Model"对话框，如图 3-124 所示。

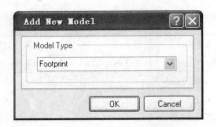

图 3-124 "Add New Model"对话框

d. 在该对话框中选择"OK"按钮,弹出"PCB Model"对话框,如图 3-125 所示。

图 3-125 "PCB Model"对话框

e. 在封装模型的名称栏下输入"RAD-0.1";在 PCB 元器件库区域中选择"Any"单选钮,下方显示 RAD-0.1 的封装图;再选择"OK"按钮,完成封装的更改操作,退回元器件属性对话框。

④ 多个元器件封装同时修改的方法。原理图中有 13 个发光二极管,它们的封装是一样的,一次性修改这 13 个 LED 封装的方法如下。

a. 单击鼠标左键选中 D1,再单击鼠标右键,弹出菜单。单击菜单中第一行的"Find Similar Objects…(查找类似元器件)"菜单项,弹出对话框。

b. 在"Find Similar Objects"对话框中,选择"Object Specific(目标限定)"区域下"Current Footprint(当前封装)"栏,改变"Any"为"Same",表示选中所有当前封装为 LED0 的元器件。

c. 单击"Apply"按钮,原理图中的 13 个 LED 被选中,再单击"OK"按钮,确认选择,弹出"SCH Inspector"对话框。在该对话框最下方显示已选中 13 个目标元器件,修改"Current Footprint"栏中的封装为 PIN2,单击回车键,确认将选中的元器件封装改为 PIN2 封装,如图 3-127 所示。

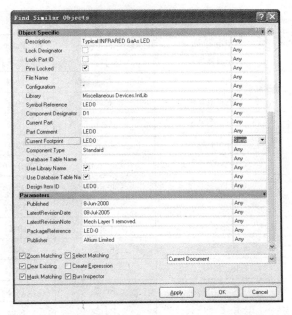

图 3-126 "Find Similar Objects"对话框

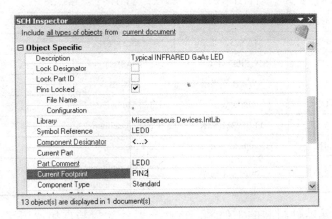

图 3-127 "SCH Inspector"对话框

d. 关闭"SCH Inspector"对话框，原理图中部分显示是淡淡的画面，再单击原理图过滤器下方的"Apply"按钮，正常显示原理图画面。分别双击不同的 LED，可发现其封装已经改为 PIN2 封装了。

参考表 3-12，对原理图中全部元器件的属性进行设置。其中有几个元器件的封装需要自制，可以暂时保留它们的原封装，做出新封装后再进行更改。

表 3-12 元器件属性设置对照表

| 名称 | Designator 元器件序号 | Comment 元器件注释 | Design item ID 元器件标识 | Value 元器件标称值 | Footprint 元器件封装 |
|---|---|---|---|---|---|
| 电容 | C1 | Cap 不显示 | Cap | 30pF | RAD-0.1 |
| 电容 | C2 | Cap 不显示 | Cap | 30pF | RAD-0.1 |
| 电解电容 | C3 | Cap Pol2 不显示 | Cap Pol2 | 22μF/16V | B |

续表

| 名 称 | Designator<br>元器件序号 | Comment<br>元器件注释 | Design item ID<br>元器件标识 | Value<br>元器件标称值 | Footprint<br>元器件封装 |
|---|---|---|---|---|---|
| 电容 | C4 | Cap 不显示 | Cap | 104F | RAD-0.1 |
| 电容 | C5 | Cap 不显示 | Cap | 104F | RAD-0.1 |
| 电容 | C6 | Cap 不显示 | Cap | 104F | RAD-0.1 |
| 电容 | C7 | Cap 不显示 | Cap | 104F | RAD-0.1 |
| 电容 | C8 | Cap Pol2 不显示 | Cap Pol2 | 22μF/16V | B |
| 电容 | C9 | Cap Pol2 不显示 | Cap Pol2 | 22μF/16V | B |
| 电容 | C10 | Cap 不显示 | Cap | 334Ω | RAD-0.1 |
| 电容 | C11 | Cap 不显示 | Cap | 104F | RAD-0.1 |
| 电阻 | R1~R3 | Res2 不显示 | Res2 | 1kΩ | AXIAL-0.3 |
| 电阻 | R4 | Res2 不显示 | Res2 | 10kΩ | AXIAL-0.3 |
| 电阻 | R5 | Res2 不显示 | Res2 | 1kΩ | AXIAL-0.3 |
| 电阻 | R6~R15 | Res2 不显示 | Res2 | 1kΩ | AXIAL-0.3 |
| 发光二极管 | D1~D13 | LED0 不显示 | LED0 | | PIN2 |
| 单片机 | U1 | AT89C52 显示 | P89C51RD2BN/01 | | SOT129-1 |
| 收发电路 | U2 | MAX232 显示 | MAX232EJE | | JE16 |
| 按键开关 | S2 | SW-SPST 不显示 | SW-SPST | | SPST-2 待制作 |
| 复位按键 | S1 | SW-PB 不显示 | SW-PB | | SPST-2 待制作 |
| 三端稳压器 | U3 | 7805 显示 | L78M05ABV | | TO220V |
| 晶振 | Y1 | 11.0592M 显示 | Crystal Oscillator | | RAD-0.2 |
| DB9 插座 | J1 | D Connector 9 不显示 | D Connector 9 | | DSUB1.385-2H9 |
| 低电压电源插座 | J2 | PWR2.5 不显示 | Low Voltage Power-Supply Connector | | KLD-0202 待制作 |

为减少制作元器件封装的工作量，有些元器件的封装直接选用了软件库内的原封装，所以名称也保持了原封装名。例如，U1 单片机的封装是双列直插式 DIP 封装，40 个引脚，由于元器件库中该元器件 P89C51RD2BN/01 的封装为 SOT129-1，也是 DIP、40 脚，所以直接使用了该封装 SOT129-1。在表 3-12 中，有三个元器件在文件库中找不到合适的封装，待制作后才能确定，分别是 S1、S2 和 J2。

### 3.3.3 原理图库编辑

由于 Altium Designer 库文件中已经包含了原理图上所有的元器件符号，因此不需要在此项目中再创建新的原理图元器件库，也不需要自制元器件符号。

### 3.3.4 封装库编辑

在对元器件属性编辑过程中，复位按键 S1、按键开关 S2、低电压电源插座 J2 这三个元器件的封装还没有确定，需要创建新的元器件封装库，对这三个元器件的封装进行制作。元器件实物图如图 3-128 所示。

图 3-128 元器件实物图

主要步骤如下。

### 1．创建封装库

首先在工程项目中创建封装库，并保存封装库文件。此时在工作窗口上方出现一个封装库名的标签。

### 2．制作低电压电源插座 J2 封装

制作低电压电源插座 J2 的封装并为其命名，注意随时保存文件。

（1）选择封装库标签，启动 PCB 封装库编辑器，选择"View"→"Toggle Units"菜单命令，切换单位为公制。

（2）在工作面上放置三个焊盘。将 1 号焊盘放到坐标（X：0mm，Y：0mm）处，2 号和 3 号焊盘的位置坐标分别为（X：-6.2mm，Y：0mm）处和（X：-3.2mm，Y：-5mm）。

（3）参照表 3-13，分别设置焊盘属性和绘制封装的边框。

表 3-13 低电压电源插座 J2 焊盘参数

| 设置内容 | 焊 盘 | | | 备注 |
| --- | --- | --- | --- | --- |
| | 1 号焊盘 | 2 号焊盘 | 3 号焊盘 | |
| X 坐标 | 0mm | -6.2mm | -3.2mm | 焊盘位置 |
| Y 坐标 | 0mm | 0 mm | -5 mm | 焊盘位置 |
| Designator | 1 | 2 | 3 | 焊盘序号 |
| Hole Size | 1mm | 1mm | 1mm | 孔尺寸 |
| 孔形状 | 选中"Slot"单选钮 | 选中"Slot"单选钮 | 选中"Slot"单选钮 | 孔形状 |
| Length | 2.5mm | 2.5mm | 2.5mm | 孔长度 |
| Rotate | 90.00 | 90.00 | 0.000 | 孔旋转 90° |
| X—Size | 3mm | 3mm | 5mm | 焊盘尺寸 |
| Y—Size | 5mm | 5mm | 3mm | 焊盘尺寸 |

续表

| | 焊 盘 | | | |
|---|---|---|---|---|
| 设置内容 | 1号焊盘 | 2号焊盘 | 3号焊盘 | 备注 |
| Shape | Rectangular | Rectangular | Rectangular | 焊盘形状 |
| | 矩形边框 | | | |
| 设置内容 | 左下角 | 右下角 | 右上角 | 左上角 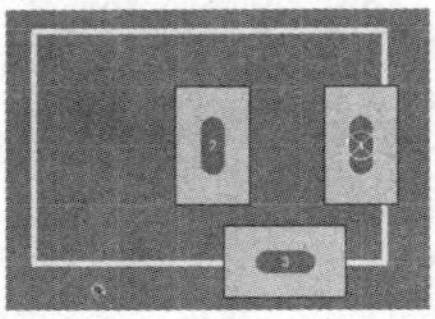 |
| X 坐标 | −13.7mm | 1mm | 1mm | −13.7mm |
| Y 坐标 | −5mm | −5mm | 5mm | 5mm |
| 说明 | 自己画出矩形边框，尺寸与实物外轮廓尺寸一致。 | | | |

（4）保存制作的封装元器件，选择"Tools"→"Component Properties…"菜单命令，输入元器件名称为 J2FZ，选择"OK"按钮确认。

### 3．制作开关 S2 封装

参照表 3-14 的参数，制作原理图中按键开关 S2 的封装。封装元器件命名为 SW-DPDTFZ。

表 3-14　按键开关 S2 焊盘参数

| | 焊 盘 | | | | | |
|---|---|---|---|---|---|---|
| 设置内容 | 1号焊盘 | 2号焊盘 | 3号焊盘 | 4号焊盘 | 5号焊盘 | 6号焊盘 |
| X 坐标 | 0mm | −2.54mm | −5.08 mm | −5.08mm | −2.54mm | 0mm |
| Y 坐标 | 0mm | 0 mm | 0 mm | 5.08mm | 5.08mm | 5.08mm |
| Designator | 1 | 2 | 3 | 4 | 5 | 6 |
| Hole Size | 0.8mm | 0.8mm | 0.8mm | 0.8mm | 0.8mm | 0.8mm |
| 孔形状 | 选中"Round"单选钮 | 选中"Round"单选钮 | 选中"Round"单选钮 | 选中"Round"单选钮 | 选中"Round"单选钮 | 选中"Round"单选钮 |
| X—Size | 1.8mm | 1.8mm | 1.8mm | 1.8mm | 1.8mm | 1.8mm |
| Y—Size | 1.8mm | 1.8mm | 1.8mm | 1.8mm | 1.8mm | 1.8mm |
| Shape | Rectangular | Round | | Round | Round | Round |
| | 矩形边框 | | | | | |
| 设置内容 | 左下角 | 右下角 | 右上角 | 左上角 | 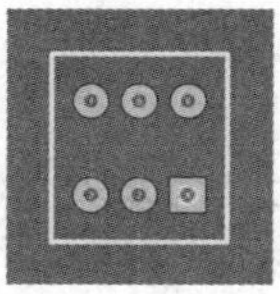 | |
| X 坐标 | −7.12mm | 2.04mm | 2.04mm | −7.12mm | | |
| Y 坐标 | −2.54mm | −2.54mm | 7.62mm | 7.62mm | | |
| 说明 | 自己画出矩形边框 | | | | | |

### 4．制作复位按键 S1 的封装

参照表 3-15 的参数，制作原理图中复位按键 S1 的封装。封装元器件命名为 RST_SQFZ。

表 3-15　复位按键 S1 焊盘参数

| 设置内容 | 1 号焊盘 | 2 号焊盘 | 3 号焊盘 | 4 号焊盘 | 备注 |
|---|---|---|---|---|---|
| 焊盘 | | | | | |
| X 坐标 | 0mm | 7mm | 7 mm | 0mm | 焊盘位置 |
| Y 坐标 | 0mm | 0 mm | −5 mm | −5mm | 焊盘位置 |
| Designator | 1 | 2 | 3 | 4 | 焊盘序号 |
| Hole Size | 0.8mm | 0.8mm | 0.8mm | 0.8mm | 孔尺寸 |
| 孔形状 | 选中"Round"单选钮 | 选中"Round"单选钮 | 选中"Round"单选钮 | 选中"Round"单选钮 | 孔形状 |
| X—Size | 1.8mm | 1.8mm | 1.8mm | 1.8mm | 焊盘尺寸 |
| Y—Size | 1.8mm | 1.8mm | 1.8mm | 1.8mm | 焊盘尺寸 |
| Shape | Rectangular | Round | Round | Round | 焊盘形状 |
| 矩形边框 | | | | | |
| 设置内容 | 左下角 | 右下角 | 右上角 | 左上角 | 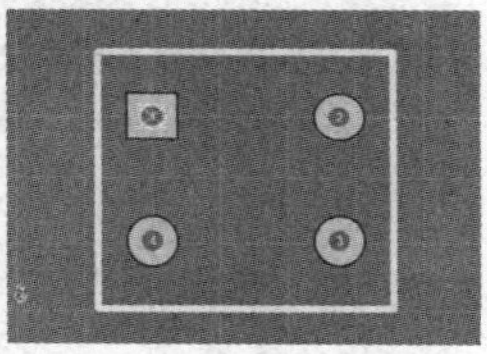 |
| X 坐标 | −2.04mm | 9.04mm | 9.04mm | −2.04mm | |
| Y 坐标 | −7.54mm | −7.54mm | 2.54mm | 2.54mm | |
| 说明 | 自己画出矩形边框 | | | | |

**5. 安装自制封装库**

选择工作窗口为原理图设计窗口，选择"Design"→"Add"→"Remove Library…"菜单命令，弹出对话框。单击"Install"按钮，选择文件类型为"*.PCBLIB"，选取文件所在路径，选择需要安装的封装文件，确认即可。

**6. 修改元器件封装**

在原理图中分别修改原理图元器件 J2、S1、S2 的封装。最后选择"Design"→"Netlist for Document"→"Protel"菜单命令，生成网络表。

## 3.3.5　电路板设计

设计单面印制电路板。电路板为长 18mm，宽 9mm 的矩形，可采用自动布局、手动调整，自动布线、手动调整的方法，也可以采用完全手动操作的方法设计。布线时线间距设为 0.508mm，主要是为了防止没有阻焊时焊接造成的线间短路。电源线宽取 1.5mm，信号线宽 1mm，地线宽 2mm，以便于在使用热转印法制板时不易断线。如果采用工业制板，则线间距值可以更小，线宽也可以适当改小。设计印制电路板的主要步骤如下：

（1）规划电路板的尺寸、边框；

（2）选取工作层面；

（3）检查是否安装了元器件封装库；

（4）调入原理图生成的网络表；

（5）自动布局、手动调整；

（6）设置布线规则；

（7）自动布线，手动调整；

（8）后期大面积敷铜，检查错误。

布线结果如图3-129所示，布设好后可减少干扰，降低接地电阻，根据需要可进行大面积敷地操作。

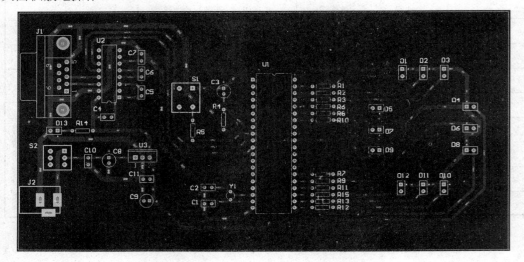

图 3-129　布线结果

## 3.4　典型模数混合电路 PCB 设计——单片机最小系统 PCB 设计

### 3.4.1　设计要求

完成如图 3-130 所示的单片机最小系统原理图设计及电路板的双面板布线设计。本例主要学习和实践双面板设计。系统输入电源为直流 5V。单片机选用 STC12C5A60S2，引脚与 51 单片机兼容。其中 P0 口作为按键键盘接口；P1 口既可作为 10 位 A/D 转换模拟输入端，也可作为 I/O 端口使用；P2 口主要用于 12864 液晶显示器接口和 12 位 D/A 转换器接口；其余口引出备用。由于 STC12C5A60S2 内部程序存储器容量为 60KB，还具有 1280 字节 RAM，所以不考虑存储器扩展功能。

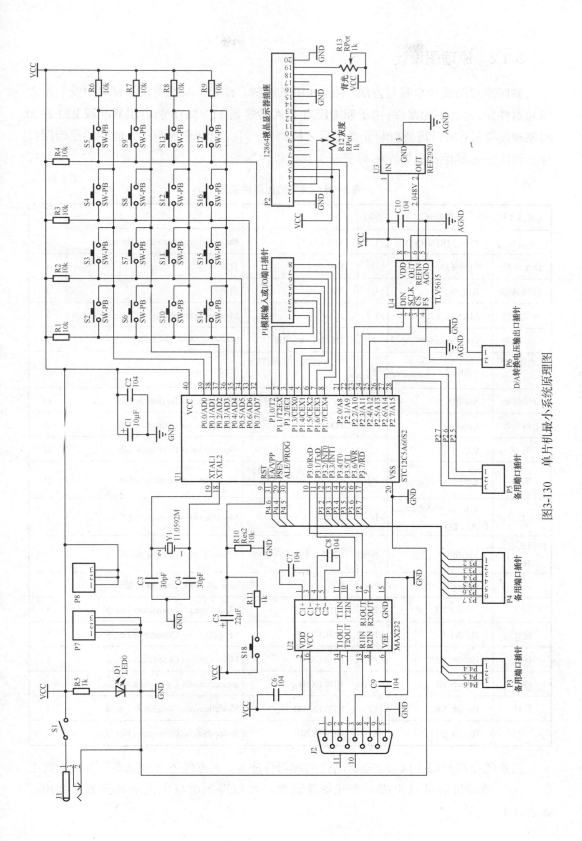

图3-130 单片机最小系统原理图

### 3.4.2 原理图设计

参照原理图设计步骤与方法，用 A4 图纸绘制。首先在原理图设计窗口中安装原理图元器件库，再调用元器件。由于库中没有 D/A 转换器 TLV5616 和电压基准源 REF2920 的原理图符号，所以需要自制元器件后才能调用，可提前制作这两个元器件的原理图符号。调用的元器件及元器件库列于表 3-16，以供参考。

表 3-16 放置的元器件列表

| 元器件类型 | 元器件名称 | 序号 | 封装 | 连接的库名 | 数量 |
|---|---|---|---|---|---|
| 单片机 | P89C51RD2BN/01 | U? | SOT129-1 | Philips Microcontroller 8-Bit.IntLib | 1 |
| D/A 转换 | TLV5615 | U? | DIP-8 | 自制库 | 1 |
| 电压基准 | REF2920 | U? | SOT-23B | 自制库 | 1 |
| 收发电路 | MAX232EJE | U? | JE16 | Maxim Communication ransceiver.IntLib | 1 |
| DB9 插座 | D Connector 9 | J? | DSUB1.385-2H9 | Miscellaneous Connectors.IntLib | 1 |
| 低电压电源插座 | PWR2.5 | J? | KLD-0202（待调整封装） | Miscellaneous Connectors.IntLib | 1 |
| 复位按键 | SW-PB | S? | SPST-2（待调整封装） | Miscellaneous Devices.IntLib | 17 |
| 电解电容 | Cap Pol2 | C? | POLAR0.8 | Miscellaneous Devices.IntLib | 2 |
| 电容 | Cap | C? | RAD-0.3 | Miscellaneous Devices.IntLib | 12 |
| 电阻 | Res2 | R? | AXIAL-0.4（待调整封装） | Miscellaneous Devices.IntLib | 11 |
| 发光二极管 | Typical INFRARED GaAs LED | D? | LED-0 | Miscellaneous Devices.IntLib | 1 |
| 按键式电源开关 | SW-SPST | S? | SPST-2（待调整封装） | Miscellaneous Devices.IntLib | 1 |
| 晶振 | Crystal Oscillator | Y? | R38 | Miscellaneous Devices.IntLib | 1 |
| 排针 | Header 3H | P? | HDR1X3H | Miscellaneous Connectors.IntLib | 1 |
| 排针 | Header 5H | P? | HDR1X5H | Miscellaneous Connectors.IntLib | 1 |
| 排针 | Header 5H | P? | HDR1X5H | Miscellaneous Connectors.IntLib | 1 |
| 排针 | Header 8H | P? | HDR1X8H | Miscellaneous Connectors.IntLib | 1 |
| 排针 | Header 10H | P? | HDR1X10H | Miscellaneous Connectors.IntLib | 1 |
| 排母 | Header 20H | P? | HDR1X20H | Miscellaneous Connectors.IntLib | 1 |

当系统原理画图完成后，先自动排列元器件序号。为方便下一步元器件参数设置工作，在序号编排后可以生成一个元器件清单，将原理图中调用的所有元器件列出，如表 3-17 所示。

表 3-17 元器件清单

| 元器件注释<br>Comment | 元器件描述<br>Description | 元器件序号<br>Designator | 元器件封装<br>Footprint | 元器件数量<br>Quantity | 标称值<br>Value |
|---|---|---|---|---|---|
| Cap | Capacitor | C2, C3, C4, C6, C7, C8, C9, C10, C11, C12, C13, C14 | RAD-0.3 | 12 | 100pF |
| Cap Pol2 | Polarized Capacitor（Axial） | C1、C5 | POLAR0.8 | 2 | 100pF |
| LED0 | Typical INFRARED GaAs LED | D1 | LED-0 | 1 | |
| PWR2.5 | Low Voltage Power Supply Connector | J1 | KLD-0202 | 1 | |
| D Connector 9 | Receptacle Assembly, 9 Position, Right Angle | J2 | DSUB1.385-2H9 | 1 | |
| Header 10H | Header, 10-Pin, Right Angle | P1 | HDR1X10H | 1 | |
| Header 20H | Header, 20-Pin, Right Angle | P2 | HDR1X20H | 1 | |
| Header 5H | Header, 5-Pin, Right Angle | P3、P5 | HDR1X5H | 2 | |
| Header 8H | Header, 8-Pin, Right Angle | P4 | HDR1X8H | 1 | |
| Header 3H | Header, 3-Pin, Right Angle | P6 | HDR1X3H | 1 | |
| Res2 | Resistor | R1, R2, R3, R4, R5, R6, R7, R8, R9, R10, R11 | AXIAL-0.4 | 11 | 1kΩ |
| RPot | Potentiometer | R12, R13 | VR5 | 2 | 1kΩ |
| SW-SPST | Single-Pole, Single-Throw Switch | S1 | SPST-2 | 1 | |
| SW-PB | Switch | S2, S3, S4, S5, S6, S7, S8, S9, S10, S11, S12, S13, S14, S15, S16, S17、S18 | SPST-2 | 17 | |
| P89C51RD2BN/01 | 80C51 8-Bit Flash Microcontroller Family, 64 KB ISP/IAP Flash with 1 KB RAM | U1 | SOT129-1 | 1 | |

续表

| 元器件注释<br>Comment | 元器件描述<br>Description | 元器件序号<br>Designator | 元器件封装<br>Footprint | 元器件数量<br>Quantity | 标称值<br>Value |
|---|---|---|---|---|---|
| MAX232EJE | +5V Powered RS-232 Driver/Receiver | U2 | JE16 | 1 | |
| REF2920 | 2,048V | U3 | SOT-23B | 1 | |
| TLV5615 | 12BIT DA | U4 | DIP-8 | 1 | |
| 11.0592M | Crystal Oscillator | Y1 | R38 | 1 | |

参考元器件属性设置表 3-18，对原理图上每个元器件的参数及封装进行设置。其中，低电压电源插座 J1、按键开关 S1、复位按键 S2~S18 这三种元器件的封装与 3.3.4 节封装库编辑中做的封装一致，可以调用这个封装库，避免重复工作。按照安装元器件库的方法装入该库时，在"文件类型"栏内选择"Protel Footprint Library（*.PCBLIB）"，选择好该库所在路径，再选中所需要的封装库文件即可。

表 3-18 元器件属性设置表

| 名 称 | 元器件序号<br>Designator | 元器件注释<br>Comment | 元器件标识<br>Design item ID | 元器件标称值<br>Value | 元器件封装<br>Footprint |
|---|---|---|---|---|---|
| 电容 | C1 | Cap Pol2 不显示 | Cap Pol2 | 10μF | B |
| 电容 | C2 | Cap 不显示 | Cap | 104F | RAD-0.1 |
| 电解电容 | C3 | Cap 不显示 | Cap Pol2 | 30pF | RAD-0.1 |
| 电容 | C4 | Cap 不显示 | Cap | 30pF | RAD-0.1 |
| 电容 | C5 | Cap Pol2 不显示 | Cap Pol2 | 22μF | B |
| 电容 | C6~C11 | Cap 不显示 | Cap | 104F | RAD-0.1 |
| 发光二极管 | D1 | LED0 不显示 | LED0 | | PIN2 |
| 低电压电源插座 | J1 | PWR2.5 不显示 | Low Voltage Power-Supply Connector | | SW-DPDTFZ（上例自制） |
| DB9 插座 | J2 | D Connector 9 不显示 | D Connector 9 | | DSUB1.385-2H9 |
| 电阻 | R1~R4 | Res2 不显示 | Res2 | 10kΩ | AXIAL-0.3 |
| 电阻 | R5 | Res2 不显示 | Res2 | 1kΩ | AXIAL-0.3 |
| 电阻 | R6~R9 | Res2 不显示 | Res2 | 10kΩ | AXIAL-0.3 |
| 电阻 | R10 | Res2 不显示 | Res2 | 10kΩ | AXIAL-0.3 |
| 电阻 | R11 | Res2 不显示 | Res2 | 1kΩ | AXIAL-0.3 |
| 电位器 | R12、R13 | RPot 不显示 | RPot | 1kΩ | VR5 |
| 按键开关 | S1 | SW-SPST 不显示 | SW-SPST | | SW-DPDTFZ（上例自制） |
| 复位按键 | S2~S18 | SW-PB 不显示 | SW-PB | | RST_SQFZ（上例自制） |
| 单片机 | U1 | STC12C5A60S2 显示 | P89C51RD2BN/01 | | SOT129-1（DIP-40 封装） |

续表

| 名 称 | 元器件序号<br>Designator | 元器件注释<br>Comment | 元器件标识<br>Design item ID | 元器件标称值<br>Value | 元器件封装<br>Footprint |
|---|---|---|---|---|---|
| 收发电路 | U2 | MAX232 显示 | MAX232EJE | | JE16 |
| 电压基准 | U3 | REF2920 显示 | REF2920 | | SOT-23B |
| D/A 转换 | U4 | TLV5615 显示 | TLV5615 | | DIP-8 |
| 晶振 | Y1 | 11.0592M 显示 | Crystal Oscillator | | RAD-0.2 |
| 排针 | P1 | Header 8H 不显示 | Header 8H | | HDR1X8H |
| 排针 | P2 | Header 20H 不显示 | Header 20H | | HDR1X20H |
| 排针 | P3、P5、P7、P8 | Header 3H 不显示 | Header 3H | | HDR1X3H |
| 排针 | P4 | Header 6H 不显示 | Header 6H | | HDR1X6H |
| 排针 | P6 | Header 2H 不显示 | Header 2H | | HDR1X2H |

完成原理图的设计后可以生成网络表,用于后期电路板设计使用;生成元器件清单,用于元器件统计和采购。

### 3.4.3 原理图库编辑

在原理图中有两个元器件需要自制原理图元器件,分别是 D/A 转换器 TLV5616 和直流电压基准源 REF2920。主要步骤如下。

1）创建新的库文件

选择"File"→"Library"→"Schematic Library"菜单命令,创建新的原理图库文件并保存。

2）绘制 TLV5615 元器件符号

（1）选择"Place"→"Rectangle"菜单命令,光标变成十字,将光标移到画图区的十字线上,画出一个矩形框。

（2）选择"Place"→"Pin"菜单命令,光标上出现一个引脚符号;单击键盘"TAB"键,弹出一个"引脚属性"对话框;将"Designator"栏下的数字改为"1",表示该脚为元器件的第 1 个引脚,依次连续放置 8 个引脚,在放置引脚时,电气连接点向外,光标上引脚的另一端放到元器件符号的轮廓线上。

（3）设置引脚属性,双击某个引脚,弹出"引脚属性"对话框,"Display Name"栏下为引脚名称,"Designator"栏下为引脚编号,其他默认即可。单击"OK"按钮,完成并退出对引脚的属性设置。其中片选脚引脚编号为 3,名称为"C\S\"。设置结果如图 3-131 所示。

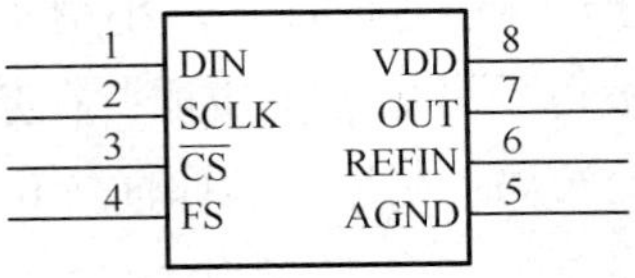

图 3-131 TLV5616 元器件符号

（4）选择"Tools"→"Comment Properties"菜单命令，弹出元器件属性对话框，分别设置："Designator"元器件序号为 U？；"Comment"元器件注释为 TLV5616；"Description"元器件描述为 12BIT D/A；"Symbol Reference"符号引用为 TLV5616，这是该元器件在自制原理图库中的元器件名称。暂不考虑其他项，单击"OK"按钮。

（5）选择"Tools"→"Rename Commpont"菜单命令，弹出"Rename Commpont"对话框。输入新元器件名 TLV5616，与"Symbol Reference"项输入的名称一致。单击"OK"按钮，结束更名操作。

（6）选择"File"→"Save"菜单命令或工具栏"保存"按钮，保存新元器件。

（7）选择"Tools"→"New Component"菜单命令，制作下一个元器件 REF2920。

完成两个元器件符号的制作后返回原理图设计窗口，调入这两个元器件符号并完善系统原理图绘制工作。

### 3.4.4 封装库编辑

在最小系统原理图中，全部元器件封装都已包含在元器件库中，所以本节无须再进行封装库的制作。画原理图时，装入的是元器件集成库，扩展名为".IntLib"，由于集成库中既包含了原理图符号，又包含了元器件封装，因此也不需要再单独安装封装库。

### 3.4.5 电路板设计

双面板设计与单面板设计的步骤大致相同，归纳为以下几步：
① 规划电路板的尺寸、边框。
② 选取 PCB 设计窗口的工作层面。
③ 检查是否安装了元器件封装库、元器件封装是否齐全。
④ 调入原理图生成的网络表。
⑤ 自动布局、手动调整，也可以直接手动布局。
⑥ 设置布线规则，线间距 15mil，VCC 线宽 40mil，GND 线宽 40mil，其他线宽 20mil。
⑦ 自动布线，手动调整，或直接手动布线。
⑧ 设计规则检查。
⑨ 后期大面积敷铜，检查错误。接地焊盘与敷铜的连接方式为直接连接。

双面板设计需说明以下几点。

#### 1. 工作层面

在机械层面（Mechanical 1）规划边框尺寸，小型工业制板注意周围保留 2～4cm 加工边框，热转印法制作电路板可不考虑加工边框；在禁止布线层（Keep-Out Layer）面画元器件布局区域，用于自动布局；在顶层丝印面（Top Overlay）放置字符及注释内容。

## 2. 双面板布线需要设置层面

（1）自动布线时，需要设置层面。

在 PCB 设计窗口下选择"Design"→"Rules…"菜单命令，在弹出的菜单中选择"Routing Layers"选项，参考图 3-132，选中右下方"Constraints"区域下的顶层（Top Layer）和底层（Bottom Layer）的允许布线复选框。不能在未选中的层面上自动布线。

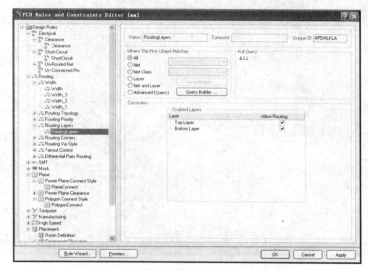

图 3-132　设置自动布线层

（2）自动布线时，可设置顶层与底层的连线走向。

选择"Auto Route"→"All…"菜单命令，在弹出的"Situs Routing Strategies（布线策略）"窗口中选择"Edit Layer Direction…"按钮，可以对顶层和底层的布线方向进行设置。本例采用了顶层纵向、底层横向的走向。

（3）手动布线时，需要选择布线层。

如果在元器件面连线，需要选择设计窗口下方的顶层（Top Layer）标签后，再画连线；焊接面连线时，需选择底层（Bottom Layer）标签。

## 3．设置布线规则

本例设计为了便于观察走线，采用了线间距 15mil、VCC 线宽 40mil、GND 线宽 40mil、其他线宽 20mil 的设计规则。一般采用信号线宽 12 mil。

## 4．大面积敷铜

为了良好地接地，减小接地电阻，降低干扰，可以分别在顶层和底层进行大面积敷铜（敷地）的操作。本例采用接地焊盘与敷铜的连接方式为"直接连接"，分别在底层和顶层进行敷铜。

本设计采用手动布局、自动布线后进行了手动调整，使走线更为合理。实际运用时，应将模拟地和数字地分别各自连在一起,最后两者用一条线相连,避免多点、多线相连,布线时应引起注意。布线结果如图 3-133～图 3-136 所示。

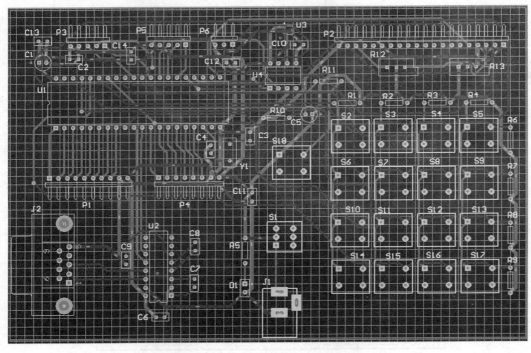

图 3-133　自动布线后的结果

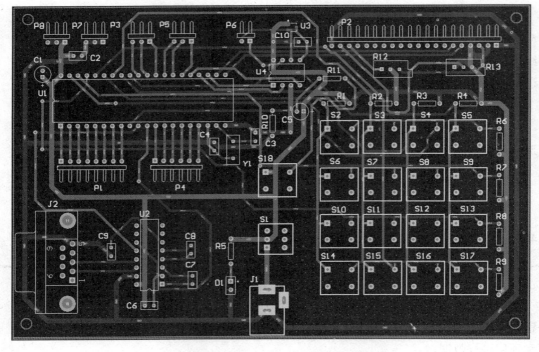

图 3-134　手动调整后的结果

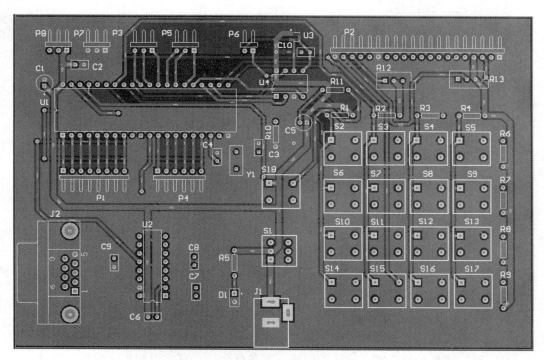

图 3-135 顶层敷铜

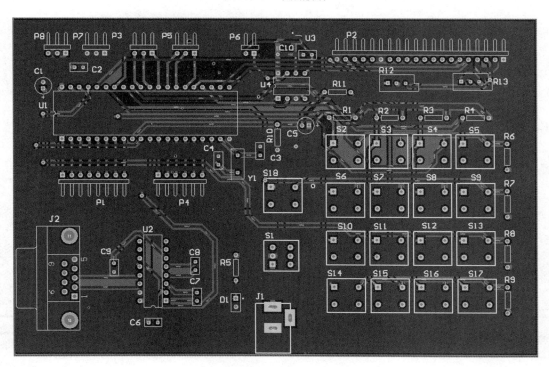

图 3-136 底层敷铜

# 思考与练习题 3

1. 选用敷铜板时，应考虑哪些因素？
2. 如何考虑印制电路板元器件的安装布局？
3. 如何考虑印制电路板的接地？
4. 任选一个原理图，试着自己画出该原理图。
5. 原理图元器件库编辑的主要步骤有哪些？试着建立新的元器件库并制作一个新元器件。
6. 画印制电路板时，如何修改印制电路的走线方向、线宽？
7. 试着同时修改原理图中同类元器件的封装，同时修改多个元器件的标称值。
8. 选择一个较简单的电路，设计单面电路板。
9. 双面板设计的主要步骤是什么，与单面设计有什么不同之处？
10. 双面板中过孔越多越好吗？电源线走线有过孔连接好吗？应如何考虑。
11. 画一张新的原理图，设计双面板。若条件允许，可实现制板、焊接、调试。

# 第4章 电子产品生产制造工艺

## 4.1 电子产品生产过程概述

电子产品的制造工艺内涵广泛,本章根据本科教学的特点,主要介绍插装、焊接、装配、调试等由器件到整机的装配环节所涉及的内容。图 4-1 为一般电子产品生产过程示意图,制造过程由部件的生产准备到多个部件的整机装配、整机调试、整机检验、入库几个阶段组成。生产中的每一环节都有相应的工序和岗位,由技术工人按照工艺文件进行工作。下面分别介绍各阶段的内容和要求。

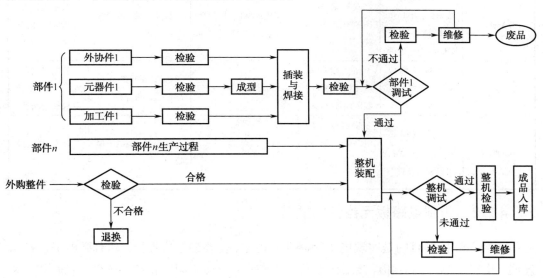

图 4-1 一般电子产品生产过程

## 4.2 电子产品的部件组装

电子产品整机是由多个部件组成的,部件的装联、调试构成了整机生产的基础,部件的质量决定了整机的质量。部件的组装主要包括元器件的外协件、加工件等的检验和元器件的成型、部件的插装与焊接、部件的检验与调试几个环节。由于器件检验和成型、印制电路板的相关准备已在前面章节介绍过,在此不再赘述,本章主要介绍其他几方面的内容。

### 4.2.1 组装工艺的发展进程

组装工艺技术的发展与电子元器件、材料的发展密切相关,每当出现一种新型电子元器件并得到应用时,就必然促进组装工艺技术有新的进展,其发展过程大致可分为5个阶段,如表4-1所示。

表4-1 组装技术的发展阶段

| 项目<br>阶段 | 元器件 | 布线 | 焊接材料 | 连接工艺 | 测试 |
| --- | --- | --- | --- | --- | --- |
| 第1阶段 | 电子管、大型元器件 | 电线、电缆手工布线 | 锡铅焊料、松香焊剂 | 电烙铁手工焊接、手工连接 | 通用仪器仪表人工测试 |
| 第2阶段 | 半导体二极管、三极管,小型和大型元器件 | 单、双面印制电路板布线 | 锡铅焊料、活性松香焊剂 | 手工插装、半自动插装、手工焊接、浸焊 | 通用仪器仪表人工测试 |
| 第3阶段 | 中、小规模集成电路,半导体二极管、三极管,小型元器件 | 双面和多层印制电路板布线 | 锡铅焊料、膏状焊料、活性焊剂 | 自动插装、波峰焊和再流焊 | 数字式仪表,在线测试仪自动测试 |
| 第4阶段 | 大规模集成电路,表面安装元器件 | 高密度印制电路板,挠性印制电路板布线 | 膏状焊料 | 机械手插装和自动贴装、再流焊 | 智能式仪表,在线测试和计算机辅助测试 |
| 第5阶段 | 超大规模集成电路,复合表面安装元器件 | 高密度印制电路板布线,元器件和基板一体化 | 膏状焊料 | 再流焊、微电子焊接 | 计算机辅助测试 |

### 4.2.2 印制电路板元器件的插装

插装与焊接的目的是实现电子元器件间稳定、可靠的电气连接。随着微电子技术的发展,电子产品的插装和焊接工艺也发生着变化,呈现不同的特点。在电子管时代,因元器件的体积和重量较大,产品以分立插装,导线手工焊接为主要工艺;在晶体管时代,随着器件的小型化,以印制电路板为核心的手工、自动插装和通孔焊接工艺成为主流;随着微电子技术的进一步发展,IC规模的不断扩大,器件的微型化,此时以印制电路板为核心的SMT工艺成为主流。

印制电路板在现代电子产品整机结构中被大量使用,其插装是整机组装的关键环节。插装的目的在于适应元器件不同的安装方式。

**1. 印制电路板元器件安装方式**

元器件的安装一般有以下几种形式。

（1）贴板安装：适用于防震要求高的产品。元器件贴紧印制基板面，安装间隙小于1mm。当元器件为金属外壳，安装面又有印制导线时，应加垫绝缘衬垫或套绝缘套管。

（2）悬空安装：适用于发热元器件的安装。元器件距印制基板面有一定高度，安装距离一般在 3～8mm 范围内。

（3）垂直安装：适用于安装密度较高的场合。元器件垂直于印制基板面，但对重量大且引线细的元器件不宜采用这种形式。

（4）埋头安装：这种方式可提高元器件防震能力，降低安装高度。元器件的壳体埋于印制基板的嵌入孔内，因此又称为嵌入式安装。

（5）有高度限制时的安装：元器件安装高度的限制一般在图纸上是标明的，通常的处理方法是垂直插入后，再朝水平方向弯曲。对大型元器件要特殊处理，以保证有足够的机械强度，经得起振动和冲击。

（6）支架固定安装：这种方式适用于重量较大的元器件，如小型继电器、变压器、扼流圈等，一般用金属支架在印制基板上将元器件固定。

## 2．元器件安装的技术要求

（1）元器件器的标志方向应按照图纸规定的要求，安装后能看清元器件上的标志。若装配图上没有指明方向，则应使标记向外易于辨认，并按从左到右、从下到上的顺序读出。

（2）元器件的极性不得装错，安装前应套上相应的套管。

（3）安装高度应符合规定要求，同一规格的元器件应尽量安装在同一高度上。

（4）安装顺序一般为先低后高，先轻后重，先易后难、先一般元器件后特殊元器件。

（5）元器件在印制电路板上的分布应尽量均匀，疏密一致，排列整齐美观。不允许斜排、立体交叉和重叠排列。元器件外壳和引线不得相碰，要保证1mm左右的安全间隙，无法避免时，应套绝缘套管。

（6）元器件的引线直径与印制电路板焊盘孔径应有 0.2～0.4mm 的合理间隙。

（7）一些特殊元器件的安装处理。MOS 集成电路的安装应在等电位工作台上进行，以免产生静电损坏器件。发热元器件（如 2W 以上的电阻）要与印制电路板面保持一定的距离，不允许贴板安装，较大的元器件的安装（重量超过 28g）应采取绑扎、粘固等措施。

## 3．印制电路板手工插装工艺

(1) 在产品的样机试制阶段或小批量试生产时，印制电路板插装主要靠手工操作，即操作者把散装的元器件逐个装接到印制电路板上，操作顺序是：待装元器件→引线整形→插件→调整位置→剪切引线→固定位置→焊接→检验。每个操作者要从头装到结束，效率低，而且容易出差错。

（2）对于设计稳定、大批量生产的产品，宜采用流水线装配，这种方式可大大提高生产效率，减小差错，提高产品合格率。

流水线操作是把一个复杂的工作分成若干道简单的工序,每个操作者在规定的时间内,完成指定的工作量(一般限定每人约6个元器件插装的工作量)。在划分工序时要注意每道工序所用的时间要相等,这个时间就称为流水线的节拍。插装的印制电路板在流水线上的移动,一般都是用传送带的运动方式进行的。传送带运动方式通常有两种:一种是间歇运动(即定时运动),另一种是连续匀速运动,每个操作者必须严格按照规定的节拍进行。完成一种印制电路板的操作和工位(工序)的划分,要根据其复杂程度,日产量或班产量,以及操作者人数等因素确定。一般工艺流程是:每节拍元器件(约6个)插入→全部元器件插入→一次性切割引线→一次性锡焊→检查。

引线切割一般用专用设备——割头机一次切割完成,锡焊通常用波峰焊机完成。

目前大多数电子产品(如电视机、收录机等)的生产大都采用印制电路板插件流水线的方式。插件形式有自由节拍形式和强制节拍形式两种。

### 4．印制电路板自动装配工艺流程

手工装配虽然可以不受各种限制,灵活方便且广泛应用于各道工序或各种场合,但速度慢,易出差错,效率低,不适应现代化大批量生产的需要。尤其是对于设计稳定,产量大和装配工作量大而元器件又无须选配的产品,宜采用自动插装方式。自动装配一般使用自动或半自动插件机和自动定位机等设备。先进的自动装配机每小时可装一万多个元器件,效率高,节省劳力,产品合格率也大大提高。

自动插装和手工的过程基本上是一样的,通常都是从印制基板上逐一添装元器件,构成一个完整的印制电路板。所不同的是,自动插装要求限定元器件的供料形式,整个插装过程由自动装配机完成。

(1)自动插装工艺:过程框图如图 4-2 所示。经过处理的元器件装在专用的传输带上,间断地向前移动,保证每一次有一个元器件进到自动装配机装插头的夹具里,装配机自动完成切断引线、引线成型、移至基板、插入、弯角等动作,并发出插装完毕的信号,使所有装配回到原来位置,准备装配第二个元器件。印制基板靠传送带自动送到另一个装配工位,装配其他元器件,当元器件全部插装完毕,即自动进入波峰焊接的传送带。

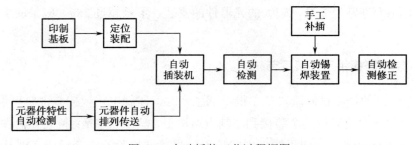

图 4-2 自动插装工艺过程框图

(2)自动装配对元器件的工艺要求:自动装配是在自动装配机上完成的,对元器件装配的一系列工艺措施都必须适合自动装配的一些特殊要求,并不是所有的元器件都可以进行自动装配，在这里最重要的是采用标准元器件和尺寸。

对于被装配的元器件，要求它们的形状和尺寸尽量简单、一致、方向易于识别、有互换性等，有些元器件，如金属圆壳形集成电路，虽然在手工装配时具有容易固定，可把引线准确地成型等优点，但自动装配很困难，而双列直插式集成电路却适用于自动装配。另外还有一个元器件的取向问题，即元器件在印制电路板什么方向取向，对于手工装配没有什么限制，也没有根本差别。但在自动装配中，则要求沿着 $x$ 轴或 $y$ 轴取向，最佳设计要指定所有元器件只在一个轴上取向（至多排列在两个方向上）。若想要机器达到最大的有效插装速度，就要有一个最好的元器件排列方式。元器件引线的孔距和相邻元器件引线孔之间的距离也都应标准化，并尽量相同。

### 4.2.3 焊接工艺基础

#### 1. 焊接的概念

在电子产品整机装配过程中，焊接是连接各电子元器件及导线的主要手段。利用加热或加压，或两者并用来加速工件金属原子间的扩散，依靠原子间的内聚力，在工件金属连接处形成牢固的合金层，从而将工件金属永久地结合在一起。焊接通常分为熔焊、钎焊及接触焊接三大类，在电子装配中主要使用的是钎焊。钎焊可以这样定义：在已加热的工件金属之间熔入低于工件金属熔点的焊料，借助焊剂的作用，依靠毛细现象，使焊料浸润工件金属表面，并发生化学变化，生成合金层，从而使工件金属与焊料结合为一体。钎焊按照使用焊料的熔点不同分为硬焊（焊料熔点高于 450℃）和软焊（焊料熔点低于 450℃）。

采用锡铅焊料进行焊接称为锡铅焊，简称锡焊，它是软焊的一种。除了含有大量铬和铝等合金的金属不易焊接外，其他金属一般都可以采用锡焊焊接。锡焊方法简便，整修焊点、拆换元器件、重新焊接都较容易，所用工具简单（电烙铁）。此外，还具有成本低，易实现自动化等优点。在电子装配中，它是使用最早，适用范围最广和当前仍占较大比重的一种焊接方法。

近年来，随着电子工业的快速发展，焊接工艺也有了新的发展。在锡焊方面大中型电子企业已普遍使用了应用机械设备的浸焊和实现自动化焊接的波峰焊，这不仅降低了工人的劳动强度，也提高了生产效率，保证了产品的质量。同时，无锡焊接在电子工业中也得到了较多的应用，如熔焊、绕接焊、压接焊等。

#### 2. 焊接机理与要素

锡焊的机理可以由以下三个过程来表述。

（1）浸润。加热后呈熔融状态的焊料（锡铅合金）沿着工件金属的凹凸表面，靠毛细管的作用扩展。

（2）扩散。锡焊时，焊料和工件金属表面的温度较高，焊料与工件金属表面的原子相互扩散，在两者界面形成新的合金。

（3）界面层的结晶与凝固。焊接后焊点降温到室温，在焊接处形成由焊料层、合金层和工件金属表层组成的结合结构。

### 3. 锡焊工艺的要点

1）工件金属材料应具有良好的可焊性

铜是导电性能良好且易于焊接的金属材料，其他金属如金、银的可焊性好，但价格较贵；而铁、镍的可焊性较差，为提高可焊性，通常在铁、镍合金的表面先镀上一层锡、铜、金或银等金属，以提高其可焊性。

2）工件金属表面应洁净

工件金属表面如果存在氧化物或污垢，会严重影响与焊料在界面上形成合金层，造成虚焊、假焊。轻度的氧化物或污垢可通过助焊剂来清除，较严重的要通过化学或机械的方式来清除。

3）正确选用助焊剂

助焊剂是一种略带酸性的易熔物质，在焊接过程中可以熔解工件金属表面的氧化物和污垢，并提高焊料的流动性，保证了焊点的质量。

4）正确选用焊料

5）控制焊接温度和时间

温度过低，会造成虚焊。温度过高，会损坏元器件和印制电路板。合适的温度是保证焊点质量的重要因素。

### 4. 焊点的质量要求

1）电气性能良好

高质量的焊点应是焊料与工件金属界面形成牢固的合金层，这样才能保证良好的导电性能。不能简单地将焊料堆附在工件金属表面而形成虚焊，这是焊接工艺中的大忌。

2）具有一定的机械强度

焊点的作用是连接两个或两个以上的元器件，并使电气接触良好。电子设备有时要工作在振动的环境中，为使焊件不松动或脱落，焊点必须具有一定的机械强度。锡铅焊料中锡和铅的强度都比较低，有时在焊接较大和较重的元器件时，为了增加强度，可根据需要增加焊接面积，或将元器件引线、导线先行网绕、绞合、钩接在接点上再进行焊接。所以，采用锡焊的焊点一般都是一个被锡铅焊料包围的接点。

3）焊点上的焊料要适量

焊点上的焊料过少，不仅降低机械强度，而且由于表面氧化层逐渐加深，会导致焊点早期失效。焊点上的焊料过多，既增加成本，又容易造成焊点桥连（短路），也会掩盖焊接缺陷，所以焊点上的焊料要适量。印制电路板焊接时，焊料布满焊盘呈裙状展开时最为适宜。

4）焊点表面应光亮且均匀

良好的焊点表面应光亮且色泽均匀。这主要是由助焊剂中未完全挥发的树脂成分形成的薄膜覆盖在焊点表面，能防止焊点表面氧化。如果使用了消光剂，则对焊接点的光泽不作要求。

5）焊点不应有毛刺、空隙

焊点表面存在毛刺、空隙不仅不美观，还会给电子产品带来危害，尤其在高压电路部分，将会产生尖端放电而损坏电子设备。

6）焊点表面必须清洁

焊点表面的污垢，尤其是焊剂的有害残留物质，如果不及时清除，酸性物质会腐蚀元器件引线、接点及印制电路，吸潮会造成漏电甚至短路燃烧等，从而带来严重隐患。

**5. 主要焊接工艺**

1）手工焊接

手工焊接是锡铅焊接技术的基础。尽管目前现代化企业已经普遍使用自动插装、自动焊接的生产工艺。但产品试制、小批量产品生产、具有特殊要求的高可靠性产品的生产（如航天技术中的火箭、人造卫星的制造等）目前还采用手工焊接。即使印制电路板结构这样的小型化大批量、采用自动焊接的产品，也还有一定数量的焊接点需要手工焊接，所以目前还没有任何一种焊接方法可以完全取代手工焊接。因此，在培养高素质的电子技术人员、电子操作工人过程中，手工焊接工艺是必不可少的训练内容。

2）浸焊与波峰焊

随着电子技术的发展，电子元器件日趋集成化、小型化和微型化，电路越来越复杂，印制电路板上元器件排列密度越来越高，手工焊接已不能同时满足对焊接高效率和高可靠性的要求。浸焊和波峰焊是适应印制电路板发展起来的焊接技术，可以大大提高焊接效率，并使焊接点质量有较高的一致性，目前已成为印制电路板的主要焊接方法，在电子产品生产中得到普遍使用。

浸焊是将插装好元器件的印制电路板在熔化的锡槽内浸锡，一次完成印制电路板众多焊接点的焊接方法，它不仅比手工焊接大大提高了生产效率，而且可消除漏焊现象。浸焊有手工浸焊和机器自动浸焊两种形式。

波峰焊是目前应用最广泛的自动化焊接工艺。与自动浸焊相比较，其最大的特点是锡槽内的锡不是静止的，熔化的焊锡在机械泵（或电磁泵）的作用下由喷嘴源源不断流出而形成波峰，波峰焊的名称由此而来。波峰即顶部的锡无丝毫氧化物和污染物，在传动机构移动过程中，印制电路板分段、局部与波峰接触焊接，避免了浸焊工艺存在的缺点，使焊接质量得到保证，焊接点的合格率可达99.97%以上。在现代工厂企业中它已取代了大部分的传统焊接工艺。

3）表面安装技术

表面安装技术也称 SMT 技术，是伴随无引脚或引脚极短的片状元器件（也称 SMD 元器件）的出现而发展并已得到广泛应用的安装焊接技术。它打破了在印制电路板上"通孔"安装元器件，然后再焊接的传统工艺，直接将 SMD 元器件平卧在印制电路板表面进行安装，是目前主流的安装技术。

表面安装技术有如下优点:

(1) 减少了焊接工序,提高了生产效率。无须在印制电路板上打孔,无须孔的金属化,元器件无须预成型。

(2) 减少了印制电路板的体积。一方面由于采用了 SMD 元器件,体积明显减少,另一方面由于无印制电路板带钻孔的焊盘,线条可以做得很细(可达 0.1～0.025mm),线条之间的间隔也可减少(可达 0.1mm),因而印制电路板上元器件的密度可以做得很高,还可将印制电路板多层化。

(3) 改善了电路的高频特性。由于元器件无引线或引线极短,减小了印制电路板的分布参数,改善了高频特性。

(4) 可以进行计算机控制,全自动安装整个 SMT 程序都可以自动进行,生产效率高,而且安装和可靠性也大大提高,适合大批量生产。

4)无锡焊接技术

无锡焊接是焊接技术的一个组成部分,包括接触焊、熔焊、导电胶黏结等。无锡焊接的特点是不需要焊料和助焊剂即可获得可靠的连接,因而解决了清洗困难和焊接面易氧化的问题。在电子产品装配中得到了一定的应用。

(1) 接触焊接。接触焊接有压接、绕接及穿刺等。这种焊接技术是通过对焊件施加冲击、强压或扭曲,使接触面发热,界面原子相互扩散渗透,形成界面化合物结晶体,从而将被焊件焊接在一起的焊接方法。

(2) 熔焊。熔焊是靠加热被焊金属使之熔化产生合金而焊接在一起的焊接技术。由于不用焊料和助焊剂,所以焊接点清洁,电气和机械连接性能良好。但是所用的加热方法必须迅速限制局部加热范围而不至于损坏元器件或印制电路板。主要包括电阻焊和锻接焊、激光焊接、电子束焊接、超声焊接等。

### 4.2.4 部件的检查

部件的检查是调试的基础,检查有自检和互检,以发现问题;检查的内容主要包括元器件安装的位置、极性正确与否、插装是否规范、元器件引脚的长短、焊点的质量等。

传统的部件检查手段以目测为主,随着现代图像处理技术的发展,采用以计算机为核心的检查手段被广泛使用,特别是在 SMT 工艺中。

### 4.2.5 部件的调试

调试包括测试和调整两方面的内容,测试是在安装后对电路的参数及工作状态进行测量。调整是指在测试的基础上对电路的参数进行修正,使之满足设计要求。

1. 调试工艺方案

所谓调试工艺方案是指一整套适用于调试某产品的具体内容与项目(如工作特性、测试点、电路参数等)、步骤与方法、测试条件与测试仪表、有关注意事项与安全操作规程。调试工艺方案一般有以下四个方面的内容。

（1）调试的项目及每个项目的调试步骤、要求。

（2）调试工艺流程的安排。一般调试工艺流程安排的原则是先外后内；先调试结构部分，后调试电气部分；先调试独立项目，后调试存在有相互影响的项目；先调试基本指标，后调试对质量影响较大的指标。整个调试过程是循序渐进的过程，要合理地安排好调试工序之间的衔接。

（3）调试手段选择，包括优良的调试环境、不同调试要求精度仪器的配置、正确高效的调试操作方法等。

（4）编制调试工艺文件。调试工艺文件的编制主要包括调试工艺卡、操作规程、质量分析表的编制。

**2．基本调试方法**

1）静态调试

晶体管、集成电路等有源性器件都必须在一定的静态工作点上工作，才能表现出更好的动态特性，所以在动态调试与整机调试之前必须对各功能电路的静态工作点进行测试与调整，使其符合设计要求，这样才可以大大降低动态调试与整机调试时的故障率，提高调试效率。

（1）静态测试内容。

主要包括：供电电源静态电压测试；测试单元电路静态工作总电流；三极管静态电压、电流测试；集成电路静态工作点的测试；数字电路静态逻辑电平的测量。

（2）电路调整方法。

调整方法一般有两种：①选择法，通过替换元器件来选择合适的电路参数（性能或技术指标）。②调节可调元器件法，在电路中已经装有调整元器件，如电位器、微调电容或微调电感等。

2）动态调试

动态调试包括动态测试与调整两个方面，它是保证电路各项参数、性能、指标的重要步骤，是在有输入信号的条件下电路工作状态的调试。包括电路动态工作电压测量与调整；电路重要波形、幅度和频率的测量与调整；单元电路频率特性的测试与调整。动态调试内容还有很多，如电路放大倍数、瞬态响应、相位特性等，而且不同电路要求动态调试项目也不相同，所以在这里不再一一详述。

部件在调试时，先不要接各功能电路的连接线，待各功能电路调试完后再接上，即所谓的分块调试。分块调试比较理想的调试顺序是按信号的流向进行，这样可以把前面调试过的输出信号作为后一级的输入信号，为最后联机调试创造条件。

对一些简单电路或一些定型产品，一般不采用部件调试，而是整个电路安装完毕后，实行一次性调试。现在随着科技发展，一些较复杂电路也使用了一次性调试。由于其电路使用了一些较先进的调试技术，如使用了 I2C 总线调试技术的电视机，大大减小单元电路故障率，简化了调试工序，完全可以实现一次性调试。

## 4.3 整机装配

电子设备的整机装配就是将各种部件、结构件，按照设计要求，装接在规定的位置上，组成完整电子产品的过程。具体来讲，就是在电气上以印制电路板为支撑主体的电子元器件的电路连接，在结构上是以组成产品的钣金硬件和模型壳体，通过紧固零件或其他方法，由内到外按一定的顺序安装。

### 4.3.1 整机装配工艺

电子整机装配过程中，需要把有关的元器件、零部件等按设计要求连接在规定的位置上。连接方式是多样的，有焊接、压接、绕接、螺纹连接、胶接等。在这些连接中，有的是可拆的，即拆散时不会损伤任何零部件，有的是不可拆的。连接的基本要求是，牢固可靠，不损伤元器件、零部件或材料，避免碰坏元器件或零部件涂覆层，不破坏元器件的绝缘性能，连接的位置要正确。

### 4.3.2 整机装配的基本原则

电子整机的总装，就是将组成整机的各部分装配件，经检验合格后，连接成完整的电子设备的过程。

**1. 总装的一般顺序及对装配件的质量要求**

电子整机总装的一般顺序是：先轻后重、先铆后装、先里后外，上道工序不得影响下道工序。

整机装配总的质量与各组成部分的装配件的装配质量是相关联的。因此，在总装之前对所有装配件、紧固件等必须按技术要求进行配套和检查。经检查合格的装配件应进行清洁处理，保证表面无灰尘、油污、金属屑等。

**2. 整机总装的基本要求**

（1）未经检验合格的装配件（零、部、整件）不得安装。已检验合格的装配件必须保持清洁。

（2）要认真阅读安装工艺文件和设计文件，严格遵守工艺规程。总装完成后的整机应符合图纸和工艺文件的要求。

（3）严格遵守总装的一般顺序，防止前后顺序颠倒，注意前后工序的衔接。

（4）总装过程中不要损伤元器件，避免碰坏机箱及元器件上的涂覆层，以免损害绝缘性能。

（5）应熟练掌握操作技能，保证质量，严格执行三检（自检、互检、专职检验）制度。

### 4.3.3　整机装配和流水线作业法

电子整机总装是生产过程中极为重要的环节，如果安装工艺、工序不正确，就可能达不到产品的功能要求或预定的技术指标。

#### 1. 总装工艺过程

产品的总装工艺过程会因产品的复杂程度、产量大小等方面的不同而有所区别。但总体来看，有下列几个环节：

（1）准备。装配前对所有部件、装配件、紧固件等从数量的配套和质量的合格两个方面进行检查和准备。

（2）装联。包括各部件的安装、焊接等内容。前面介绍的各种连接工艺，都应在装联环节中加以实施应用。

#### 2. 流水线作业法

通常电子整机的总装是采用流水线作业法，又称流水线生产方式。流水线作业法是指把一部电子整机的装联等工作划分成若干简单操作项目，每个装配工人完成各自负责的操作项目，并按规定顺序把机件传送给下一道工序的装配工人继续操作，似流水般不停地自首至尾逐步完成整机总装的作业法。

在流水作业时，应注意每个工位上装配工人的操作时间应相等，这个时间称为流水的节拍。流水作业时常用传送带运输机件，装配工人把机件从传送带上取下，按规定完成装联后再放到传送带上，传送至下一道工序。传送带是传输机件，它的运动方式有两种：一种是间歇运动（即定时运动），另一种是连续均匀运动。每个装配工人的操作必须严格按照所规定的时间节拍进行。完成一部整机总装所需的操作和工位，要根据机器的复杂程度、日产量或班产量来确定。

流水线生产方式虽带有一定的强制性，但由于工作内容简单，动作单纯，记忆方便，故能减少差错，提高工效，保证产品质量。

## 4.4　整机调试

由于电子电路设计的近似性，元器件的离散性和装配工艺的局限性，装配完的整机一般都要进行不同程度的调试。调试是非常重要的环节，调试工艺水平在很大程度上决定了整机的质量。

### 4.4.1　整机性能调试

整机调试是把所有经过动静态调试的各个部件组装在一起进行的有关测试，它的主要目的是使电子产品完全达到原设计的技术指标和要求。由于较多调试内容已在部件调试中完成了调试，整机调试只需检测整机技术指标是否达到原设计要求即可，若不能达到则再做适当调整。整机调试流程一般有以下几个步骤。

### 1. 整机外观的检查

整机外观的检查主要是检查其外观部件是否齐全，外观调节部件和活动部件是否灵活。

### 2. 整机内部结构的检查

整机内部结构的检查主要是检查其内部连线的分布是否合理、整齐，内部传动部件是否灵活、可靠，各单元电路板或其他部件与机座是否紧固，以及它们之间的连接线、接插件有没有漏插、错插、插紧等。

### 3. 常温老化测试

一般的常温老化测试是对所有电子产品进行数小时（根据产品类型和生产线情况）通电运行，以便发现设备中元器件的早期失效，提高产品质量。

### 4. 对部件性能指标进行复检调试

该步骤主要是针对各部件连接后产生的相互影响而设置的，其主要目的是复检各部件性能指标是否有改变，若有改变，则应调整有关元器件。

## 4.4.2 整机检验

整机总装、调试完成后，按质量检查的内容进行检验，检验工作主要包括外观、整机指标、常规检验等，检验要始终坚持自检、互检和专职检验的制度。

### 1. 外观检查

整机的外观检查主要包括：表面损伤，涂层划痕、脱落，金属结构件有无开焊、开裂，元器件安装牢固，导线无损伤，元器件和端子套管的代号符合产品设计文件的规定。整机的活动部分活动自如，机内无多余物（如焊料渣、零件、金属屑等）。

### 2. 整机技术指标的测试

对已调整好的整机必须进行严格的技术测定，以判断它是否达到原设计的技术要求，如收音机的整机功耗、灵敏度、频率覆盖等技术指标的测定。不同类型的整机有各自的技术指标，并规定了相应的测试方法（一般都按照国家对该类型电子产品规定的方法进行测量）。

### 3. 出厂试验

出厂试验是在出厂前按国家标准逐台试验。一般都是检验一些最重要的性能指标，并且这种试验都是既对产品无破坏性，而又能比较迅速完成的项目。不同的产品有不同的国家标准，除上述外观检查外还有电气性能指标测试、绝缘电阻测试、绝缘强度测试、抗干扰测试等。

4．包装

包装是电子整机产品总装过程中保护和美化产品及促进销售的环节。电子整机产品的包装通常着重于方便运输和储存两个方面。

5．入库或出厂

合格的电子整机产品经过合格的包装，就可以入库存储或直接出厂运往需求部门，从而完成整个生产过程。

### 4.4.3　整机的型式试验

型式试验对产品的考核是全面的，包括产品的性能指标、对环境条件的适应度、工作的稳定性等。国家对各种不同的产品都有严格的标准。环境适应度的试验项目有高低温、高湿度循环使用和存放试验、振动试验、跌落试验、运输试验等，由于型式试验对产品有一定的破坏性，一般都是在新产品试制定型，或在设计、工艺、关键材料更改时，或客户认为有必要时进行抽样试验。

环境适应度试验一般根据电子产品的工作环境而确定具体的试验内容，并按照国家规定的方法进行试验。环境试验一般只对小部分产品进行，常见内容和方法有如下几种。

1）对供电电源适应能力试验

如使用交流 220V 供电的电子产品，一般要求输入交流电压在 220±22V，频率在 50±4Hz，电子产品仍能正常工作。

2）温度试验

把电子产品放入温度试验箱内，进行额定使用的上、下限工作温度的试验。

3）振动和冲击试验

把电子产品紧固在专门的振动台和冲击台上进行单一频率振动试验、可变频率振动试验和冲击试验。用木槌敲击电子产品也是冲击试验的一种。

4）运输试验

把电子产品捆在载重汽车上奔走几十公里进行试验。

### 4.4.4　调试安全

调试与检测过程中，要接触各种电路和仪器设备，特别是各种电源及高压电路，高压大容量电容器等，为保护检测人员安全，防止测试设备和检测线路的损坏，除严格遵守一般安全规程外，还必须注意调试和检测工作中制定的安全措施。

1. 供电安全

大部分故障检测过程都必须加电,所有调试检测过的设备仪器,最终都要加电检验。抓住供电安全就抓住了安全的关键。

(1) 调试检测场所应有漏电保护开关和过载保护装置,电源开关、电源线及插头插座必须符合安全用电要求,任何带电导体不得裸露。检测场所的总电源开关应放在明显且易于操作的位置,并设置相应的指示灯。

(2) 注意交流调压器的接法。检测中往往使用交流调压器进行加载和调整试验。由于普通调压器输入与输出端不隔离,必须正确区分相线与零线的接法,如图 4-3 中使用二线插头座,容易接错线,使用三线插头座则不会接错。

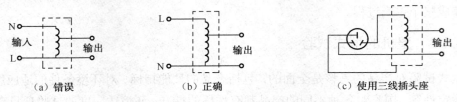

图 4-3 自耦调压器接线方法

(3) 在调试检测场所最好装备隔离变压器,一方面可以保证检测人员操作安全,另一方面防止检测设备故障与电网之间相互影响。隔离变压器之后,再接调压器,则无论如何接线均可保证安全(见图 4-4)。

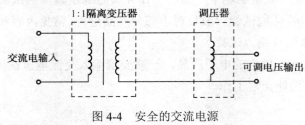

图 4-4 安全的交流电源

2. 测量仪器安全

(1) 所用测试仪器要定期检查,仪器外壳及可接触部分不应带电。凡金属外壳仪器,必须使用三线插头座,并保证外壳良好接地。电源线一般不超过 2m,并具有双重绝缘。

(2) 测试仪器通电时若熔断器烧断,应更换同规格熔断器后再通电,若第二次再烧断则必须停机检查,不得更换大容量熔断器。

(3) 带有风扇的仪器如通电后风扇不转或有故障,应停机检查。

(4) 功耗较大的仪器(>500W)断电后应冷却一段时间再通电(一般 3~10min,功耗越大时间越长),避免烧断熔断器或仪器零件。

3. 操作安全

(1) 操作环境保持整洁,检测大型高压线路时,工作场地应铺绝缘胶垫,工作人员应穿绝缘鞋。

（2）高压或大型线路通电检测时，应有 2 人以上，发现冒烟、打火、放电等异常现象，应立即断电检查。

几个必须记住的安全操作观念：

（1）不通电不等于不带电。对大容量高压电容只有进行放电操作后才可以认为不带电。

（2）断开电源开关不等于断开电源。如图 4-5 所示，虽然开关处于 OFF 位置，但相关部分仍然带电，只有拔下电源插头才可认为是真正断开电源。

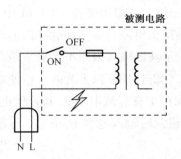

图 4-5　电气调试检测安全示意图

（3）电气设备和材料安全工作的寿命有限。无论最简单的电气材料，如导线、插头插座，还是复杂的电子仪器，由于材料本身老化变质及自然腐蚀等因素，安全工作的寿命是有限的，决不可无限制使用。

各种电气材料、零部件、设备仪器安全工作的寿命不等，但一般情况下，10 年以上的零部件和设备就应该考虑检测更换，特别是与安全关系密切的部位。

### 4.4.5　调试仪器

调试仪器总体可分为专用仪器和通用仪器两大类。通用仪器为一项或多项电参数的测试而设计，可检测多种产品的电参数，如示波器、函数发生器等。

对通用仪器，一般按功能又可细分为信号产生器、电压表及万用表、信号分析仪器、频率时间相位测量仪器、元器件测试仪、电路特性测试仪等。

#### 1. 仪器的选择原则

（1）测量仪器的工作误差应远小于被测参数要求的误差。一般要求仪器误差小于被测参数要求的十分之一。

（2）仪器的测量范围和灵敏度应覆盖被测量的数值范围。

（3）仪器输入/输出阻抗要符合被测电路的要求。

（4）仪器输出功率应大于被测电路的最大功率。一般应大一倍以上。

## 2. 仪器的使用

电子测量仪器对使用者要求具备一定电子技术专业知识,才能使仪器正常使用并发挥应有的功效。

### 1) 正确选择仪器功能件

这里的"选择"不是指一般使用电子仪器时首先要求正确选择功能和量程,而是指针对测量要求、对仪器可选件的正确选择。这一点对保证顺利测量、正确进行非常重要,但实际工作中又往往被忽视。

用示波器观测脉冲波形是一个典型例子。一般示波器都带有1∶1和10∶1两个探头,或在一个探头上可转换两种比率。用哪一种探头更能真实再现脉冲波形?很多人不假思索地认为是1∶1的探头。其实不然,由于示波器输入电路不可避免地有一定输入电容(参见图4-6(a)),在输入信号频率较高(如1MHz以上)时,将使观测到的波形畸变(见图4-6(c))。而10∶1的探头由于探极中有衰减电阻$R_1$和补偿电容$C_1$(见图4-6(b))。调节$C_1$使$R_1C_1=R_iC_i$,从理论上讲此时输入电容$C_i$不对信号起作用,因而能够真实再现输入脉冲信号(见图4.6(c))。

再如有的频率计数器附带一个滤波器,当测量某个频率段信号时,必须加上滤波器,结果才是正确的。

这种正确选择仪器功能件的要求不难达到,只要认真阅读产品使用说明并在实践中体验和积累经验即可。

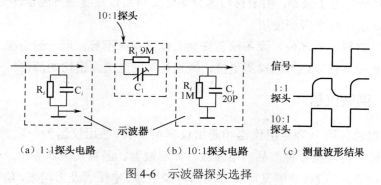

(a) 1∶1探头电路　　(b) 10∶1探头电路　　(c) 测量波形结果

图4-6　示波器探头选择

### 2) 合理接线

对测量仪器的接线,一个最基本而又重要的要求是:顺着信号传输方向,力求最短。图4-7是接线方式对比。

### 3) 保证精度

保证测量精度最简单、有效的方法是对于有自校装置的仪器(如一部分频率计和大部分示波器),每次开始使用时都进行一次自校。

对没有自校装置的仪器,利用精度足够高的标准仪器校准精度较低的仪器,如用$4\frac{1}{2}$数字多用表校准常用的指针表或$3\frac{1}{2}$数字多用表。

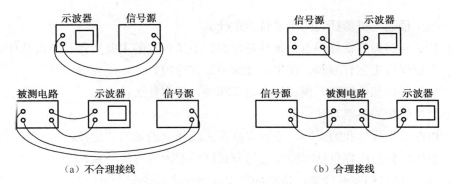

(a) 不合理接线　　　　　　　　　　(b) 合理接线

图 4-7　仪器合理接线

另一个简单而又可靠的方法是当新购进仪器时,选择有代表性的且性能稳定的元器件进行测量,将其作为"标准"记录存档,以后定期用此"标准"复查仪器。这种方法的前提是新购仪器是按国家标准出厂的。

当然,最根本的方法还是要按产品要求定期到国家标准计量部门进行校准。

4) 谨防干扰

检测仪器使用不当会引入干扰,轻则使测试结果不理想,重则使测试结果与实际相比面目全非或无法进行测量。引起干扰的原因多种多样,克服干扰的方法也各有千秋。以下几点是最基本的、并经实践证明是最有效的方法:

① 接地。接地连线要短而粗;接地点要可靠连接,降低接触电阻;多台测量仪器要考虑一点接地(见图 4-8);测试引线的屏蔽层一端接地。

② 导线分离。输入信号线与输出线分离;电源线(尤其 220V 电源线)远离输入信号线;信号线之间不要平行放置;信号线不要盘成闭合图形。

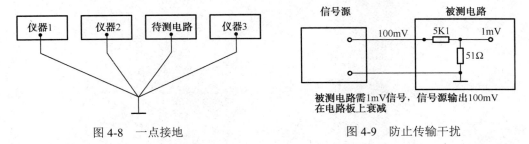

图 4-8　一点接地　　　　　　图 4-9　防止传输干扰

③ 避免弱信号传输。从信号源经电缆引出的信号尽可能不要太弱,可采用测试电路衰减方式(见图 4-9)。不得不传输弱信号时,传输线要粗、短、直,最好有屏蔽层(屏蔽层不得作为导线),且一端接地。

# 思考与练习题 4

1. 简述电子产品制造的工艺流程。
2. 印制电路板元器件的插装形式有哪些?插装过程中需要注意哪些问题?

3. 手工插装与机器插装的主要特点是什么？
4. 什么叫锡焊？良好焊点的条件是什么？手工焊接的主要步骤和要点是什么？
5. 主要焊接工艺有哪些？在生产过程中如何选用？
6. 如何进行部件调试？调试的类型有哪些，各有什么特点？
7. 整机装配的原则是什么？
8. 根据流水线作业的原则，分析提高流水线作业的效率的途径。
9. 整机检验的内容包括哪些？它与型式试验的内容有何关系？
10. 结合自己的实践经验，谈谈如何保证电子产品的安全生产？

# 第5章 典型电子产品的手工生产工艺
## ——调幅收音机的手工制作

## 5.1 产品简介

HX108-2 AM 为七管中波调幅袖珍式半导体收音机,采用全硅管标准二级中放电路,用两个二极管正向压降稳压电路,稳定从变频、中放到低放的工作电压,不会因电池电压降低而影响接收精度,使收音机仍能正常工作,本机体积小巧,外观精致,便于携带。

### 1. 组成框图

HX108-2 AM 收音机由输入回路、变频级、中放级、检波级、前置低频放大级和功率放大级组成,其组成框图如图 5-1 所示。

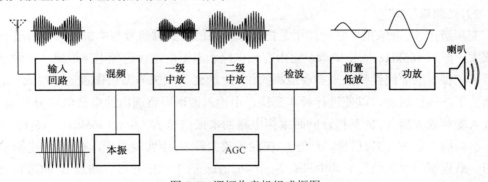

图 5-1 调幅收音机组成框图

### 2. 工作原理

HX108-2 AM 收音机原理图见图 5-2,各级电路功能和工作原理如下。

1) 输入回路

输入回路也叫调谐回路,它由磁棒天线、调谐线圈和 $C_{1-A}$ 组成。磁棒具有聚集无线电波的作用,并在变压器 $B_1$ 的初级产生感应电动势;同时也是变压器 $B_1$ 的铁芯。调谐线圈与调谐电容 $C_{1-A}$ 组成并联谐振电路,通过调节 $C_{1-A}$,使并联谐振回路的谐振频率与欲接收电台的信号频率相同,这时该电台的信号将在并联谐振回路中发生谐振,使

$B_1$ 初级两端产生的感生电动势最强,经 $B_1$ 耦合,将选择出的电台信号送入变频级电路。由于其他电台的信号及干扰信号的频率不等于并联谐振回路的谐振频率,因而在 $B_1$ 初级两端产生的感生电动势极弱,被抑制掉,从而达到选择电台的作用。对调谐回路要求效率高、选择性适当、波段覆盖系数适当,在波段覆盖范围内电压传输系数均匀。

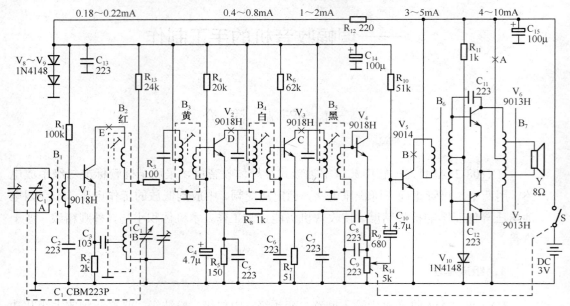

图 5-2  HX108-2 AM 收音机原理图

2)变频级

变频级由 $V_1$ 管承担,它的作用是把所接收的已调高频信号与本机振荡信号进行变频放大,得到 465kHz 固定中频。它由变频电路、本振电路和选频电路组成。变频电路利用了三极管的非线性特性来实现混频的作用,因此变频管静态工作点选得很低,让发射结处于非线性状态,以便进行频率变换。由输入调谐回路选出的电台信号 $f_1$ 经 $B_1$ 耦合进入变频放大器 $V_1$ 的基极,同时本振电路的本振信号 $f_2$($f_2=f_1+465$kHz)经 $C_3$ 耦合进入混频放大器 $V_1$ 的发射极,$f_1$ 与 $f_2$ 在混频放大器 $V_1$ 中实现混频,在 $V_1$ 集电极输出得到一系列新的混频信号,其中只有 $f_2-f_1=465$kHz 的中频信号可以通过 $B_3$ 的选频电路(并联谐振)并得到信号放大,其他混频信号被抑制掉。

本振电路是一个共基组自激振荡电路,$B_2$ 的初级线圈与 $C_{1-B}$ 组成并联谐振回路,经 $V_1$ 放大的本振输出信号通过 $B_2$ 次级耦合到初级,形成正反馈,实现自激振荡,得到稳幅的 $f_2$ 本振信号。本振信号频率 $f_2$ 与预接收信号频率 $f_1$ 通过双联可调电容 $C_1$ 来实现频率差始终保持为 465kHz。

选频电路由中周(黄、白、黑)完成,中周的中频变压器初级线圈和其并联的电容组成并联谐振电路,谐振频率固定 465kHz,同时作为本级放大器的负载。只有当本级放大器输出 465kHz 中频信号,才能在选频电路中产生并联谐振,使本级放大器的负载阻抗达到最大,从而得到中频信号的选频放大;其他频率信号通过选频电路的阻抗很小,几乎被短路抑制掉。选频放大后的 465kHz 中频信号经中频变压器耦合到下一级输入。

在调谐时,本机振荡频率必须与输入回路的谐振频率同时改变,才能保证变频后得到的中频信号频率始终为 465kHz,这种始终使本机振荡频率比输入回路的谐振频率高 465kHz 的方法叫作统调或跟踪。要达到理想的统调必须使用两组容量不同,片子的形状不同的双联可调电容。实际中,常常使用两组容量相同的双联可调电容,在振荡回路和谐振回路中增加垫整电容和补偿电容,做到三点统调。即在整个波段范围内,找高、中、低三个频率点,做到理想统调,其余各点只是近似统调。三点统调对整机灵敏度影响不大,因此得到广泛的应用。

3)中频放大电路

中频放大电路是由 $V_2$、$V_3$ 两级中频放大电路组成的,它的作用是对中频信号进行选频和放大。第一级中频放大器的偏置电路由 $R_4$、$R_8$、$V_4$、$R_9$、W 组成分压式偏置,$R_5$ 为射极电阻,起稳定第一级静态工作点的作用,中周 $B_4$ 为第一级中频放大器的选频电路和负载;第二级中频放大器中 $R_6$ 为固定偏置电阻,$R_7$ 为射极电阻,中周 $B_5$ 为第二级中频放大器的选频电路和负载。第一级放大倍数较低,第二级放大倍数较高。中频放大器是保证整机灵敏度选择性和通频带的主要环节。对中频放大器的主要要求是合适、稳定的频率,适当的中频频带和足够大的增益。

4)检波级

检波级由 $V_4$ 三极管检波和 π 形低通滤波器(由 $C_8$、$C_9$、$R_9$ 组成)、音量电位器 W 组成。它利用三极管的一个 PN 结的单向导电性把中频信号变成中频脉动信号。脉动信号中包含直流成分、残余的中频信号及音频包络三部分。利用由 $C_8$、$C_9$、$R_9$ 构成 π 形滤波电路,滤除残余的中频信号。检波后的音频信号电压降落在音量电位器 W 上,经电容 $C_{10}$ 耦合送入低频放大电路。检波后得到的直流电压作为自动增益控制的 AGC 电压,被送到受控的第一级中频放大管($V_2$)的基极。检波电路中要注意三种失真,即频率失真、对角失真和负峰消波失真。

5)AGC

AGC 是自动增益控制。$R_8$ 是自动增益控制电路 AGC 的反馈电阻,$C_4$ 作为自动增益控制电路 AGC 的滤波电容。检波后得到的直流电压作为自动增益控制的 AGC 电压,被送到受控的第一级中频放大管($V_2$)的基极。当接收到的信号较弱时,使收音机具有较高的高频增益;而当接收到的信号较强时,又能使收音机的高频增益自动降低,从而保证中频放大电路高频增益的稳定,这样既可避免接收弱信号电台时音量过小(或接收不到),也可避免接收强信号电台时音量过大(或使低频放大电路由于输入信号过大而产生阻塞失真)。

当控制过程处于静态,且收音机没有接收到电台的广播时,$V_2$(受控管)的集电极电流 $I_{C2}$ 为 0.2~0.4mA。第一级中放管具有最高的 $\beta$ 值,中放电路处于最高增益状态。

当收音机接收较弱信号电台的广播时,中放电路输出信号的电压幅度较小,检波后产生的 UAGC 也较小。当负极性的 UAGC 经 $R_8$ 送至 $V_2$ 的基极时,将使 $V_2$ 的基极电压略有下降、基极电流略有减小。由于 UAGC 也较小，所以 $I_{C2}$ 将在 0.4mA 的基础上略有减小，使第一级中放管仍具有较高的 $\beta$ 值，第一级中放电路处于增益较高的状态，检波电路输出的音频信号电压幅度仍能达到额定值，不会有明显的减小。

当收音机接收较强信号电台的广播时，中放电路输出信号的幅度较大，检波后产生的 UAGC 也较大。当负极性的 UAGC 经 $R_8$ 送至 $V_2$ 的基极时，将使 $V_2$ 的基极电压下降、基极电流减小。由于 UAGC 较大，$I_{C2}$ 将在 0.4mA 的基础上大幅度下降，使第一级中放管 $\beta$ 值减小，第一级中放电路的增益随之减小，检波电路输出的音频信号电压幅度基本维持在额定值，不致有明显的增大。

6）前置低放级

前置低放级由 $V_5$、固定偏置电阻 $R_{10}$ 和输入变压器初级组成。检波器输出音频信号经过音量电位器和 $C_{10}$ 耦合到 $V_5$ 的基极，实现音频电压放大。本级电压放大倍数较大，利于推动扬声器。

7）功率放大级

功率放大级由 $V_6$、$V_7$ 和输入、输出变压器组成推挽式功率放大电路，它的任务是将放大后的音频信号进行功率放大，推动扬声器发出声音。

8）电源退耦电路

由 $V_8$、$V_9$ 正向串联组成的高频集电极电源电压为 1.35V 左右。由 $R_{12}$、$C_{14}$、$C_{15}$ 组成电源退耦电路，目的是防止高低频信号通过电源产生交连，发出自激啸叫声。

HX108-2 AM 收音机的工作过程：磁性天线感应到高频调幅信号，送到输入调谐回路中，转动双连可变电容 $C_1$ 将谐振回路谐振在要接收的信号频率上，然后通过 $B_1$ 感应出的高频信号加到变频级 $V_1$ 的基极，混频线圈 $B_2$ 组成本机振荡电路所产生的本机振荡信号通过 $C_3$ 注入 $V_1$ 的发射极。本机振荡信号频率设计比电台发射的载频信号频率高 465kHz，两种不同频率的高频信号在 $V_1$ 中混频后产生若干新频，再经中周 $B_3$ 选频电路选出差频部分（即 465kHz 的中频信号）并经 $B_3$ 的次级耦合到 $V_2$ 进行中频放大。放大后的中频信号由 $B_5$ 耦合到检波三极管 $V_4$ 进行检波，检波出的残余中频信号通过低通滤波器滤掉残余中频后，音频电流在电位器 W 上产生压降并通过 $C_{10}$ 耦合到 $V_5$ 组成的前置低频放大器，放大后的音频信号经过输入变压器 $B_6$ 耦合到 $V_6$、$V_7$ 组成的功放电路实现功率放大，最后推动扬声器发出声音。

3．装配图

HX108-2 AM 收音机装配图如图 5-3 所示。

4．材料清单

HX108-2 AM 收音机的材料清单如表 5-1 所示。

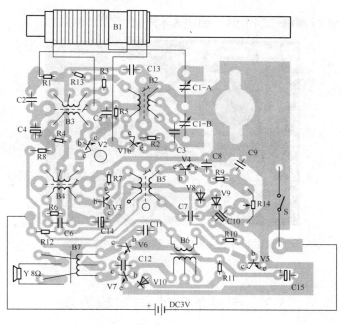

图 5-3  HX108-2 AM 收音机装配图

表 5-1  HX108-2 AM 收音机的材料清单

| 序号 | 名　称 | 规格 | 数量 | 序号 | 名　称 | 规格 | 数量 |
|---|---|---|---|---|---|---|---|
| 1 | 电阻 | 150kΩ | 1 | 24 | 负极弹簧 |  | 2 |
| 2 | 电阻 | 2kΩ | 1 | 25 | 调谐盘 |  | 1 |
| 3 | 电阻 | 100Ω | 1 | 26 | M2.5×4 |  | 1 |
| 4 | 电阻 | 20kΩ | 1 | 27 | M2.5×5 |  | 2 |
| 5 | 电阻 | 150Ω | 1 | 28 | 双联螺钉 |  | 2 |
| 6 | 电阻 | 62kΩ | 1 | 29 | M1.7×4 |  | 1 |
| 7 | 电阻 | 51Ω | 1 | 30 | 正、负极导线 |  | 1 |
| 8 | 电阻 | 1kΩ | 2 | 31 | 振荡线圈（红） |  | 1 |
| 9 | 电阻 | 680Ω | 1 | 32 | 中周（黄、白、黑） |  | 各1 |
| 10 | 电阻 | 51kΩ | 1 | 33 | 变压器（红、绿） |  | 各1 |
| 11 | 电阻 | 220Ω | 1 | 34 | 二极管 | 1N4148 | 3 |
| 12 | 电阻 | 24kΩ | 1 | 35 | 三极管 | 9018H | 4 |
| 13 | 电位器 | 5kΩ | 1 | 36 | 三极管 | 9013H | 3 |
| 14 | 双联电容 | CBM223pF | 1 | 37 | 扬声器 |  | 1 |
| 15 | 电容 | 223pF | 10 | 38 | 前框 |  | 1 |
| 15 | 电容 | 103pF |  | 39 | 后盖 |  | 1 |
| 17 | 电解电容 | 4.7μF | 2 | 40 | 周率板 |  | 1 |
| 18 | 电解电容 | 100μF | 2 | 41 | 印制电路板 |  | 1 |
| 19 | 磁棒 | B5×13×55 | 1套 | 42 | 拎带 |  | 1 |
| 20 | 天线线圈 |  | 7 | 43 | 调谐罗盘钉 |  | 1 |
| 21 | 磁棒支架 |  | 1 | 44 | 电位器螺钉 |  | 1 |
| 22 | 电位盘 |  | 1 | 45 | 扬声器导线 |  | 2 |
| 23 | 正极片 |  | 2 |  |  |  |  |

HX108-2 AM 收音机印制电路板如图 5-4 所示。

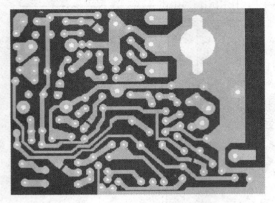

图 5-4　HX108-2 AM 收音机印制电路板

## 5.2　产品的特点与实施方案

从表 5-1 材料清单可以看出，HX108-2 AM 收音机的元器件采用引线电阻、电容、二极管、三极管、变压器及中周等，都属于 THT 元器件，元器件体积大，数量较少，印制电路板为单面板，元器件密度小，结构简单，装配难度小，调试方法简单，易于提高学生兴趣。

### 1．工艺特点

手工成型与插装、手工焊接与调试、单件产品生产、基本的测量方法与调试手段，体现第一代电子制造工艺。

### 2．主要技能

常用元器件的识别与检测、手工焊接技能、电子产品生产的基本流程、基本仪器的使用技巧和基本故障检测方法。

### 3．实施方案

按照一般电子产品的生产制造工艺流程，本产品的整个制作流程如图 5-5 所示。

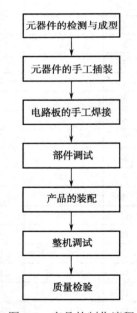

图 5-5　产品的制作流程

## 5.3　元器件的检测与成型

根据实施方案，首先需要根据材料清单对各类元器件的数量、质量进行检查和测量。

检测的基本方法根据前面相关内容进行；为了提高产品质量，同时便于器件的安装，元器件在进行插装之前，必须进行成型加工，此产品采用手工成型方式进行。

1. 元器件的检测

（1）对照原理图 5-2，看懂装配图 5-3，认识图上的符号并与实物对照。

（2）按元器件清单和结构件清单清点零部件，分类放好。

（3）根据所给元器件主要参数表（见表 5-2 和表 5-3）对元器件进行测试，测量采用的工具为数字万用表。

表 5-2　基本元器件主要参数

| 类　　别 | 测　量　内　容 | 万用表量程 |
|---|---|---|
| 电阻 | 电阻值 | ×10/×100/×1k |
| 电容 | 电容绝缘电阻 | ×10k |
| 三极管 | 晶体管放大倍数<br>9018H（97～146）<br>9014C（200～600）<br>9013H（144～202） | $h_{FE}$ |
| 二极管 | 正/反方向电阻 | ×1k |

表 5-3　特殊元器件主要参数

| 类别 | 测量内容 | 万用表量程 |
|---|---|---|
| 中周 | 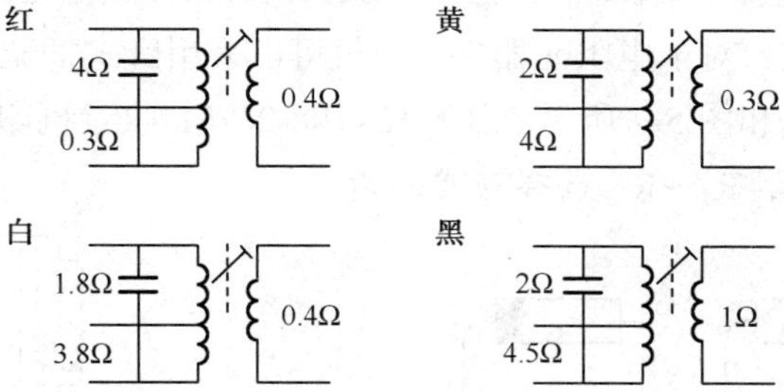 红 4Ω 0.3Ω 0.4Ω　　黄 2Ω 4Ω 0.3Ω<br>白 1.8Ω 3.8Ω 0.4Ω　　黑 2Ω 4.5Ω 1Ω<br>初、次级为无穷大 | ×1 |
| 输入变压器（蓝） | 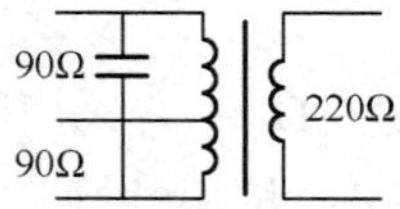 90Ω 90Ω　220Ω | ×1 |
| 输出变压器（红） | 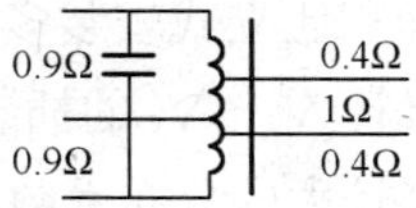 0.9Ω 0.9Ω　0.4Ω 1Ω 0.4Ω<br>自耦变压器无初、次级 | ×1 |
| 喇叭 | 电阻值 8Ω | ×1 |

（4）检查印制电路板（见图 5-4）看是否有开路、短路等隐患。

### 2. 元器件的成型

根据印制电路板元器件焊盘间的距离，对电阻、电容和三极管采用立式插装方式进行成型，二极管按卧式插装成型，对于中周、双联电容、输入/输出变压器，根据实际尺寸进行成型处理。

（1）电阻的成型：本次电阻采用立式插装方案，所以在插装前先对电阻进行相应的成型。在进行立式成型时，用镊子夹住距根部 1~2mm 处，只对电阻的一边弯曲即可。

（2）二极管的成型：二极管采用卧式插装，成型时根据孔距，用镊子夹住距根部 1~2mm 处弯曲成型。

（3）电容、三极管的成型：电容和三极管采用立式插装，成型时需根据孔距和高度用斜口钳剪去多余引脚。

（4）其他元器件的成型：中周、输入变压器和输出变压器成型时，先插入相应位置，焊接后剪去多余引脚。

## 5.4 产品的手工插装与焊接

元器件的插装方式有贴板卧式安装、悬空卧式安装、垂直安装、埋头安装等安装方式，不同的元器件选择不同的插装方式，HX108-2 AM 收音机器件插装方法分别如下。

（1）电阻的插装：对于电阻元器件，一般可以采用卧式插装和立式插装，卧式插装和立式插装如图 5-6 和图 5-7 所示。由于 HX108-2 AM 收音机印制电路板的面积小，孔距小，所以 13 个电阻 $R_1$~$R_{13}$ 选择立式插装。

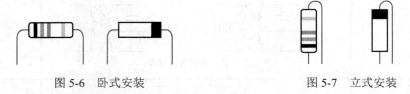

图 5-6　卧式安装　　　　　　　　图 5-7　立式安装

（2）二极管的插装：3 个二极管 $D_1$~$D_3$ 采用卧式安装，与立式安装相比，卧式安装具有机械稳定性好、版面排列整齐、抗振性好、安装维修方便及利于布设印制导线等优点。缺点是占用印制电路板的面积比立式安装多。

（3）三极管的插装：7 个三极管 $V_1$~$V_7$ 的插装采用立式插装，在插装时引线不能保留得太长，如果引线太长会带来较大的分布系数，一般保留的长度为 3~5mm；但也不能保留的太短，以防止焊接时过热而损坏三极管。

（4）电容、电解电容、双联电容的插装：双联电容 CBM223P、$C_2$~$C_{15}$ 均采用立式插装。

（5）中周及输入、输出变压器的插装：中周及输入、输出变压器有固定脚，安装时将固定脚插入印制电路板的相应孔位，焊接时先焊接固定脚，再焊接其他引脚。

（6）磁棒的安装：磁棒的安装先采用塑料支架固定，将塑料支架插到印制电路板的支架孔位上，然后用电烙铁从印制电路板的反面将塑料脚加热熔化，使之形成铆钉，将支架牢固地固定在印制电路板上，待塑料脚冷却后，再将磁棒插入即可。

### 5.4.1 元器件的手工插装

**1. 电子元器件的装配原则**

在进行电子元器件的装配时，应遵循的原则是先低后高、先轻后重、先易后难、先一般元器件后特殊元器的顺序进行安装。

**2. 手工插装顺序**

按照电子元器件的装配原则和元器件清单，HX108-2 AM 收音机的手工插装顺序如下。

（1）电阻 $R_1 \sim R_{13}$、二极管 $D_1 \sim D_3$。

（2）元片电容 $C_2 \sim C_3$、$C_5 \sim C_9$、$C_{11} \sim C_{13}$（注：先装焊 $C_3$ 元片电容，此电容装焊出错时本振可能不起振）。

（3）晶体三极管（注：先装焊 $V_6$、$V_7$ 低频功率管 9013H，再装焊 $V_5$ 低频管 9014，最后装焊 $V_1$、$V_2$、$V_3$、$V_4$ 高频管 9018H）。

（4）混频线圈、中周、输入/输出变压器（注：混频线圈 $B_2$ 和中周 $B_3$、$B_4$、$B_5$ 对应调感芯帽的颜色为红、黄、白、黑，输入、输出变压器颜色为绿色或蓝色、黄色）。

（5）电位器、电解电容 $C_4$、$C_{10}$、$C_{14}$ 和 $C_{15}$（注：电解电容极性插装反会引起短路）。

（6）双联、天线线圈。

（7）电池夹引线、喇叭引线。

### 5.4.2 印制电路板的手工焊接

印制电路板的装焊在整个电子产品制造中处于核心地位，可以说一个整机产品的"精华"部分都装在印制电路板上，其质量对整机产品的影响是不言而喻的。尽管在现代生产中印制电路板的装焊已经日臻完善，实现了自动化，但 HX108-2 AM 收音机元器件的焊接主要利用手工锡焊，印制电路板的手工锡焊除遵循前面介绍的锡焊的要领外，还有其特殊要求。

**1. 焊接顺序**

对照印制电路板及元器件装配图，按照上述 HX108-2 AM 收音机的手工插装顺序，用 25W 内热式电烙铁按照手工焊接的方法和工艺要求进行焊接，焊点质量要求合格。在焊接过程中，每次焊接完一部分元器件，均应检查一遍焊接质量及是否有错焊、漏焊，发现问题及时纠正。这样可保证焊接收音机的一次成功而进入下道工序。

## 2. 焊接方法

焊接时采用直径 1.2～1.5mm 的焊锡丝，按照图 5-8 的 5 步法进行焊接，焊接时注意左手拿焊锡丝，右手拿电烙铁，在电烙铁接触焊点的同时送上锡焊，锡焊的量要适量，太多容易引起搭焊短路，太少元器件又不牢固。

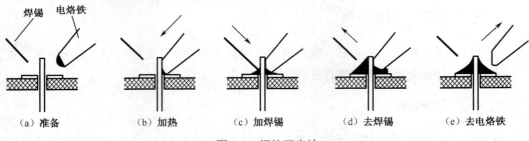

图 5-8 焊接五步法

1）准备施焊

准备好焊锡丝和电烙铁。此时特别强调的是电烙铁头部要保持干净，即可以沾上焊锡（俗称吃锡）。

2）加热焊件

将电烙铁接触焊接点，注意首先要保持电烙铁加热焊件各部分，如印制电路板上引线和焊盘都应受热。其次要注意让电烙铁头的扁平部分（较大部分）接触热容量较大的焊件，电烙铁头的侧面或边缘部分接触热容量较小的焊件，以保持焊件均匀受热。

3）熔化焊料

当焊件加热到能熔化焊料的温度后将焊丝置于焊点，焊料开始熔化并润湿焊点。

4）移开焊锡

当熔化一定量的焊锡后将焊锡丝移开。

5）移开电烙铁

当焊锡完全润湿焊点后移开电烙铁，注意移开电烙铁的方向应该是大致 45°的方向。上述过程对一般焊点而言大约二三秒钟。对于热容量较小的焊点，如印制电路板上的小焊盘，有时用三步法概括操作方法，即将上述步骤 2）与 3）合为一步，步骤 4）与 5）合为一步。实际上细微区分还是五步，所以五步法有普遍性，是掌握手工电烙铁焊接的基本方法。特别是各步骤之间停留的时间，对保证焊接质量至关重要，只有通过实践才能逐步掌握。

## 3. 焊后处理

焊接完毕后，要进行适当的焊后处理。主要做到以下几点。

（1）用斜口钳或剪刀减去多余引线，引脚高度保留 0.5～1.5mm，注意不要对焊点施加剪切力以外的其他力。

（2）检查印制电路板上所有元器件引线焊点，修补焊点缺陷。

(3) 根据供应要求，选择清洗液清洗印制电路板；使用松香焊剂的一般不用清洗。

**4．手工焊接的实施要点**

在对元器件进行插装与焊接时，要注意以下几点。

(1) 电烙铁一般选用内热式 20～35W 或调温式，电烙铁的温度不超过 300℃，电烙铁头选用小圆锥形。

(2) 加热时应尽量使电烙铁头接触印制电路板上的铜箔和元器件引线。对较大的焊盘（直径大于 5mm），焊接时移动电烙铁，即电烙铁绕焊盘转动。

(3) 对于金属化孔的焊接，焊接时不仅要让焊料润湿焊盘，而且孔内也要润湿填充。因此，金属化孔加热时间应比单面板长。

(4) 焊接时不要用电烙铁头摩擦焊盘，要靠表面清理和预焊增强焊料润湿性能。耐热性差的元器件应使用工具辅助散热，如镊子。

(5) 焊接晶体管时，注意每个管子的焊接时间不要超过 10min，并使用尖嘴钳或镊子夹持引脚散热，防止烫坏晶体管。

(6) 注意二极管 1N4148（$D_1$～$D_3$）、三极管 9018H 和 9013H 的极性，如图 5-9 所示。

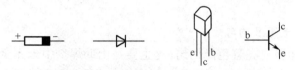

图 5-9　二极管、三极管极性

(7) 输入（绿蓝色）$B_6$ 变压器和输出（红黄色）变压器 $B_7$ 位置不能调换。

(8) 红中周 $B_2$ 插件外壳应弯脚焊牢，否则会造成卡调谐盘。

(9) 中周外壳均应用锡焊牢固，特别是中周（黄色）$B_3$ 外壳一定要焊牢固。

### 5.4.3　插装与焊接质量评价

插装与焊接是组装电子产品的重要工序，其质量的好坏会影响整个电子产品电路板的整洁和美观。焊点质量的好坏将直接影响整机的性能指标。对插装和焊接的基本质量分别从以下几个方面进行评价。

**1．插装质量要求**

(1) 按照装配图正确插入元器件，有极性的元器件极性应严格按照图纸上的要求安装，不能错装。

(2) 水平插装时必须平整，元器件的安装高度应符合规定的要求，同一规格的元器件应尽量安装在同一高度上。

(3) 元器件插装时，其标志应向着易于认读的方向，并尽可能从左到右的顺序读出。

(4) 发热元器件（如 2W 以上的电阻）、瓷片电容要与印制电路板面保持一定的距离，不允许贴板安装。

## 2. 焊接质量要求

1) 电气性能良好

高质量的焊点应是焊料与工件金属界面形成牢固的合金层,才能保证良好的导电性能。不能简单地将焊料堆附在工件金属表面而形成虚焊,这是焊接工艺中的大忌。

2) 具有一定的机械强度

焊点的作用是连接两个或两个以上的元器件,并使电气接触良好。电子设备有时要工作在振动的环境中,为使焊件不松动或脱落,焊点必须具有一定的机械强度。锡铅焊料中的锡和铅的强度都比较低,有时在焊接较大和较重的元器件时,为了增加强度,可根据需要增加焊接面积,或将元器件引线、导线先行网绕、绞合、钩接在接点上再进行焊接。所以,采用锡焊的焊点一般都是一个被锡铅焊料包围的接点。

3) 焊点上的焊料要适量

焊点上的焊料过少,不仅降低机械强度,而且由于表面氧化层逐渐加深,会导致焊点早期失效。焊点上的焊料过多,既增加成本,又容易造成焊点桥连(短路),也会掩盖焊接缺陷,所以焊点上的焊料要适量。印制电路板焊接时,焊料布满焊盘呈裙状展开时最为适宜。

4) 焊点表面应光亮且均匀

良好的焊点表面应光亮且色泽均匀。这主要是由助焊剂中未完全挥发的树脂成分形成的薄膜覆盖在焊点表面,能防止焊点表面氧化。如果使用了消光剂,则对焊接点的光泽不作要求。

5) 焊点不应有毛刺、空隙

焊点表面存在毛刺、空隙不仅不美观,还会给电子产品带来危害,尤其在高压电路部分,将会产生尖端放电而损坏电子设备。

6) 焊点表面必须清洁

焊点表面的污垢,尤其是焊剂的有害残留物质,如果不及时清除,酸性物质会腐蚀元器件引线、接点及印制电路,吸潮会造成漏电甚至短路燃烧等,从而带来严重隐患。

以上是对焊点的质量要求,可以用这 6 点作为检验焊点的标准。合格的焊点与焊料、焊剂及焊接工具的选用,焊接工艺,焊点的清洗都有直接的关系。

## 3. 焊接缺陷分析

在焊接过程中,焊点往往会存在虚焊(假焊)、拉尖、桥接、堆焊、空洞、浮焊、焊盘脱落等缺陷。各种缺陷的特点、危害和原因如表 5-4 所示。

表 5-4 焊接缺陷的特点、危害和原因

| 焊点缺陷 | 外观特点 | 危害 | 原因分析 |
| --- | --- | --- | --- |
| 过热 | 焊点发白,表面较粗糙,无金属光泽 | 焊盘强度降低,容易剥落 | 电烙铁功率过大,加热时间过长 |

续表

| 焊点缺陷 | 外观特点 | 危害 | 原因分析 |
|---|---|---|---|
| 冷焊 | 表面呈豆腐渣状颗粒,可能有裂纹 | 强度低,导电性能不好 | 焊料未凝固前焊件抖动 |
| 拉尖 | 焊点出现尖端 | 外观不佳,容易造成桥连短路 | 1. 助焊剂过少而加热时间过长<br>2. 电烙铁撤离角度不当 |
| 桥连 | 相邻导线连接 | 电气短路 | 1. 焊锡过多<br>2. 电烙铁撤离角度不当 |
| 铜箔翘起 | 铜箔从印制电路板上剥离 | 印制电路板已被损坏 | 焊接时间太长,温度过高 |
| 虚焊 | 焊锡与元器件引脚和铜箔之间有明显黑色界限,焊锡向界限凹陷 | 设备时好时坏,工作不稳定 | 1. 元器件引脚未清洁好、未镀好锡或锡氧化<br>2. 印制电路板未清洁好,喷涂的助焊剂质量不好 |
| 焊料过多 | 焊点表面向外凸出 | 浪费焊料,可能有缺陷 | 焊丝撤离过迟 |
| 焊料过少 | 焊点面积小于焊盘的80%,焊料未形成平滑的过渡面 | 机械强度不足 | 1. 焊锡流动性差或焊锡撤离过早<br>2. 助焊剂不足<br>3. 焊接时间太短 |

#### 4. 拆焊

在电子产品的生产过程中,不可避免地要因为装错、损坏或因调试、维修的需要而拆换元器件,这就是拆焊,也叫解焊。在实际操作中拆焊比焊接难度高,如拆焊不得法,很容易将元器件损坏或损坏印制电路板焊盘,它也是焊接工艺中的一个重要的工艺手段。

1)拆焊的原则

拆焊的步骤一般与焊接的步骤相反,拆焊前一定要弄清楚原焊接点的特点,不要轻易动手,拆焊过程中注意的原则如下:

(1)不损坏拆除的元器件、导线、原焊接部位的结构件。

(2)拆焊时不可损坏印制电路板上的焊盘与印制导线。

(3)对已判断为损坏的元器件,可先将引线剪断,再拆除,这样可减少其他损伤的可能性。

(4)在拆焊过程中,应尽量避免拆动其他元器件或变动其他元器件的位置,如确实需要,要做好复原工作。

2)拆焊工具

常用的拆焊工具除普通电烙铁外还有以下几种。

(1)镊子以端头较尖、硬度较高的不锈钢为佳,用以夹持元器件或借助电烙铁恢复焊孔。

(2)吸锡绳用以吸取焊接点上的焊锡。专用的价格昂贵,可用镀锡的编织套浸以助焊剂代用,效果也较好。

(3)吸锡电烙铁用于吸去熔化的焊锡,使焊盘与元器件引线或导线分离,达到解除焊接的目的。

3)拆焊的操作要点

(1)严格控制加热的温度和时间。因拆焊的加热时间和温度比焊接时要长、要高,所以要严格控制温度和加热时间,以免将元器件烫坏或使焊盘翘起、断裂。宜采用间隔加热法进行拆焊。

(2)拆焊时不要用力过猛。在高温状态下,元器件封装的强度都会下降,尤其是塑封器件、陶瓷器件、玻璃端子等,过分地用力拉、摇、扭都会损坏元器件和焊盘。

(3)吸去拆焊点上的焊料。拆焊前,用吸锡工具吸去焊料,有时可以直接将元器件拔下。即使还有少量锡连接,也可以减少拆焊的时间,减少元器件及印制电路板损坏的可能性。如果在没有吸锡工具的情况下,则可以将印制电路板或能移动的部件倒过来,用电烙铁加热拆焊点,利用重力原理,让焊锡自动流向电烙铁头,也能达到部分去锡的目的。

4)印制电路板上元器件的拆焊方法

(1)分点拆焊法。对卧式安装的阻容元器件,两个焊接点距离较远,可采用电烙铁分点加热,逐点拔出。如果引线是弯折的,则应用电烙铁头撬直后再拆除。

(2)集中拆焊法。像晶体管及直立安装的阻容元器件,焊接点距离较近,可用电烙铁同时快速交替加热几个焊接点,待焊锡熔化后一次拔出,如图 5-10 所示。对多接点的元器件,如开关、插头座、集成电路等可用专用电烙铁头同时对准各个焊接点,一次加热取下。专用电烙铁头外形如图 5-11 所示。

图 5-10　集中拆焊示意　　　　　　　图 5-11　专用烙铁头

5)一般焊接点的拆焊方法

(1)保留拆焊法。对需要保留元器件引线和导线端头的拆焊,要求比较严格,也比较麻烦。可用吸锡工具先吸去被拆焊接点外面的焊锡。如果是钩焊,则应先用电烙铁头撬起引线,抽出引线,图 5-12 为钩焊点拆焊示意图。如果是绕焊,则要弄清楚原来的绕向,在电烙铁头加热下,用镊子夹住线头逆绕退出,再调直待用。

(2)剪断拆焊法。被拆焊点上的元器件引线及导线如留有重焊余量,或确定元器件已损坏,则可沿着焊接点根部剪断引线,再用上述方法去掉线头。

6)拆焊后的重新焊接

拆焊后一般都要重新焊上元器件或导线,操作时应注意以下几个问题。

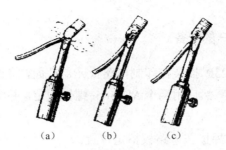

图 5-12　钩焊点拆焊示意图

（1）重新焊接的元器件引线和导线的剪截长度，离底板或印制电路板的高度、弯折形状和方向，都应尽量保持与原来的一致，使电路的分布参数不致发生大的变化，以免使电路的性能受到影响，尤其对于高频电子产品更要重视这一点。

（2）印制电路板拆焊后，如果焊盘孔被堵塞，应先用锥子或镊子尖端在加热下，从铜箔面将孔穿通，再插进元器件引线或导线进行重焊。不能靠元器件引线从基板面捅穿孔，这样很容易使焊盘铜箔与基板分离，甚至使铜箔断裂。

（3）拆焊点重新焊好元器件或导线后，应将因拆焊需要而弯折、移动过的元器件恢复原状。一个熟练的维修人员拆焊过的维修点一般是不容易看出来的。

## 5.5　产品装配

### 5.5.1　装配流程

在装配时，先进行电路板的组装与焊接，再进行双联电容的焊接并用螺钉固定在电路板上，接着进行磁棒天线的固定与焊接，然后将喇叭固定并将引线焊接，最后进行电池片的安装及引线焊接，其装配流程如图 5-13 所示。

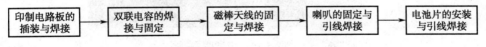

图 5-13　装配流程

### 5.5.2　部件的装配

**1. 音量电位器与磁棒天线的准备**

（1）将电位器拨盘装在 K4—5K 电位器上，用 M1.7×4 螺钉固定。

（2）将磁棒套入天线线圈及磁棒支架，如图 5-14 所示。

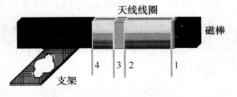

图 5-14　组合件结构

### 2. 双联 CBM－223P 的准备

（1）将双联 CBM－223P 插装在印制电路板元器件面，将天线组合件上的支架放在印制电路焊接面的双联上，然后用两个 M2.5×5 螺钉固定，并将双联引脚超出电路板部分，弯脚后焊牢。

（2）将电位器组合件焊接在电路板指定位置。

### 3. 前框准备

（1）将电源负极弹簧、正极片安装在塑壳上。焊好连接点及黑色、红色引线。

（2）将周率板反面双面胶保护纸去掉，然后贴于前框，注意要贴装到位，并撕去周率板正面保护膜。

（3）将喇叭安装于前框中，借助一字小螺丝刀，先将喇叭圆弧一侧放入带钩中，再利用突出的喇叭定位圆弧内侧为支点，将其导入带钩，压脚固定，再用电烙铁热铆三只固定脚。

（4）将拎带套在前框内。

（5）将调谐盘安装在双联轴上，用 M2.5×5 螺钉固定，注意调谐盘指示方向。

（6）将组装完毕的机芯装入前框，一定要到位，如图 5-15 所示。

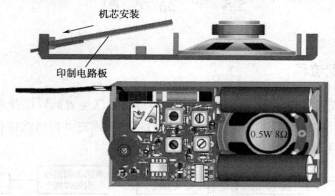

图 5-15　组装图

### 5.5.3　整机装配

（1）天线线圈的连接：将天线线圈 1 端焊接于双联 CA—1 端；2 端焊接于双联中点地；3 端焊接于 $V_1$ 基极（b）；4 端焊接于 $R_1$ 与 $C_2$ 公共点（见图 5-3）。为了避免静态工作点调试时引入接收信号，1、2 端可暂时不焊，待静态工作点调好后再对 1、2 端进行焊接。

（2）喇叭与电路板的连接：按图纸要求分别将两根白色或黄色导线焊接在喇叭与电路板上。

（3）电源线与电路板的连接：按图纸要求将正极（红）、负极（黑）电源线分别焊在电路板的指定位置。

### 5.5.4 整机总装质量的检验

#### 1．目检

收音机装配焊接完成后，先检查元器件有无装错位置，焊点是否脱焊、虚焊、漏焊。所焊元器件有无短路或损坏。发现问题要及时修理、更正。

#### 2．工作点监测

用万用表进行整机工作点、工作电流测量，其中 $I_{C1}=0.18\sim0.22\mathrm{mA}$，$I_{C2}=0.4\sim0.8\mathrm{mA}$，$I_{C3}=1\sim2\mathrm{mA}$，$I_{C5}=2\sim5\mathrm{mA}$，$I_{C6,7}=4\sim10\mathrm{mA}$。

## 5.6 产品调试

### 5.6.1 调试的主要指标

#### 1．技术指标

频率范围：525～1605kHz。
中频频率：465kHz。
灵敏度：≤2mV/m，20dB，S/N。
电源：电压 3V（两节 5 号电池）。
输出功率：50mW。
扬声器：$\phi$57mm，8Ω。

#### 2．技术指标分析

（1）频率覆盖范围：在技术指标中，频率覆盖范围是最重要的指标，为了保证在 525～1605kHz 范围内全覆盖，使双连电容全部旋入到全部旋出，所接收的频率范围恰好是整个中波（5235～1605kHz），它是通过调整本机振荡线圈 $L_2$ 的磁帽和振荡回路的补偿电容 $C_b$ 达到的。

（2）灵敏度：为了保证收音机的灵敏度，可通过中放级电路来实现。中频放大电路是由 $V_2$、$V_3$ 两级中频放大电路组成的，它的作用是对中频信号进行选频和放大。第一级中频放大器的偏置电路由 $R_4$、$R_8$、$V_4$、$R_9$、W 组成分压式偏置，$R_5$ 为射极电阻，起稳定第一级静态工作点的作用，中周 $B_4$ 为第一级中频放大器的选频电路和负载；第二级中频放大器中 $R_6$ 为固定偏置电阻，$R_7$ 为射极电阻，中周 $B_5$ 为第二级中频放大器的选频电路和负载。第一级放大倍数较低，第二级放大倍数较高。

（3）输出功率：收音机通过扬声器将音频信号转换成声音，电路需要满足一定的输出功率，所以通过低频放大级和功率放大级来保证。低放级由 $V_5$、固定偏置电阻 $R_{10}$ 和输入变压器初级组成。检波器输出音频信号经过音量电位器和 $C_{10}$ 耦合到 $V_5$ 的基极，实现音频电压放大。本级电压放大倍数较大，以利于推动扬声器。功率放大级由 $V_6$、$V_7$ 和输入、输出变压器组成推挽式功率放大电路，它的任务是对放大后的音频信号进行功率放大，推动扬声器发出声音。

### 5.6.2 调试的步骤

**1. 检查电路**

任何组装好的电子电路，在通电调试之前，必须认真检查电路连线是否有错误。对照电路图，按一定的顺序逐级对应检查。特别要注意检查电源是否接错，电源与地是否有短路，二极管方向和电解电容的极性是否接反，集成电路和晶体管的引脚是否接错，轻轻拔一拔元器件，观察焊点是否牢固等。

**2. 通电观察**

一定要调试好所需要的电源电压数值，并确定电路板电源端无短路现象后，才能给电路接通电源。电源一经接通，不要急于用仪器观测波形和数据，而要观察是否有异常现象，如冒烟、异常气味、放电的声光、元器件发烫等。如果有，不要惊慌失措，而应立即关断电源，待排除故障后方可重新接通电源。然后再测量每个集成块的电源引脚电压是否正常，以确信集成电路是否已通电工作。

**3. 静态调试**

先不加输入信号，测量各级直流工作电压和电流是否正常。直流电压的测试非常方便，可直接测量。而电流的测量不太方便，通常采用两种方法来测量。若电路在印制电路板上留有测试用的中断点，可串入电流表直接测量出电流的数值，然后再用焊锡连接好。若没有测试孔，则可测量直流电压，再根据电阻值大小计算出直流电流。一般对晶体管和集成电路进行静态工作点调试。

**4. 动态调试**

加上输入信号，观测电路输出信号是否符合要求。也就是调整电路的交流通路元器件，如电容、电感等，使电路相关点的交流信号的波形、幅度、频率等参数达到设计要求。若输入信号为周期性的变化信号，可用示波器观测输出信号。当采用分块调试时，除输入级采用外加输入信号外，其他各级的输入信号应采用前输出信号。对于模拟电路，则观测输出波形是否符合要求。对于数字电路，则观测输出信号波形、幅值、脉冲宽度、相位及动态逻辑关系是否符合要求。在数字电路调试中，常常希望让电路状态发生一次性变化，而不是周期性变化。因此，输入信号应为单阶跃信号（又称开关信号），用以观察电路状态变化的逻辑关系。

**5. 指标测试**

电子电路经静态和动态调试正常之后，便可对课题要求的技术指标进行测量。测试并记录测试数据，对测试数据进行分析，最后给出测试结论，以确定电路的技术指标是否符合设计要求。如不符，则应仔细检查问题所在，一般是对某些元器件参数加以调整和改变；若仍达不到要求，则应对某部分电路进行修改，甚至要对整个电路重新加以修改。因此，在设计的全过程中，要认真、细致，考虑问题要更周全。尽管如此，出现局部返工也是难免的。

### 5.6.3 整机电路的调试

收音机调试时，所要用到的仪器仪表主要有：万用表、直流稳压电源或两节 5 号电池、高频信号发生器、示波器、低频毫伏表、圆环天线、无感应螺丝刀。参照图 5-16 进行仪器连接，调试方法如下。

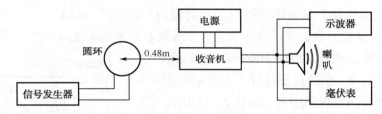

图 5-16 测试连接示意图

**1. 静态工作点的测试**

收音机装配焊接完成后，首先检查电路中电源的两端有无短路现象，确保没有短路的情况下才可以接通电源。在测量静态工作点前可以检查元器件有无装错位置，焊点是否有脱焊、虚焊、漏焊等故障并加以排除。静态工作点测量方法有电流法和电压法，电流法是采用从后向前逐级调试的方法（本机有 5 个测试点），主要步骤如下。

（1）参考原理图（见图 5-2），接通 3V 直流电压源，合上收音机开关 S 后，用万用表直流电压挡测电源电压，3V 左右为正常；$V_8$、$V_9$ 上高频部分集电极电源电压应在 1.35V 左右。

（2）测各级静态工作点电流。参考原理图，断开收音机磁棒线圈 $B_1$ 次级线圈的一端，从功放级开始按照 A、B、C、D、E 的顺序分别用万用表测量各级静态工作点的开口电流，其值的范围见电路原理图。在测量好各级静态工作点的开口电流后，并将该级集电极开口断点用导线或焊锡连通，再进入下一级静态工作点的测试。

在测量三极管 $V_1$ 集电极（E 断点）电流时，应将磁棒线圈 $B_1$ 的次级接到电路中，保证 $V_1$ 的基极有直流偏置。

静态工作点调试好后，整机电流应小于 25mA。

（3）作为训练，学生可以测静态工作点电压，各级静态工作点电压参考值如下。

$V_{C1}$、$V_{C2}$、$V_{C3}$=1.35V，略低，$V_{C4}$ 在 0.7V 左右，$V_{C5}$ 在 2V 左右，$V_{C6}$、$V_{C7}$ 在 2.4V 左右。

如检测满足以上要求，则将 $B_1$ 的初级线圈接入电路后即可收台试听。

**2．动态调试**

1）调整中频频率

首先将双联旋至最低频率点，将信号发生器置于 465kHz 频率处（输出场强为 10mV/m），调制频率为 1000Hz，调幅度为 30%。收到信号后，示波器上有 1000Hz 的调制信号波形。然后用无感应螺丝刀依次调节黑—白—黄三个中周，且反复调节，使其输出最大，毫伏表指示值最大，此时 465kHz 中频即调好。

调整中频频率的目的是调整中频变压器的谐振频率，使它准确地谐振在 465kHz 频率点上，使收音机达到最高灵敏度并有最好的选择性。

2）频率覆盖

将信号发生器置于 520kHz 频率（输出场强为 5mV/M），调制频率为 1000Hz，调幅度为 30%，收音机双联旋至低端，用无感应螺丝刀调节振荡线圈（红中周）磁芯，直至收到信号，即示波器上出现 1000Hz 波形；再将收音机双联旋至高端，信号发生器置于 1620kHz 频率，调节双联电容振荡联微调电容（见图 5-17）$C_{1-A}$，直至收到信号，即示波器上出现 1000Hz 波形；重复低端、高端调节，直到低端频率 520kHz 和高端频率 1620kHz 均收到信号为止。

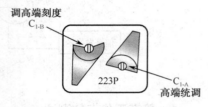

图 5-17　双联微调电容外形图

3）频率跟踪

将信号发生器置于 600kHz 频率（输出场强为 5mV/m 左右），拨动收音机调谐旋钮，收到 600kHz 信号后，调节中波磁棒线圈位置，使输出信号最大；然后将信号发生器置于 1500kHz 频率，拨动收音机调谐旋钮，收到 1500kHz 信号后，调节双联电容调谐联微调电容 $C_{1-B}$，使输出信号最大；重复调节 600kHz、1500kHz 频率点，直至测试到的波形幅值最大为止（用毫伏表测试时指示值最大）。

（4）中频、频率覆盖、频率跟踪完成后，收音机可接收到高、中、低端频率电台，且频率与刻度基本相符。安装、调试完毕。

## 5.7　整机质量检验

收音机整机的测试与调整主要包括外观检查、开机试听、中频复调和外差跟踪统调（校准频率刻度和调整补偿）。

1. 外观检查

用目视法观察外壳表面，应完好无损，不应有划痕、磨伤，印刷的图案、字迹应清晰完整，标牌及指示板应粘贴到位、牢固。检查电路板及元器件的安装是否到位、牢固和可靠。检查、整理各元器件及导线，排除元器件裸线相碰之处，清除滴落在机内的锡珠、线头等异物。

2. 开机试听

打开收音机电源，开大音量，调节调谐盘，使收音机接收到电台的信号，试听声音的大小和音质；通过试调调谐盘，检查收音机能接收到哪些电台，还有哪些该收到的电台没有收到，收到的那些电台的声音好坏情况等。

3. 中频复调

单板的中频调整合格后，在总装时，因电路板与喇叭、电源及各引线的相对位置可能同单板调试时有所不同，造成中频发生变化，所以，要对整机进行中频复调，以保证中频处于最佳状态。复调的方法同单板调试的中频调试。

4. 外差跟踪统调（校准频率刻度和调整补偿）

外差跟踪统调是使本振频率始终比输入回路频率高 465kHz。外差跟踪统调包括校准频率刻度（频率范围调整）和调整补偿两个方面。一般把这两种调整统称为统调外差跟踪。

1）校准频率刻度

（1）目的：使收音机在整个波段范围内都能正常收听各电台，指针所指的频率刻度也和接收到的电台频率一致。

（2）实质：校准频率刻度的实质是校准本振频率和中频频率之差。

（3）方法：校准频率刻度时，低端应调整振荡线圈的磁芯，高端应调整振荡回路的微调电容。频率调整时，频率中段误差不大，但高、低端是会相互影响的，故高、低端频率刻度校准要反复两到三次，才能保证高、低端频率刻度同时校准合格。

2）调整补偿

（1）目的：使天线调谐回路适应本振回路的跟踪点，从而使整机接收灵敏度均匀性及选择性达到最佳。当收音机基本上能收听，中频已调准时就可以开始统调。

（2）方法：用高频信号发生器进行统调，利用接收外来广播电台进行统调，利用专门发射的调幅信号进行统调及利用统调仪进行统调。

（3）统调时应注意以下几点。

① 输入信号要小，整机要装配齐备，特别是喇叭应装在设计位置上。

② 中波统调点定为 600kHz、1000kHz、1500kHz。利用接收外来广播电台信号进行统调时，选这三点频率附近的已知电台，以保证整机灵敏度的均匀性。短波的两端统

调点为刻度线始端和终端 10%、20%处。

### 5. 收音机的型式试验

1）高低温检测

（1）检测目的：检验收音机在高、低温环境条件下使用的适用性。

（2）检测标准。

- 高温标准：按照国家 2013 年 6 月 1 日开始实施的环境试验中的温度变化高温标准 GB/T 2423.22 执行。
- 低温标准：按照国家 2009 年 10 月 1 日开始实施的环境试验中的温度变化低温标准 GB/T 2423.1—2008 执行。

（3）试验内容。

- 高温检测：随机取 5 个收音机，不包装，处于导通状态，以正常位置放入恒温试验箱内，使温度达到 55±2℃，温度稳定后持续时间 8h，持续期满，对收音机的基本功能、外观进行测试。
- 低温检测：随机取 5 个收音机，不包装，处于导通状态，以正常位置放入恒温试验箱内，使温度达到-20±3℃，温度稳定后持续时间 8h，持续期满，对收音机的基本功能、外观进行测试。

（4）判定标准：基本功能正常，外观和结构正常。

2）振动检测

（1）检测目的：检验产品在使用、运输过程中受到振动后的适应性。

（2）试验设备：振动测试仪

（3）实验内容：随机取出 3 个收音机，不包装，放在振动仪上振动 2h 以上，试验结束后观察收音机的结构和性能。

（4）判定标准：表面不能有任何程度爆裂、壳离及变形，基本功能和结构正常。

3）跌落检测

（1）检测目的：检验产品在使用、运输过程中撞击后的适应性。

（2）试验设备：水泥地面或木板。

（3）实验内容：随机取出 3 个收音机，不包装，从 85cm 高度并以初速度为 0 自由跌落在水泥地面或木板上，每面跌落 3 次，试验结束后观察收音机的结构和性能。

（4）判定标准：表面不能有任何程度爆裂、壳离及变形，基本功能和结构正常。

# 思考与练习题 5

1. 手工插装的特点和应用范围是什么？
2. 手工插装的原则是什么？
3. 手工焊接的工艺步骤及工艺要求有哪些？

4．焊点的质量要求及焊接缺陷有哪些？分析焊接缺陷的产生原因。

5．拆焊的操作要点和拆焊方法是什么？

6．插装与焊接质量从哪些方面进行评价？

7．HX108-2 AM 收音机的装配流程是什么？

8．电子产品的调试方法有几种？各有什么特点？

9．电子产品的动态调试和静态调试有什么区别？

10．电子产品整机质量检测有哪些方面？各如何进行？

11．实操练习：找一块带有焊盘的印制电路板，若干个带引脚的元器件，进行插装、焊接和拆焊训练。在此基础上，自购一种电子产品的散件，进行焊接、组装、调试和质量检测训练。

# 第6章 典型电子产品的流水线制造工艺
## ——5.5英寸电视机的生产

## 6.1 产品简介

该产品为5.5英寸超外差、单通式集成电路黑白电视机,以大规模集成电路CD5151CP为核心,完成所有小信号的处理。其外围元器件少、调试简单,电路具有代表性。

黑白电视机主要由信号通道(包括高频头、中放、视放和伴音通道),扫描电路(包括同步分离,场、行扫描电路)和电源三部分组成。信号通道的任务是将天线接收到的高频电视信号变换成视频亮度信号和音频伴音信号。亮度信号激励显像管产生黑白图像,伴音信号推动扬声器产生电视伴音。扫描电路的任务是为显像管提供场、行扫描电流和各种电压,使显像管产生与电视台摄像管同步扫描的光栅。电源部分是将交流市电转变成电视机所需要的各种直流电压。整机电路图如图6-1所示。

**1. 信号通道**

图中TUM高频头的1脚为电视天线信号输入,2脚是AGC控制,3脚是U频段选择控制脚,4脚是选台电压控制脚,5脚是VH频段选择控制脚,6脚是VL频段选择控制脚,7脚是空脚,8脚是电源供电,9、10脚是中频信号输出。SW3是U频段、VH频段、VL频段选择开关。VR7是频道选择电位器。高频头9、10脚输出的中频信号经C2到Q1三极管放大,放大后再经C4耦合到LB3811声表面滤波器进行选频,从U1的1脚和28脚输入,中频信号经U1分频出各种电视所需的信号。U1的2脚为RF/AGC调节,3脚为高频AGC输出,4脚为中频AGC滤波,5脚为视频信号输出脚,视频信号经AV/TV开关转换再经C13、R18到预视放Q10放大,然后经C49耦合到显像管还原图像。音频信号经7、8脚CF1、CF2中频滤波,9、10脚T1组成鉴频电路,鉴频后的音频信号从IC的11脚输出,经AV/TV开关转换,再经R60、VR2、C60耦合到U2的7脚,输入IC内部放大,放大后的音频信号由U2的1脚输出,推动扬声器发出声音。

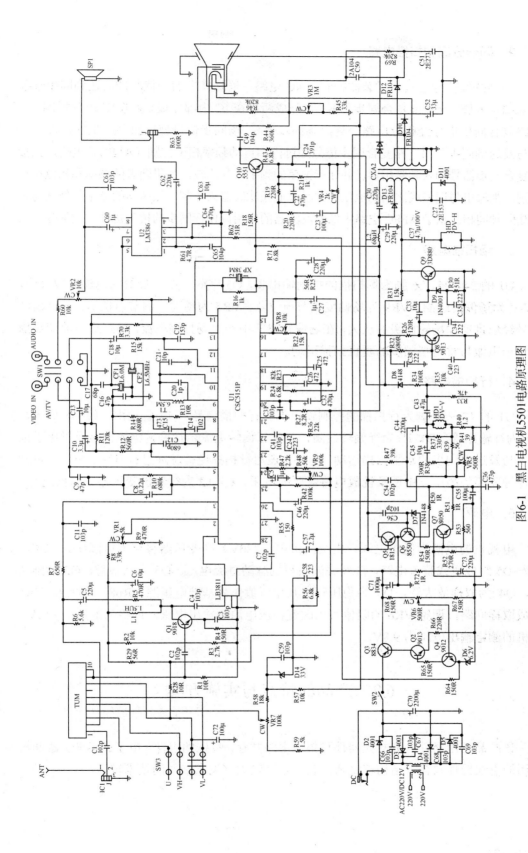

图6-1 黑白电视机501电路原理图

## 2. 同步分离和扫描电路

视频图像信号经过自动杂波抑制 ANC 电路,消除其中的干扰脉冲。送到同步分离输入端第 6 脚,分离出复合同步信号,它分成两路在 IC 内部完成(参考 IC 内部框图 2);一路复合同步信号经积分电路分离出场同步信号。场同步信号使场振荡产生的锯齿波信号与发送端同步。另一路复合同步信号经过内部自动频率相位控制(AFPC)电路,直接将复合同步信号加入其鉴相器,并让行振荡的频率与其比较。如果两者的频率和相位存在差别,则输出与误差成比例的电压,并经过低通滤波器来控制行振荡器的频率,使其与发送端同频同相。由于 AFPC 电路中低通滤波器的作用,使行同步的抗干扰性大大加强。

## 3. 场扫描电路

U1 的 24、25、26 脚为场扫描的控制输出脚,Q5、Q6、Q7 三极管为场输出放大管,DV-V 为场偏转线圈,VR9 为场幅度调节电位器,VR5 为场同步调节电位器。场锯齿波信号经场推动和场输出级的放大,在场偏转线圈中产生场扫描电流,场扫描电流使显像管电子束做与发送端同步的垂直扫描运动。

## 4. 行扫描电路

U1 的 17~19 脚为行扫描的控制输出脚。行扫描信号从 17 脚输出,经 Q8 放大,Q9 为行输出管,DV-H 为行偏转线圈,产生行偏转电流,行偏转电流使显像管电子束产生与发送端同步的水平扫描运动。另外,还对行扫描逆程脉冲进行升压、整流,得到显像管需要的高压、中压及视放电路需要的电压。CXA2 为行输出变压器(高压包)。

## 5. 电源

电视机的电源为低压电源。由交流市电(220V)经变压器将交流电降压为 12V,D2~D5 组成桥式整流电路,C70 滤波后得到脉动直流电压。Q3 为调整管,Q2 为推动管,Q4 为取样放大管,D6 为稳压管,其稳压值作为基准电压源。R68、R67 和 VR6 组成取样回路,调整 VR6 的阻值可以改变稳压电源的输出电压,调整范围为 9~12V。本机的额定输出电压为 9.8V。

# 6.2 产品的特点与实施方案

该产品所用器件为分立元器件与集成电路共存,特殊的组件(电子调谐器)器件与通用的引线器件共存,结构较复杂,装配难度较大,调试涉及的技术较多。

1．工艺特点

采用流水线元器件插装/自动插装、自动焊接、在线测试等工业化生产工艺，体现第二代电子制造工艺。

2．涉及的主要技能

常用元器件的识别与检测、特殊器件的识别与检测、自动焊接原理、自动插件原理及在线测试原理、电子产品生产的基本流程、仪器的使用技巧和基本故障检测方法。

3．实施方案

按照一般电子产品的生产制造工艺流程，本产品的整个制作流程如图 6-2 所示。

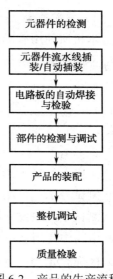

图 6-2　产品的生产流程

## 6.3　元器件的检测

本机中的器件共有 290 多个，有晶体管、三极管、二极管、电阻、电容、电感、集成电路、中频变压器、陶瓷滤波器、行输出变压器等，器件的质量是整机质量的保证，下面介绍元器件的检测内容及方法。

### 6.3.1　常用元器件的检测

1．固定电阻的检测

电路中共有固定电阻 73 个，其中有 2 个 0.5W 的，其余为 0.25W 的；所有电阻均为碳膜电阻，为 4 色环电阻。

主要检测内容包括：阻值、功率、可焊性。

检测数量：抽检/全检；在大规模生产时，按照特定的比例进行抽检，对于实习建议全检。

检测方法：仪器测试、目测和实验方法；

1）电阻标称值

测量方法：本机中所使用的固定电阻为四色环，是普通电阻，阻值的测量通过色环读取与万用表（或专用测试仪，如电阻测试仪）测试相结合的方法进行。

测试中的主要问题：色环所标与实际不符，误差较大；损坏（短路，开路）。

处理方法：更换。

注意事项：在用万用表检测时，要注意测量方法，避免手指对测量的影响；同时万用表的量程要与被测电阻相适应，以便减小测量误差；注意第四色环所允许的误差。

2）额定功率

本机所使用碳膜电阻的功率仅有两种，0.25W 和 0.5W，区分主要在外形上。图 6-3 给出不同功率下两个碳膜电阻的外形区别。

图 6-3　0.5W 与 0.25W 电阻外形差别

测试方法：目测方法或仪器测试。

测试中的主要问题：功率电阻在电路中的使用主要是为了限流，保护后面的电路，因此电路中使用功率电阻的地方，必须保证；若在实际电路中采用小于额定功率的电阻，将会被烧掉。

处理方法：更换或采用更大功率同阻值的电阻器进行替代。

注意事项：对于不同材料的电阻，其在功率方面的差异，在外形上的差异有时无法区分，如碳膜与金属膜电阻，其外形相似但功率差异较大。

注：电阻功率测量原理，电阻在额定温度（最高环境温度）$t_R$ 下，在直流或交流电路中连续工作所允许耗散的最大功率称为电阻的额定功率。对每种电阻同时还规定最高工作电压，即当阻值较高时即使并未达到额定功率，也不能超过最高工作电压使用。电阻的功率 $P=U^2/R=I^2R$。因为电阻消耗的电能会转化为热量散发掉，所以电阻的额定功率与自身材质、结构、体积等都有因果关系。所以，常规线性电阻额定功率可以采用测量温升的方法来测定。

3）可焊性

因电阻保存条件的变化，或时间过长，使得电阻引脚产生氧化层，可焊性变差，影响了在实际应用中的焊接性能，从而影响导电性和电路工作。

测试方法：参看企业品质标准；业余条件下，可通过给电阻引脚上锡的是否容易、是否均匀来判断；另外，当可焊性差时，元器件的引脚会出现锈斑。

可能存在的问题：有些质量较差的电阻器，引脚的外观有时处理得较好，但实践中的可焊性较差，因此一定要按规范进行。

处理方法：当大量元器件存在可焊性差的问题时，企业常常采用酸洗的方法进行；对于实习、实训中出现此类问题，一般采用机械的方法，如刮、磨的方法去掉电阻引脚表面的氧化层和污垢。

注：某企业可焊性测试规范如下。

| \*\*\*\*\*企业 | | 文件编号 | |
|---|---|---|---|
| | | 版　号 | |
| 标　题 | 电子元器件可焊性试验规范 | 生效日期 | |
| | | 页　次 | 1/1 |

续表

| 1. 适用范围： |
| --- |
| 适用于本厂所采购的电子元器件的焊端或引脚的可焊性试验。 |
| 2．试验方法 |
| 检验仪器：电烙铁，温度计，放大镜。 |
| 检验方法：批量≤200PCS，抽 3 片，批量≥500PCS，抽 5PCS，Ac=0，Re=1。 |
| 检验要求： |
| 2-1.按测试元器件种类选择电烙铁，并依下表调到相应的温度，用温度计确认温度。 |

| 序号 | 元器件种类 | 烙铁头温度 | 电烙铁额定功率 |
| --- | --- | --- | --- |
| 1. | 一般电路板、插件类元器件 | 280～320℃ | 20～40W 外热式，恒温式 |
| 2. | 插件端子、模块脱扣点、放电管 | 300～350℃ | 20～40W 外热式，恒温式 |
| 3. | 编织线、焊片、接线端子、2A 以上电线、大电流放电管、模块脱扣点 | 350～400℃ | 60～90W 外热式，恒温式 |
| 4. | 接线端子 | 450～480℃ | 90W 恒温式 |
| 5. | 金属板等 | 500～630℃ | 200W 以上外热式 |

2-2.将样品的焊端或引脚均匀涂上助焊剂正常焊接。

2-3.对焊接部分使用放大镜检测，焊锡部分的表面应均匀上锡，且焊锡浸润面积大于 95%

## 2．可变电阻的检测

在电路中，由于电阻器件的参数的离散性，在实际中它所完成的分压、限流等作用可能与设计有差异，此时需要调整其参数；另外，在很多情况下，某些电路的个别参数需要根据实际使用情况进行调整，此时都需要改变电阻器的阻值；引入可变电阻可以很方便地进行实际电路的调试。根据实际需要，可变电阻主要分为微调电阻和电位器两类。可变电阻有三个连接端，其中两个为固定端，是电阻器的总电阻，另外一个端为滑动端。微调电阻主要用于调试阶段，当系统完成后基本不需要再调整；而电位器是在实际应用中需要经常调整的器件。

本电视机共有两个电位器，两类 6 个微调电阻，其中两个带塑料杆，具体如图 6-4 所示。

（a）电位器　　　　（b）微调电阻　　　（c）带柄微调电阻

图 6-4　可变电阻外形图

微调电阻的主要检测内容包括：阻值、阻值变化、可焊性。

1）标称阻值

对于如图 6-4（a）所示的电位器，其固定端在两边，中间为活动端；对于如图 6-4（b）所示的微调电阻，其固定端在底下，上面为活动端；对于如图 6-4（c）所示的微调电阻，其固定端在两边，中间为活动端；可采用万用表或专用仪器测量；固定端的阻值应等于电位器的标称值；误差较大时，为损坏；两个固定端与活动端所测阻值之和应与两固定端阻值相等。

2）阻值调整

改变阻值，看看转动是否平滑，并听一听内部接触点和电阻体摩擦的声音，如有"沙沙"声，则说明质量不好。用万用表测试时，先根据被测电位器阻值的大小，选择万用表合适的电阻挡位，然后可按下述方法进行检测。

（1）用万用表的欧姆挡测两固定端，其读数应为电位器的标称值，如万用表的指针不动或阻值相差很多，则表明该电位器已损坏。

（2）检测活动臂与电阻片的接触是否良好。用万用表的欧姆挡测固定端和活动端，调整活动端观察电阻值的变化情况，应在最小值时接近于零，且越小越好；在最大值时，应接近电位器的标称值。如万用表的指针在轴柄转动过程中有跳动现象，则说明活动触点有接触不良的故障。

测试方法：使用万用表。

可能存在的主要问题：微调电阻总阻值变化、改变阻值时存在突变。

处理方法：更换。

3）可焊性

测试方法同前。

**3．电容的检测**

电容在电路中的主要作用为耦合、滤波等，本机中共有 74 个电容，包括瓷介电容、涤纶电容、电解电容等几类；电容的主要参数包括标称容量、击穿电压、额定电压、允许误差等级、漏电电阻等；实际应用中的检测主要包括标称容量、额定电压、漏电电阻、可焊性等。

本机共有三类电容：瓷介电容（瓷片电容）、涤纶电容、电解电容，其外形如图 6-5 所示。

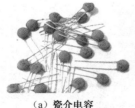
（a）瓷介电容

（b）涤纶电容

（c）电解电容

图 6-5　本机中使用的电容器

1）标称容量

检测方法：对于批量生产来讲，电容的质量是通过对大量电容的抽检进行检验的；检测的方法由专用电容测试仪器完成，如电感、电容测试仪等；在业余情况下，可采用万用表对电容器的容量进行估计测量，对质量进行检测；万用表检测可分为数字万用表和指针式万用表两种检测方法。

（1）指针式万用表检测。

① 容量在 0.01μF 以上的非电解电容的检测。

将指针式万用表调至 R×10kΩ 挡，并进行欧姆调零，然后观察万用表指示电阻值的变化。

若表笔接通瞬间，万用表的指针应向右微小摆动，然后又回到无穷大处，调换表笔后再次测量，指针也应该向右摆动后返回无穷大处，可以判断该电容正常。

若表笔接通瞬间，万用表的指针摆动至"0"附近，可以判断该电容被击穿或严重漏电。

若表笔接通瞬间，万用表的指针摆动后不再回至无穷大处，可以判断该电容漏电。

若两次万用表的指针均不摆动，可以判断该电容已开路。

② 容量小于 0.01μF 的固定电容的检测。

检测 10pF 以下的小电容，因电容容量太小，用万用表进行测量时只能检查其是否有漏电、内部短路或击穿现象。测量时选用万用表 R×10kΩ 挡，将两表笔分别任意接电容的两个引脚，阻值应为无穷大。如果测出阻值为 0，可以判定该电容漏电损坏或内部击穿。

③ 电解电容的检测。

电解电容的容量比一般固定电容大得多，测量时应针对不同容量选用合适的量程。测量前应让电容充分放电，即将电解电容的两个引脚短路，把电容内的残余电荷放掉。电容充分放电后，将指针式万用表的红表笔接负极，黑表笔接正极。在刚接通的瞬间，万用表的指针应向右偏转较大角度，然后逐渐向左返回，直到停在某一位置。此时的阻值便是电解电容的正向绝缘电阻，一般应在几百千欧姆以上；调换表笔测量，指针重复前面的现象，最后指示的阻值是电容的反向绝缘电阻，应略小于正向绝缘电阻。

（2）数字万用表检测。

目前大部分数字万用表都具有测量电容的功能，一般在几十个微法以下，此时根据电容标称容量选择相应的测量挡位即可；但对于大电容和漏电电阻的测量，要参照指针式万用表的方法进行。

可能存在的问题：击穿、失容、绝缘电阻小。

处理方法：更换或替换。

电容的替代问题：一般对于电源滤波、旁路、耦合等功能的电容替代，容量大的可以替代容量较小的；但对于特定功能的电容，如定时、谐振等用途的电容，则不能随意替代；另外，电容替代时额定耐压值要满足要求。

2）额定电压

指在允许环境温度范围内，电容长期安全工作所能承受的最大电压有效值。

检测方法：目测，对于电解电容，仔细查看电容体上的标识。

可能出现的问题：耐压不够。

处理方法：更换或替换；对于电解电容器，同容量的可用高耐压的替换低耐压的电容。

3）可焊性

因电容保存条件的变化，或时间过长，使得元器件引脚产生氧化层，可焊性变差，影响了在实际应用中的焊接性能，从而影响导电性和电路的正常工作。

测试方法：参看企业品质标准；业余条件下，可通过给引脚上锡是否容易、是否均匀来判断；另外，当可焊性差时，元器件的引脚会出现锈斑。

可能存在的问题：有些质量较差的电容，引脚外观有时较好，但实践中的可焊性较差，因此一定要按规范进行。

处理方法：当大量元器件存在可焊性差的问题时，企业常常采用酸洗的方法进行；对于实习、实训中出现此类问题，一般采用机械的方法，如刮、磨的方法去掉电容引脚表面的氧化层和污垢。

### 4．电感的检测

电感是磁能存储元器件，主要用作磁耦合、谐振、滤波、缓冲、反馈、阻抗匹配、振荡、定时、移相等。本机中有两个固定电感器、一个电源变压器、一个偏转线圈、一个中周、一个行输出变压器（高压包）。具体如图 6-6 所示。

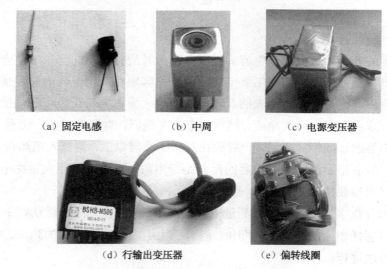

（a）固定电感　　（b）中周　　（c）电源变压器

（d）行输出变压器　　（e）偏转线圈

图 6-6　本机中使用的电感

电感的主要参数包括：标称电感量、$Q$ 值、分布电容、额定电流等；针对应用中的检测分别讨论如下。

1）固定电感的检测

本机中的两个固定电感，一个用于谐振回路，另一个用作电源滤波；应用中检测的主要内容包括标称电感量、$Q$ 值、可焊性。

（1）标称电感量、$Q$ 值。

检测方法：目测方法，采用电感电容测试仪等专业仪器，也可采用具有电感挡的数字万用表来检测，或采用普通万用表进行质量估测。

目视检查电感外观，看线圈有无松散，引脚有无折断，线圈是否烧毁或外壳是否烧焦等。若有上述现象，则表明电感已损坏。

采用仪器测量时，电感量、$Q$ 值可同时检测，检测中注意电感的工作频率应与测试频率一致；检查实测值与器件的标称值是否一致。

采用一般万用表时可通过测量电感线圈的阻值大小进行质量估计、通过测电压的方法进行电感量估计。电感的直流电阻值一般很小，匝数多、线径细的线圈能达几十欧；对于有抽头的线圈，各引脚之间的阻值均很小，仅有几欧姆左右。若用万用表 R×1Ω 挡测线圈的直流电阻的阻值无穷大，则说明线圈（或与引出线间）已经开路损坏；若阻值比正常值小很多，则说明有局部短路；若阻值为零，则说明线圈完全短路。对于电感量的检测，可通过设计特定的电路，通过万用表测量电压来实现。

可能存在的问题：短路、开路、部分线圈有短路。

处理方法：更换。

（2）可焊性。可焊性检测同前述其他元器件。

2）中周

中周是中频变压器的简称，在实际应用中通过与外围电容构成谐振回路实现中频信号的选频与耦合，其主要参数包括谐振特性、$Q$ 值等。本机的中周仅有初级绕组，实际上是一个可变电感，与外加电容构成检频调谐回路，外加屏蔽罩的目的在于防止电磁辐射；检测的主要内容包括电感量及其变化范围、$Q$ 值、与屏蔽罩的绝缘情况等。

检测方法：专用中周测试仪、万用表。对于本机所使用的中周，也可使用 $Q$ 表进行电感量及 $Q$ 值的测试。采用万用表的测试情况如下。

（1）用万用表 R×1 挡，按照中周变压器的各绕组引脚排列规律，逐一检查各绕组的通断情况，进而判断其是否正常。

（2）用万用表 R×10kΩ 挡或高阻值挡检测绝缘性能，主要检测：初级绕组与次级绕组之间的电阻值；初级绕组与外壳之间的电阻值；次级绕组与外壳之间的电阻值。测试结果分以下三种情况。

① 阻值为无穷大：正常。

② 阻值为零：有短路性故障。

③ 阻值小于无穷大，但大于零：有漏电性故障。

3）电源变压器

电源变压器将交流 220V 变为交流 12V，以备后续整流滤波和稳压环节使用。变压器的主要参数包括：工作频率、额定功率、额定电压、电压比、空载电流、空载损耗、效率、绝缘电阻等几项。实际应用中主要采用万用表进行检测。

检测方法：万用表测试与目测相结合。

（1）外观观察法：仔细查看变压器的外观，看其是否引脚断路、接触不良；包装是否损坏，骨架是否良好；铁芯是否松动等。

（2）变压器绝缘性能检测：用指针式万用表的 R×10kΩ 挡或高阻值挡，分别测量变压器铁芯与初级、初级与各次级、铁芯与各次级、静电屏蔽层与初次级、次级各绕组间的电阻值，万用表的指针应指在无穷大处不动或阻值应大于 100MΩ，否则，说明变压器绝缘性能不良。

（3）变压器绕组直流电阻的测量：变压器绕组的直流电阻很小，用万用表的 R×1Ω 挡检测可判断绕组有无短路或断路情况。一般情况下，电源变压器（降压式）初级绕组的直流电阻多为几十～上百欧姆，次级直流电阻多为零点几～几欧姆。

（4）电源变压器空载电流、空载电压的检测：将次级所有绕组全部开路，把万用表置于交流电流挡（500mA），串入初级绕组。当初级绕组的插头插入 220V 交流市电时，万用表所指示的便是空载电流值。将电源变压器的初级接 220V 市电，用万用表交流电压依次测出各绕组的空载电压值应符合要求值。

4）行输出变压器（高压包）

行输出变压器属脉冲变压器，通过对逆程脉冲的升压为整机提高电源和相关信号。其工作在高电压、大电流、高频率开关状态下，为整机提高高压、中压、行逆程脉冲等。

检测方法：专用设备检测、直观检测、万用表检测。根据应用设计专用的行输出变压器测试仪器，分别对其输出的高压、中压、低压、脉冲，以及绝缘情况进行检测。在业余条件下，可通过直观检测、万用表检测来完成相关参数的估测。

（1）观察行输出变压器的外观及附件是否完好齐全，有无烧焦、裂缝、针孔、气泡、发热现象，并查看壳体封装是否严密，磁芯是否规整，行输出变压器在应用时有无拉弧、打火、臭氧气味。

（2）检查接口处的气隙是否适中。可多看几个，并进行鉴别，如果气隙参差不齐，则说明该产品电气参数控制技术薄弱，工艺欠佳。

（3）检查黏结是否牢固，高压线外皮有无破损，高压帽是否富有弹性且气密性好。

（4）用万用表按照输出变压器的引脚连接关系，进行匝内、匝间连接关系与绝缘特性的估测。

5）偏转线圈

偏转线圈由行偏转线圈和场偏转线圈两部分组成，分别提供垂直和水平的扫描磁场，使电子枪完成光栅的扫描。

偏转线圈的主要参数和检测方法在 SJ/T 10662—1995 有明确规定，主要包括静态特性参数，如外观、组装牢固性、外形与安装尺寸、行帧线圈电感量、行帧线圈直流电阻；动态特性参数，如行帧间的串扰、偏转功率指数、光点中心调整范围、图像失真、分辨率、图像重现率等。在业余条件下的检测主要包括直流电阻、外观等。

检测方法：目测，万用表。外观要清洁，无损伤，行帧线圈不应松散、变形、脱漆。标志应清晰、粘贴牢靠、位置一致。焊点应光滑、无虚焊、毛刺。金属件应无机械损伤、变形、明显锈蚀，磁环不应有明显的裂纹和掉块。用万用表分别测试行、场偏转线圈的阻值（行的阻值大于场的阻值），粗略判定线圈的好坏。

可能出现的问题：线圈中间有断点，线圈开路；焊点开路。

### 6.3.2 特殊元器件的检测

**1. 集中滤波器的检测**

集中滤波器以体积小、滤波性能好、免于调试、可靠性高等优点被广泛应用于电子产品中。本机采用了集中 LC 式滤波器、陶瓷滤波器、声表面滤波器三类，其实物如图 6-7 所示。

    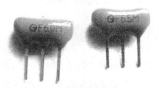    

（a）38M谐振器　　　　（b）陶瓷滤波器　　　　（c）声表面滤波器

图 6-7　集中滤波器实物图

集中滤波器的检测主要通过扫频仪或专用测试仪器完成，主要参数为幅频特性曲线。集中滤波器的内部结构如图 6-8 所示。

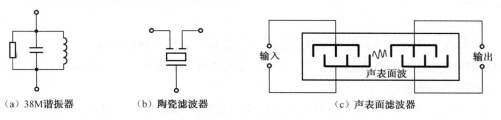

（a）38M谐振器　　　　（b）陶瓷滤波器　　　　（c）声表面滤波器

图 6-8　集中滤波器的内部结构

1）38M 谐振器

该集中滤波器的内部电路如图 6-8（a）所示，由谐振于 38MHz 的 LC 网络组成，在电路中完成同步检波时载波的选择。

检测内容：谐振点、$Q$ 值、可焊性。

检测方法：扫频仪或专用仪器，目视检测和实验方法检测可焊性。应用中可用万用表进行简单故障检测，因集中滤波器中含电感，故万用表测试应为短路。对于谐振点测试，万用表无能为力。

2）陶瓷滤波器

陶瓷滤波器由锆钛酸铅陶瓷材料制成片状，两面涂银作为电极，经过直流高压极化后具有压电效应，具有类似晶体谐振器特性；由多片压电基片通过不同的连接可实现不同类型的滤波器，且具有性能稳定、无须调整、价格低、抗干扰性能良好的特点。

检测内容：幅频特性，可焊性。

检测方法：扫频仪或专用仪器测试幅频特性，目视检测和实验方法检测可焊性（具体操作同前）。应用中可用万用表进行简单故障检测。对于指针式万用表，置 R×10kΩ 档，用红、黑表笔分别测二端或三端陶瓷滤波器任意两脚之间的正、反向电阻均应为∞，若测得阻值较小或为 0Ω，则可判定该陶瓷滤波器已损坏。需说明的是，测得正、反向电阻均为∞并不能完全确定该陶瓷滤波器完好，业余条件下可用代换法试验。

3）声表面滤波器

声表面滤波器是由压电材料制成的基片及烧制在其上面的梳状电极构成的。如图 6-8（c）所示，左右两边的分别称为发收端换能器，输入端换能器根据压电效应，将电能转换成声能发出声表面波，转换的效率与输入信号的频率和换能器的结构、尺寸有关；而输出端换能器则是将接收到的声表面波声能转换成电能输出，转换效率同前。声表面滤波器就是利用压电基片上的这两个换能器来产生声表面波和检出声表面波的，从而完成滤波。

检测内容：幅频特性，可焊性。

检测方法：用扫频仪或专用仪器测试幅频特性，目视检测和实验方法检测可焊性（具体操作同前）。应用中可用万用表进行简单故障检测；对于指针式万用表，置 R×10kΩ 挡。声表面滤波器共有引脚 5 个，其中接地脚有两个，其余三个脚之间，以及三个脚与接地脚之间的电阻均应为∞，若测得阻值较小或为 0Ω，则可判定该滤波器已损坏。需说明的是，测得正、反向电阻均为∞并不能完全确定该滤波器完好，业余条件下可用代换法试验。

4）扫频仪使用

扫频仪又称为频率特性测试仪，它能够直接显示被测电路的频率—幅度特性，扫频仪可以用来测定调谐放大器、宽带放大器、各种滤波器、鉴频器，以及其他有源或无源网络的频率幅频特性。

扫频仪根据扫频测量法的原理设计而成，是由扫频信号发生器和示波器组合而成的。扫频仪的主要组成包括扫描电压发生器、$X$ 轴放大器、扫频信号发生器、检波探头、$Y$ 轴放大器、频标电路示波管及电源电路。典型的内部电路如图 6-9 所示。

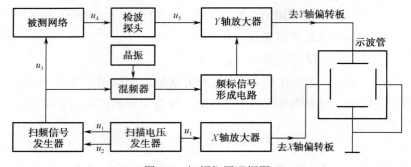

图 6-9　扫频仪原理框图

在应用中扫频仪与被测网络之间的连接关系如图 6-10 所示。

测试时需要注意以下几点：

（1）被测网络必须在正常工作条件下进行测量，特别是有源网络的测量。

（2）注意 $Y$ 轴输入时若被测电路具备检波功能，则输入端不采用检波头。

（3）被测设备的输入端不允许有直流电位，否则会导致仪器不能正常工作，严重者会损坏仪器。

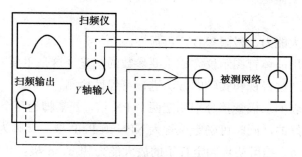

图 6-10 扫频仪测试连接方式

（4）仪器的输出阻抗与被测件的输入阻抗必须匹配，否则会造成反射，使测量不准确。

（5）射频连接电缆应尽量短，避免不必要地损耗。

（6）若仪器输出信号过大，会使有源器件饱和，则测出的是失真的图形曲线。可利用衰减器适当改变输出信号的大小，观察特性曲线的变化情况予以确定。

2．半导体器件的检测

本机共使用 13 个二极管，主要用作整流、稳压、开关等；使用 10 个三极管，分别用于电源误差放大与调整、中频、视频放大、行场输出放大等。

对于三极管，其引脚排列情况如下：C1815，s9012，s9013，s9018，s8050，8550，2N5551 为小功率三极管。把显示文字平面朝自己，从左向右依次为 e 发射极、b 基极、c 集电极。对于功率管 B834、D880 的引脚排列，把显示文字平面朝自己，从左向右依次为 b 基极、c 集电极、e 发射极，外露金属部分为 c 极。

二极管的主要参数包括最大整流电流、最高反向工作电压、反向电流、动态电阻、结电容等；三极管的主要参数包括直流参数（$I_{CBO}$，$I_{CEO}$，$I_{EBO}$，$\beta_1$），交流参数（$\beta$，$\alpha$，$f_\beta$，$f_\alpha$，$f_T$）、极限参数（集电极最大允许电流 $I_{CM}$，集电极—基极击穿电压 $BV_{CBO}$，发射极—基极反向击穿电压 $BV_{EBO}$，集电极—发射极击穿电压 $BV_{CEO}$，集电极最大允许耗散功率 $P_{CM}$）等。

1）二极管的检测

检测内容：二极管的单向导电性、反向工作电压、可焊性。

检测方法：采用晶体管图示仪完成参数的检测，通过目视和实验的方法进行可焊性检测；另外，可采用万用表对一些主要参数和故障做简单的检测。

二极管具有单向导电特性，可通过数字万用表的二极管挡检测其电极，并可估测出二极管是否损坏。

使用二极管挡时，黑、红表笔在正、反向测量二极管两端时，压降应有较大差异，当测量数值较小时，红表笔所接电极为正（p）；若测得二极管的正、反向压降值均接近 0 或较小，则说明该二极管内部已击穿短路或漏电损坏。若测得二极管的正、反向压降均很大，则说明该二极管已开路损坏。

二极管的反向工作电压应用晶体管图示仪完成检测。

2）三极管检测

检测内容：放大能力、极限参数、可焊性。

检测方法：采用晶体管图示仪完成主要参数的测量（这是主要方法）；应用万用表可估测主要参数；通过目视和实验的方法进行可焊性检测。

应用数字万用表的二极管挡分别测定两个 PN 结，若某脚为两个结的 P 或 N，则可判定该管子基本是好的，同时可确定该管为 NPN 或 PNP 型，该脚为三极管的基极。

利用万用表的 $h_{EF}$ 挡可初步判定管子的放大能力和 c、e 极；按照管型和确定的基极，将三极管基极固定，插入位置不变，而将其他两脚分别插入 c、e 位置，某次读数大，则说明引脚位置正确，同时读数为该管的放大倍数。另外，也可用数字万用表测量 e、c 极之间的电阻方法来估测三极管的穿透电流 $I_{CEO}$。

3）集成电路

本机采用了两片集成电路 CD5151 和 LM386，分别完成图像信号的中频、低频处理、伴音信号的中频处理、同步信号处理、音频放大等任务。CD5151 和 LM386 的内部框图和引脚如图 6-11 所示。

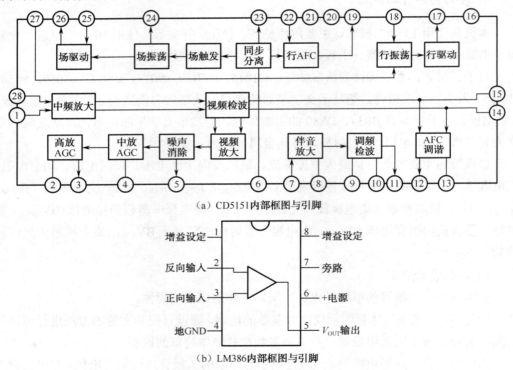

(a) CD5151 内部框图与引脚

(b) LM386 内部框图与引脚

图 6-11 IC 芯片内部结构

芯片的功能、性能必须依靠专用检测设备来完成，生产制造中的检测主要针对外观、可焊性等进行；通过万用表测量引脚间的电阻大小，也可做 IC 质量的粗略检测。

外观检测：主要包括引脚的平直情况、型号字符的印制情况。

可焊性检测：方法同前。

注意：在进行检测时，注意不要用手摸元器件引脚，以防损坏器件。

**3．其他器件的检查**

1）印制电路板

印制电路板实现整个电路的连接关系，所有元器件、信号之间的关系都要通过印制电路板来实现，焊点数量多，线条的粗细差异大，因此印制电路板的检测需要认真进行。

检测内容：连接关系、可焊性。

检测方法：连接关系需要专用设备完成，一般在生产的时候是做过检测的，实际中仍需要目视检测主要线条、焊盘的连接情况。可焊性主要针对焊盘进行，仔细查看阻焊和助焊是否覆盖到所有板面，印制电路板有无破损，有无裂纹，焊盘是否干净等。

注意事项：检测时，不能用手触摸印制电路板，以防影响可焊性；另外，本印制电路板为三块子板拼在一起的，不要将其掰断。

2）外壳与结构件

一个完整的产品，不同部件的固定、不同模块的连接、外观的需求等都要通过外壳与结构件来完成。对于外壳，主要检测有无破损、划痕，前后盖间的契合程度，有无漏开的连接孔等；对于结构件，主要检测数量、类型，同时对每个构件要检测是否有变形、损坏等情况。

3）高频调谐器

高频调谐器简称高频头，在接收机的最前端，完成射频信号的选频、放大、变频等功能。本机采用电子调谐全频段高频头，型号为 UVD6201-DK，调谐器的基本框图和实物如图 6-12 所示，其作为部件直接用于接收机中。

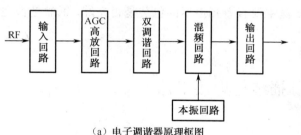 

（a）电子调谐器原理框图　　　　　　　　（b）电子调谐器实物图

图 6-12　电子调谐器框图与实物

调谐器的质量对接收机的性能影响非常大，对其参数性能的检测是非常严格的，企业、国家都有相关的标准可查，检测设备为专用设备。

4）显像管

显像管为电真空器件，实现电-光转换，将电信号重现为图像；通过电子枪发射电子束，利用磁场对电子束的偏转作用控制电子的方向来轰击荧光屏上的荧光粉，产生图像。其内部结构与外部引脚如图 6-13 所示。

显像管的参数可分为机械性能参数、电性能参数和光性能参数。

机械性能参数主要包括：荧光屏尺寸、偏转角、管颈直径。

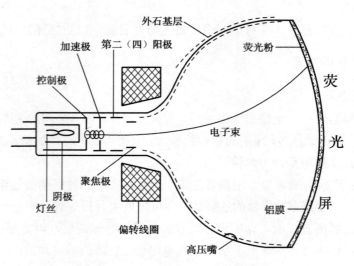

图 6-13 黑白显像管结构示意图

电性能参数主要包括：灯丝电压与电流、控制栅极与阴极间的电压、加速阳极电压、聚焦阳极电压、高压阳极电压、显像管截止电压。

光性能参数主要包括：分辨率、亮度、对比度。

检测主要通过专用设备完成，生产中的检测主要是关心真空度是否良好，有无损坏。

5）扬声器

扬声器为电-声转换器件，完成电能向机械能的转化。本机采用一个 8Ω、1W 的动圈式扬声器。

检测内容：音频线圈、外观。

检测方法：通过万用表欧姆挡测定扬声器两个焊点，听扬声器的声音，同时查看万用表的读数是否在 8Ω 附近；外观检测主要查看扬声器的包装是否完好、纸盆是否完好、外接焊片的内部线是否到位等。

## 6.4 插装与焊接工艺

根据本机器件的特点，可采用的插装与焊接方式有以下几种：手工插件、手工焊接，手工插件、机器焊接（浸焊、波峰焊），自动插件、机器焊接（波峰焊）。以下分别讨论不同方案的实施要点和注意事项。

### 6.4.1 主板的流水线手工插件

流水线插装的基本思路和手工单独插装的先后顺序相同，但需以每个工位工作量基本相等、整体效率最高为基础，然后按照元器件的外形尺寸，根据由低到高、由小到大、区域相对接近、易搞混元器件、特殊元器件特殊处理等规则，给每个工位分派元器件，以达到提高整体效率、减少插错率的目的。本机中的工位和插件要求如表 6-1 所示。

表 6-1 插件工位与任务分配

| 工位号 | 元器件名称 | 位 号 | 备 注 |
|---|---|---|---|
| 1 | 短跨线 | W1~W15 | 共 15 根；注意各短跨线的长度及插装要平直 |
| 2 | 电阻器 | R46, R50, R51, R61, R27, R1, R13, R28, R41, R30, R29, R39, R25, R63, R34 | 共 15 个 1/4W 电阻；插装前手工成型要注意跨距；插装采用无间隙方式进行 |
| 3 | 电阻器 | R26, R4, R18, R55, R54, R17, R19, R20, R66, R52, R37, R38, R5, R12; | 共 14 个 1/4W 电阻；插装前手工成型要注意跨距；插装采用无间隙方式进行 |
| 4 | 电阻器 | R7, R14, R32, R53, R21, R16, R59, R68, R3, R70, R67, R8, R9, R6, R65 | 共 15 个 1/4W 电阻；插装前手工成型要注意跨距；插装采用无间隙方式进行 |
| 5 | 电阻器 | R71, R43, R24, R56, R2, R66, R64, R35, R57, R15, R22, R31, R58, R36, R47 | 共 15 个 1/4W 电阻；插装前手工成型要注意跨距；插装采用无间隙方式进行 |
| 6 | 电阻器 | R45, R33, R49, R48, R23, R42, R11, R44, R10, R40, R62 | 共 11 个 1/4W 电阻，9 个 1/4W 电阻，R40 和 R62 为 1/2W；插装前手工成型要注意跨距；插装采用无间隙方式进行 |
| 7 | 二极管 | D2, D3, D4, D5, D9, D11, D10, D12, D13, D6, D14, D7, D8 | 共 13 个器件；较难区分的是 D6 和 D14，为稳压二极管，其稳压值在壳体上可见；其他二极管的型号见壳体；注意二极管插装时的极性；还有手工成型时打弯的地方不能离壳体太近 |
| 8 | 瓷片电容 | C21, C17, C9, C16, C24, C22, C12, C2, C1, C14, C7, C56, C54, C34 | 共 14 个器件；手工成型时必须给器件与印制电路板之间留有空隙；插装时要保证元器件的正直 |
| 9 | 电容 | C11, C100, C4, C59, C31, C66, C67, C68, C69, C38, C15, C19, C40, C35, C25, C26; | 共 16 个器件；其中 C25 和 C26 为涤纶电容，插装时，器件要插到底，保证元器件的正直；其余为瓷片电容，要求同前 |
| 10 | 涤纶电容 电感 微调电阻 | C41, C61, C58, C42, C36, C49, C65, C50, C51, C47; L1, L2, VR5, VR6, VR1, VR8 | 共 16 个元器件；涤纶电容、线绕电感 L2 要插到底；微调电阻要保证插装端正；色码电感要求无间隙安装 |
| 11 | 三极管 | Q4, Q5, Q6, Q7, Q2, Q8, Q1, Q10, Q9 | 共 9 个元器件；三极管在插装时需注意引脚位置、型号 |
| 12 | IC、SAWF | U1, U2, LB3811 | 共 3 个元器件；集成电路在插装时需注意引脚位置、所有引脚是否都插到位，另外，不要用手摸芯片引脚；SAWF 的插入方向是唯一的 |
| 13 | 滤波器、插座 | XP38M, T1, CF1, CF2, SP1, CP1, CP2, CP3, CP5, CN1 | 共 10 个器件；集中滤波器无极性要求，要求由间隙插装；插座在插装时一定要插到底，焊接时间不能太长 |
| 14 | 电解电容 | C53, C60, C43, C57, C27C6, C13, C45, C33, C63, C18 | 共 13 个元器件；电解电容在插装时需注意极性，印制电路板上圆圈内画阴影位置表示电容的负；电解电容插装要到底，保证器件正直 |
| 15 | 电解电容 | C72, C55, C23, C5, C73, C29, C30, C28, C62, C32, C64, C52, C37 | 共 13 个元器件；电解电容在插装时需注意极性，印制电路板上圆圈内画阴影位置表示电容的负；电解电容插装要到底，保证器件正直；C37 是无极性的 |

续表

| 工位号 | 元器件名称 | 位号 | 备注 |
|---|---|---|---|
| 16 | 电解电容 调整管 TDQ | C70、C44、Q3、TUM | Q3为功率三极管，插装时散热片的固定插针和器件引脚都要插入相应的位置；C70和C44要插到底，保持电容器正直；电子调谐器引脚较多，插装时注意方向，注意所有的脚都要引出去且整个器件要平正，不能歪斜 |
| 17 | 连接件 | DC插座、AC插座、耳机插座、AV/TV按钮、AV插座（2个）、VR3、VR4、VR9 | 9个器件；插座一定要插装到位；三个塑柄微调电阻要保持旋柄与主板平行，且不能偏斜 |
| 18 | 其他器件 | VR2、VR7、SW3、SW1、SW2、显像管管座 | 6个器件；两个电位器和几个开关必须插装到底，引脚外露部分长度一致，以保证装配质量 |
| 19 | 部件准备 | Q3散热器、各类导线 |  |
| 20 | 特殊器件 | 行输出变压器 |  |

### 6.4.2 主板的自动焊接

手工插件过程和要求在前面章节已介绍过，此处仅就自动焊接技术做介绍。在规模化生产中，对于通孔焊接，常用的自动焊接技术主要有浸焊和波峰焊，下面分别介绍两者的原理与特点。

**1. 浸焊**

浸焊是将插装好元器件的印制电路板在熔化的锡槽内浸锡，一次完成印制电路板众多焊接点的焊接方法，它不仅比手工焊接大大提高了生产效率，而且可消除漏焊现象。浸焊有手工浸焊和机器自动浸焊两种形式。

1）手工浸焊

手工浸焊是由操作工人手持夹具将需焊接的已插装好元器件的印制电路板浸入锡槽内来完成的，其操作步骤和要求如下：

（1）锡槽的准备。锡槽熔化焊锡的温度以 230～250℃为宜。对较大的器件与印制电路板，可将焊锡温度提高到260℃左右，且随时加入松香助焊剂，及时去除焊锡层表面的氧化层。

（2）印制电路板的准备。将插装好元器件的印制电路板浸渍松香助焊剂，使焊盘上涂满助焊剂。

（3）浸锡。用夹具将待焊接的印制电路板水平地浸入锡槽中，使焊锡表面与印制电路板的焊盘完全接触。浸焊的深度以印制电路板厚度的50%～70%为宜，浸焊的时间为3～5s。

（4）完成浸焊。达到浸焊时间后，立即取离锡槽。稍冷却后，即可检查焊接质量，若有较大面积未焊好，则应检查原因并重复浸焊。个别焊接点可用手工补焊。

（5）剪脚。对元器件直脚插装的印制电路板应用电动剪刀剪去过长的引脚，露出锡面长度不超过 2mm 为宜。

浸焊的关键是印制电路板浸入锡槽一定要平稳,接触良好,时间适当。由于手工浸焊仍属于手工操作,要求操作工人具有一定的操作水平,因而不适用于大批量生产。

2)机器自动浸焊

(1)工艺流程。

如图 6-14 所示的是自动浸焊的一般工艺流程图。将插装好元器件的印制电路板用专用夹具安置在传送带上。印制电路板先经过泡沫助焊剂槽被喷上助焊剂,加热器将助焊剂烘干,然后经过熔化的锡槽进行浸焊,待锡冷却凝固后再送到切头机剪去过长的引脚。

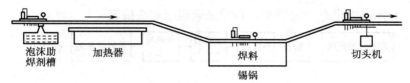

图 6-14 自动浸焊工艺流程图

(2)自动浸焊设备。

① 带振动头自动浸焊设备。一般自动浸焊设备上都带有振动头,它安装在安置印制电路板的专用夹具上。印制电路板由传动机构导入锡槽,浸锡 2~3s,开启振动头 2~3s 使焊锡深入焊接点内部,尤其对双面印制电路板效果更好,并可振掉多余的焊锡。

② 超声波浸焊设备。超声波浸焊设备是利用超声波来增强浸焊的效果,增加焊锡的渗透性,使焊接更可靠。此设备增加了超声波发生器、换能器等部分,因此比一般设备复杂一些。

(3)浸焊操作注意事项。

① 为防止焊锡槽的高温损坏不耐高温的元器件和半开放性元器件,必须事前用耐高温胶带贴封这些元器件。

② 对未安装元器件的安装孔也需贴上胶带,以避免焊锡填入孔中。

③ 工人必须戴上防护眼镜、手套,穿上围裙。所有液态物体要远离锡槽,以免倒翻在锡槽内引起锡"爆炸"及焊锡喷溅。

④ 高温焊锡表面极易氧化,必须经常清理,以免造成焊接缺陷。

浸焊比手工焊接的效率高,设备也较简单,但由于锡槽内的焊锡表面是静止的,表面氧化物易粘在焊接点上。并且印制电路板被焊面全部与焊锡接触,温度高,易烫坏元器件并使印制电路板变形,难以充分保证焊接质量。浸焊是初始的自动化焊接,目前在大批量电子产品生产中已为波峰焊所取代,或在高可靠性要求的电子产品生产中作为波峰焊的前道工序。

**2. 波峰焊**

波峰焊是目前应用最广泛的自动化焊接工艺。与自动浸焊相比,其最大的特点是锡槽内的锡不是静止的,熔化的焊锡在机械泵(或电磁泵)的作用下由喷嘴源源不断流出而形成波峰,波峰焊的名称由此而来。波峰即顶部的锡无丝毫氧化物和污染物,在传动机构移动过程中,印制电路板分段、局部与波峰接触焊接,避免了浸焊工艺存在的缺点,使焊接质量可以得到保证,焊接点的合格率可达 99.97%以上,在现代工厂企业中它已取代了大部分的传统焊接工艺。

1)波峰焊的工艺流程

如图 6-15 所示的是两种波峰焊工艺流程图。图 6-15(a)的工序比较简单,只包含了必要的工序,因此其相应的造价也就较便宜。图 6-15(b)的工序较复杂,几乎包含了所有的焊接工序,因而自动化程度高,设备结构庞大,造价也高。由于整个过程经过了浸焊和波峰焊的两次焊接,所以焊接质量高,但也容易造成印制电路板受热过度、助焊剂脱落,对元器件也有一定影响,必须采取相应解决措施。

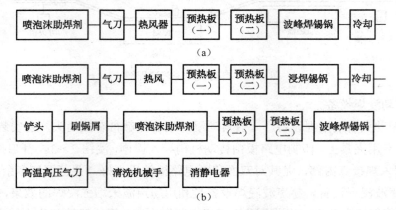

图 6-15 波峰焊工艺流程图

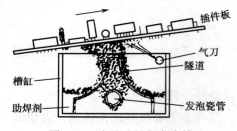

图 6-16 泡沫助焊剂发生槽

2)波峰焊设备主要部分的功能

(1)泡沫助焊剂发生槽。它由塑料或不锈钢制成的槽缸,内装一根微孔型发泡瓷管或塑料管,槽内盛有助焊剂。当发泡瓷管接通压缩空气时,助焊剂即从微孔内喷出细小的泡沫,喷射到印制电路板覆铜的一面,如图 6-16 所示。为使助焊剂喷涂均匀,微孔的直径一般为 $10\mu m$。

也有的设备采用滚刷、浸渍等方法。

(2)气刀。它由不锈钢管或塑料管制成,上面有一排小孔,同样也接上压缩空气,向着印制电路板表面喷气,将板面上多余的助焊剂排除,同时把元器件引脚和焊盘"真空"的大气泡吹破,使整个焊面皆喷涂上助焊剂,以提高焊接质量。

(3)热风器和两块预热板。作用是将印制电路板焊接面上的水淋状助焊剂逐步加热,使其成糊状,增加助焊剂中活性物质的作用,同时也逐步缩小印制电路板和锡槽焊料温差,防止印制电路板变形和助焊剂脱落。由于助焊剂被加热成糊状或接近于固态,因此可有效防止"锡爆炸",消除印制电路板上的桥连问题。

热风器结构简单,一般由不锈钢板制成箱体,上加百叶窗口,其箱体底部安装一个小型风扇,中间安装加热器,如图 6-17 所示。当风扇叶片转动时,空气通过加热器后形成热气流,经过百叶窗口对印制电路板进行预加热,温度一般控制在 40~50℃。

预热板的热源有多种,如电热丝、红外石英管等。对预热板的技术要求是加热要快,对印制电路板加热温度要均匀、节能,温度易控制。一般要求第一块预热板使印制电路板焊盘或金属化孔(双层板)温度达到 80℃左右,第二块则使温度达到 100℃左右。

(4)波峰焊锡槽。它是完成印制电路板波峰焊接的主要设备之一。熔化的焊锡在机械泵(或电磁泵)的作用下由喷嘴源源不断喷出而形成波峰,如图 6-18 所示。当印制电路板经过波峰时即达到焊接的目的。

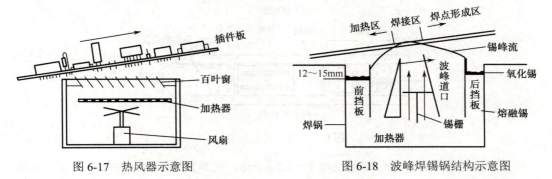

图 6-17 热风器示意图　　　　图 6-18 波峰焊锡锅结构示意图

波峰焊设备的型号和品种有很多,就其波峰形状而言可分为 $\lambda$ 波、$Z$ 波、$P$ 波、$T$ 波、双 $T$ 和双 $\lambda$ 波等几种,如图 6-19 所示。构造上有圆周形和直线形两种,如图 6-20 所示。

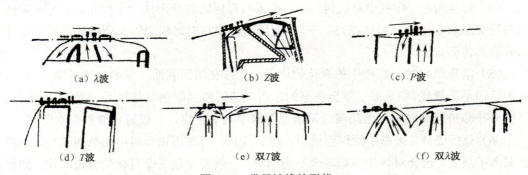

图 6-19 常见波峰的形状

3)波峰焊设备操作要点

(1)焊接温度。指焊接处与熔化的焊锡波峰相接触时的温度。温度过低会使焊接点毛糙、拉尖、不光亮,甚至造成虚假焊。温度过高易使锡氧化加快,还会使印制电路板变形,损坏元器件。一般温度控制在 230~250℃,但还需要根据印制电路板的基板材料与尺寸、元器件的多少和热容量大小、传送带速度及环境气候不同,经试验后做出相应调整。

(2)波峰高度。波峰要稳定,波峰高度最好是作用波的表面高度达到印制电路板厚度的 1/2~2/3 为宜。波峰高度直接影响焊接质量。高度不够,往往会造成漏焊和挂锡。波峰过高会使焊接点拉尖、堆锡过多,也会使锡溢在印制电路板插件表面,烫坏元器件,造成整个印制电路板报废。

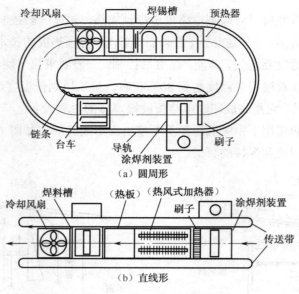

图 6-20 波峰焊机示意图

（3）传送速度。一般传送速度取 1～1.2m/min，视具体情况决定。冬季，印制电路板线条宽，元器件多，元器件热容量大时，速度可稍慢一些，反之，速度可快一些。速度过慢，则焊接时间过长，温度过高，易损坏印制电路板和元器件。速度过快，则焊接时间过短，易造成虚假焊、漏焊、桥连、气泡等现象。

（4）传送角度。印制电路板传送时，如果与焊锡的波峰形成一个倾角，则可消除挂锡与拉尖现象。倾角一般选在 5°～8°之间，视印制电路板面积及所插元器件多少经试验后具体确定。

（5）清理氧化物。锡槽中的氧化物比重小，浮在熔锡表面，量少时可以隔离空气，保护熔锡不再氧化。积累多了则会在泵的作用下随锡喷到印制电路板上，使焊点不光亮、产生渣孔和桥连等缺陷，因此需经常清理锡槽中的氧化物，一般每日清理两次即可。

（6）分析成分。锡槽中的焊锡使用一段时间后，会使锡铅焊料中的杂质增加，主要是铜离子杂质，这会对焊接质量带来不利影响。一般要定期三个月化验分析一次，如果超过了允许含量，则要采取措施甚至完全调换。

4）波峰焊注意事项

波峰焊是高效率、大批量的生产手段，稍有不慎，出现的问题也将是大量的，因此操作工人应对设备的构造、性能、特点有全面的了解，并熟练掌握操作方法。在操作上还应注意以下几个环节。

（1）焊接前的检查。焊接前应对设备的运转情况，待焊接印制电路板的质量及插件情况进行检查。

（2）焊接过程中的检查。在焊接过程中应经常注意设备运转，及时清理锡槽表面的氧化物，添加聚苯醚或蓖麻油等防氧化剂，并及时补充焊料。

（3）焊接后的检查。焊接后要逐块检查焊接质量，对少量漏焊、桥连的焊接点，应及时进行手工补焊修整。如出现大量焊接质量问题，要及时找出原因。

### 3. 组焊射流法

这是一种经过改进了的更为先进的波峰焊设备。主要是对锡槽中熔锡波峰的产生装置进行了改进，不仅可以焊接一般的单面印制电路板，也可以焊接双面和多层印制电路板，能够保证焊锡充满金属化孔内，使焊接点达到很高的可靠性和很高的强度。组焊射流装置如图6-21所示。

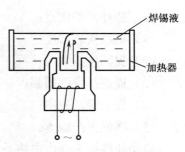

图6-21 组焊射流装置

组焊射流法的基本工作原理是：槽内充满锡液并有6个小室，在这些小室内部装有电磁铁的磁极，其绕组供以交流电。当电流通过线圈时，在铁芯中产生一个磁通，这一磁通包住了熔锡，而熔锡起到二次短路线圈的作用。当这一磁通随时间做周期性（50Hz）变化时，它就在熔化的焊锡中感应出一个电动势。因为熔锡起二次短路线圈的作用，所以强大的感应电流通过熔锡，在短路的熔锡线圈中感应出的电流与电磁极的一次磁场相互作用，从磁场中得到一个能够将熔化了的焊锡向上抛的力。在锡面上形成两个熔锡的波峰，它的高度可通过自耦变压器来调节。锡液的温度是靠电子电位差计和镍铬铜热电偶自动控制的，也就是根据它们的反馈信号，接通或断开锡槽的加热器，使温度的控制实现自动调节。

该装置有一个控制面板，装有电压表和电流表，用来指示电磁线圈中的电流和电压。电容器组在调谐时用来选择频率。为了使电磁极之间形成的两个喷峰分布成宽而均匀的熔锡流，要使用液压变换器（喷嘴）。变换器排在槽的小室之间的空隙中，由两个小室（上和下）、锡流扩散器和磁路分路器组成。它的形状能满足在整个宽度上获得稳定、均匀的射流要求，可用实验的方法来确定。液压变换器同时也能对锡流进行调节。

### 4. 特殊元器件的手工插装与焊接

在本机中因行输出变压器体积较大，同时为保证焊接的机械强度，在完成自动焊接后设专门工位进行手工焊接。

## 6.4.3 主板的自动插装

针对本机THT特点，本机的制造采用元器件的自动插装、应用波峰焊技术等实现自动焊接，可大大提高效率和产品质量。因常见的自动焊接技术也在前述章节中做过介绍，做此处仅介绍自动插装的实现技术。

### 1. 自动插件机简介

自动插件机属于机电一体化的高精尖设备，能将有规则的电子元器件自动标准地插装在印制电路板导电通孔内的机械设备上。

按照插装元器件的特点主要可分为：跨线插件机、轴向件插件机、径向件插件机、异型插件机等几类。按照自动化程度可分为半自动插件机、全自动插件机等。

自动插件机的优点：
（1）提高安装密度；
（2）提高抗振能力；
（3）提高频特性增强；
（4）提高劳动效率；
（5）降低生产成本。

自动插件机主要由电路系统、气路系统、X-Y 定位系统（带工作夹具）、插件头组件、打弯剪切砧座、自动校正系统、自动收放板系统、编序机和元器件栈、元器件检测器、对中校正系统等几部分组成。

### 2．典型机器介绍

为了对插件机总体性能有个初步了解，下面举例国产和进口插件机的主要特点、参数与性能。

1）国外产品简介

（1）NM-20IIC（日本松下公司）。

① 主要适用于电阻器（1/8W，1/6W，1/4W，1/2W）、跨接线、二极管、圆筒形陶瓷电容器。

② 可变更跨接插件高度（5～26mm）。

③ 可使用 26mm 和 52mm 编带元器件混载，适用于盒装或盘装。

④ 可显示并打印输出生产管理信息和运载情况，利用 CRT 显示器以对话方式进行操作。

⑤ 插入方向为两个方向，插入速度为 0.48s/个。

⑥ 可插入范围：max508×381，min90×60。

（2）MODEL 6360A（美国环球公司）。

① 适用元器件：陶瓷电容器（3～11）、电解电容器（3～10）、薄膜电容器（W3-12）、立式电阻器、晶体管（7092 型）。

② 可插入间距 5mm/2.5mm，可实现高密度插入。

③ 可插入 20～80 种元器件。

④ 最大可插入范围 457mm×457mm。

⑤ 可插入方向为 3 个方向，插入速度为 0.42s/个。

⑥ 具有自校正装置。

2）国产设备简介

东莞市新泽谷机械有限公司于 2005 年 9 月研发制造出国内第一套自动插件设备，典型设备简介如下。

（1）XZG-4000。

XZG-4000 系列机器可将不同种类的编带元器件（碳膜电阻、二极管、圆柱状电容等元器件）按设定的程序顺序编排在链条的料夹上，供插件头使用。本设备将插件头部分水平固定不动，由 X、Y 机构的移动实现在 PCB 各区域精密插件，插件的角度是由转盘转动实现的，所有操作均由一台计算机控制，如图 6-22 所示。

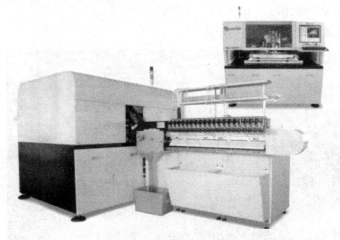

图 6-22　XZG-4000 设备图片

主要指标如下。
① 理论速度：24000 点/h。
② 插入不良率：小于 300PPM。
③ 插入方向：0°、90°、180°、270°。
④ 元器件跨距：双孔距 5.0~20mm（专插入跳线时可达到 3~5mm）。
⑤ 基板尺寸：最小 50mm×50mm，最大 450mm×450mm。
⑥ 基板厚度：0.79~2.36mm。
⑦ 元器件种类：电容、晶体管、二极管、电阻、熔断丝等卧式编带封装料。
⑧ 跳线（JW）：独立输送方式，直径 0.5~0.7mm 锡铜线。
⑨ 元器件引线剪脚长度：1.2~2.2mm（可调）。
⑩ 元器件引线弯脚角度：0~35°（可调）。

（2）XZG-3000。
XZG-3000 系列机器是立式插件机，采用独立的多套数的伺服控制系统，达到高速度、高密度的效果。应用软件基于中文 Windows 2000 系统，操作界面简单，可实现人机界面的对话。XZG-3000 自动立式插件机主要指标如下。
① 理论速度：18000 点/h（软件系统升级可提速）。
② 插入不良率：小于 300PPM。
③ 插入方向：0~360°，增量为 1°。
④ 引线跨距：双间距 2.5mm/5.0mm。
⑤ 基板尺寸：最小 50mm×50mm，最大 450mm×450mm。
⑥ 基板厚度：0.79~2.36mm。
⑦ 元器件规格：最大高度为 23mm，最大直径为 13mm。
⑧ 元器件种类：电容、晶体管、三极管、LED 灯、按键开关、电阻、连接器、线

圈、电位器、保险丝座、熔断丝等立式编带封装料。

⑨ 元器件引线剪脚长度：1.2～2.2mm（可调）。

⑩ 元器件引线弯脚角度：10～35°（可调）。

XZG-3000 设备图片如图 6-23 所示。

图 6-23　XZG-3000 设备图片

（3）XZG-7000。

XZG-7000 为异型电子元器件插件机，可将各种规格的散装轻触开关或排插等异型电子元器件经振动盘定向排序并输送到插件头，再将其按编写的程序以 12000 点/h 的速度准确地插入 PCB 上。应用软件基于中文 Windows 2000 系统，操作界面简单易懂，可实现人机界面的对话。

插件机主要指标如下。

① 理论速度：12000 点/h。

② 插入不良率：小于 500PPM。

③ 插入方向：0°、90°、180°。

④ 基板尺寸：最大 450mm×450mm。

⑤ 基板厚度：0.79～2.36mm。

⑥ 插件元器件对象：各式散装排插、轻触开关等，根据客户要求可以定做。

⑦ 插件轴数：2～3 个。

⑧ 机器尺寸（长×宽×高）：1800mm×1800mm×1600mm。

⑨ 机器重量：750kg。

⑩ 使用电源：220V AC（单相），50/60Hz，1.2kV·A。

XZG-7000 设备图片如图 6-24 所示。

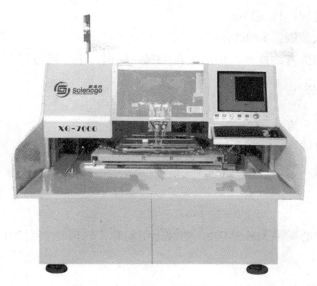

图 6-24　XZG-7000 设备图片

## 6.5　部件的准备与调试

经过插装与焊接，按照整机生产程序，本节讨论其装配与调试工艺问题。装配是根据设计要求，利用不同的连接工艺将电子元器件、零件、部件，根据需要组装为一个有机功能体的过程。常用的连接方式主要有螺装、铆装、黏结、导线连接、印制电路板连接等形式。装配分为部件装配和整机装配两个层次，在部件装配调试的基础上进行整机装配和调试，部件的装配（准备）是调试的基础，部件调试是整机调试的基础，本节讨论部件的装配与调试问题，下节讨论整机的装配与调试问题。

### 6.5.1　部件调试的主要指标

**1．电源部分**

（1）额定直流输出电压：9.8±0.2V（额定输入电压 220V、50Hz）。

（2）负载特性：当负载电流为 1.2～0.8A（负载电阻为 11～15Ω）时，相应的直流电压变化不大于±0.2V。

（3）电网波动调整特性：负载不变，当交流输入电压在 180～240V 范围内变化时，相应的输出电压变化不大于±0.2V。

（4）交流纹波电压：在稳压范围内和额定负载下，交流纹波电压小于 5mV。

**2．行扫描部分**

（1）行非线性失真：≤18%。

（2）行逆程时间：12～13μs。

（3）行频引入范围：≥±400Hz。

（4）光栅几何失真：枕形、桶形失真≤3%，梯形、平行四边形失真≤1.5%。

### 3．场扫描部分

（1）场非线性失真：≤12%。

（2）场逆程时间：≤1ms。

（3）场同步引入范围：≥±6Hz。

### 4．伴音通道

鉴频特性：中心频率为6.5MHz，曲线上下对称，峰值带宽为250～300kHz，直线部分带宽>150kHz。

### 5．图像中放部分

（1）图像中频38MHz，伴音中频31.5MHz，以及两个吸收点30MHz、39.5MHz的程度。

（2）中放增益≥60dB。

（3）选择性：和38MHz中频相比，对30MHz，39.5MHz的衰减应大于20dB；对31.5MHz的衰减为20～26dB。

（4）中放特性曲线的形状满足残留边带调制的需求。

## 6.5.2 前控板与管座板准备测试

### 1．前控板的准备与测试

前控板主要安装有电源开关、波段开关、音量电位器、选台电位器及相关连接线等，准备的内容包括所有器件的插装与焊接到位、插头/插座安装到位，电源开关、各种电位器的外部连接件的安装等。

检测的主要内容包括器件安装是否存在歪斜、焊点是否正常，有无存在连焊、漏焊、虚焊等问题；开关的按压是否灵活，旋钮在转动过程中是否流畅；检测的方法是通过目测和实际操作来完成的。

可通过万用表来完成开关状态、阻值变化的测试。在电阻测试过程中，实际读数应和标称值一致。

### 2．管座板的检测

管座板上安装有两个器件——排线和管座，完成显像管引脚与主板电路的连接。检测的关键是目测焊接质量，以及CP-5连接线的次序应正确。

## 3. 前控板、管座板的连接

1）管座板连接线准备

管座上的连接线是保证图像正常显示的关键连接之一，其中包括阴极的视频输出线4、灯丝供电引线1、加速极供电引线2、地线3，连接关系如图6-25所示。

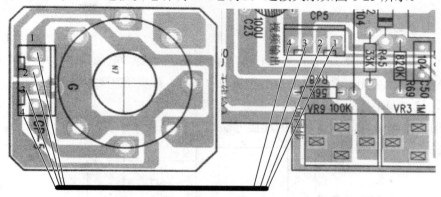

图 6-25　管座板引线关系示意图

2）前控板连接线准备

CP1 与 CP-1、CP2 与 CP-2、CP3 与 CP-3、CP4 与 CP-4 分别为音量调节电位器、选台调节电位器、波段开关、电源开关连接线。插头连接线焊接时应注意线序的约束，即 1-1，2-2，3-3，4-4。

## 4. 机壳部件的安装

1）安装显像管
- 水平放置好电视机前面壳，将显像管对准安装位平稳放置。
- 套入显像管固定夹，确认显像管到位后锁紧4个固定螺钉。

2）安装偏转线圈
- 顺着管径缓慢套入偏转线圈，并把线圈焊接头朝向高压嘴一边，把线圈推入到位后锁紧固定螺钉。

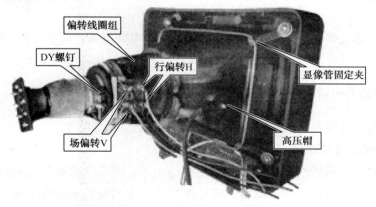

图 6-26　显像管及偏转线圈安装示意图

● 将 220mm 的 4 芯线焊接在偏转线圈上。其中焊接头上下为一组，靠近里面的是行偏转线圈，外面的是场偏转线圈；在 4 芯线焊接时，插头带突出部分面向自己，左侧两根线是行偏转线圈，另外两根是场偏转线圈。

### 6.5.3 主板的调试

**1. 电源的调试**

简单调试方法：断开 Q3 集电极与其他电路的连接，电源地与 Q3 集电极接入 30Ω/20W 的负载电阻，并将数字万用表黑表笔接地，红表笔接 Q3 集电极，调整微调电阻 VR6，使电源电压为 9.8±0.2V。

采用仪器测量时，测量系统的连接方法如图 6-27 所示。

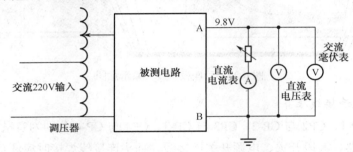

图 6-27　测量系统的连接方法

其中，A 端接 Q3 集电极，电位器为 50W/100Ω的滑线变阻器；直流电流表的量程为 2A；直流电压表的量程为 20V；交流毫伏表的挡位为 10mV。

（1）通过自耦变压器进行电源电路的输入动态范围的检测和调试，调试过程中应注意输出电压、输出电流的变化是否在规定的范围内。

（2）在确保交流输入为 220V 的条件下（输入电视机电源输入端），调整滑线变阻器的中心活动端，使得负载电阻在 100～30Ω之间变化，观察输出直流电压、交流毫伏表的数据变化，以达到对电源电路负载能力的测试。

（3）在输入电压和负载变化的条件下，观察输出纹波的变化规律，检查是否达到指标中的要求。

（4）去掉输入调压器，直接将电视机接入工频电网电压，调整 VR6 使输出电压为 9.8±0.2V。

**2. 扫描通道的调试**

调试工具：万用表、示波器、频率计、无感螺丝刀。

1）行扫描通道调试

行扫描电路为偏转线圈提供一个水平扫描电流，使电子束水平运动；并且该电路还要产生整机工作所需的中、高压，它是接收机产生光栅的关键性电路。主要测试内容如下。

（1）重要测量点的波形；用示波器对振荡产生输出、行推动、行输出几个关键点进行波形测量。

（2）调整行频电位器，用频率计（或示波器）测量行频的变化范围；正常情况下，在行频电位器调整到极限位置时，行频的变化应为14700～16300Hz。

（3）测量行频的引入范围。

（4）接收到一个电视信号，用小螺丝刀调整可调电阻 VR8，使荧光屏上的图像同步，左右幅度平行。

2）场扫描电路调试

场扫描为电视机提供电子束垂直运动的磁场，此电路的好坏将要影响垂直方向的线性和幅度。测量主要包括场振荡单元、锯齿波形成电路、场输出电路的工作静态点和波形，调整 VR9 检测场同步的引入范围，并调到合适位置。调整 VR5 使场幅度大小随之调整，当然它同样也会对场的线性度产生影响。

### 3．公共通道调试

调试的主要工具与仪器：万用表、扫频仪。

公共通道的调整对图像、伴音质量起决定作用；调试的核心问题就是中放特性曲线的形状和关键频率点的幅度；测试的主要设备采用通用或专用的扫频仪来完成。设备的连接关系如图 6-28 所示；其中 A 点为电子调谐器的输出端，B 点为 IC 的第 5 脚（视频输出），Y 轴输入采用非检波探头。另外，测量时主板应正常供电。因为中频滤波器采用集中滤波器，故仅需检测曲线是否符合，如果不符合，则更换集中滤波器。

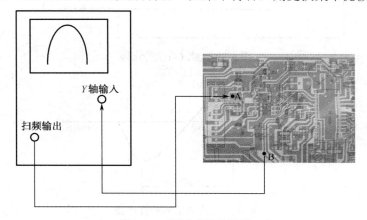

图 6-28　测试系统的连接

典型的中放特性曲线及关键点的幅频特性要求如图 6-29 所示。

### 4．伴音通道调试

调试的主要工具与仪器：万用表、扫频仪、无感螺丝刀。

伴音通道调试的主要内容是鉴频特性曲线的调整，调试系统的连接关系如图 6-30 所示，其中 A 点为伴音中频的输入端，B 点为 IC 的第 11 脚（解调输出），Y 轴输入采用非检波探头。用无感螺丝刀调整 T1，达到如图 6-31 所示的要求，测量时主板应正常供电。

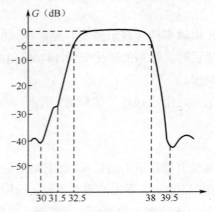

图 6-29　典型中放特性曲线

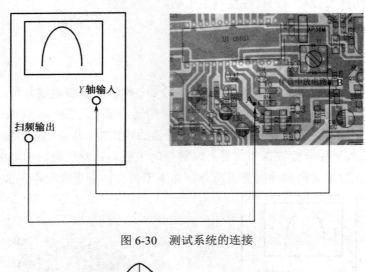

图 6-30　测试系统的连接

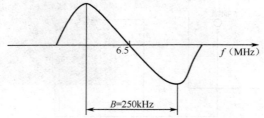

图 6-31　典型鉴频特性曲线

### 6.5.4　主板的在线调试

ICT（In-Circuit Tester）是在线测试技术的缩写，有时也指在线测试仪器。ICT 是在大批量生产电子产品生产线上的测试技术。所谓"在线"具有双重含义：第一，ICT 通常在生产线上操作，是生产工艺流程中的一道工序；第二，它把电路板接入电路，使被测产品成为检测电路的一个组成部分，对电路板及组装到电路板上的元器件进行检测，判断组装是否正确、焊接是否良好或参数是否正确。

ICT 分为静态测试和动态测试。静态 ICT 只接通电源，并不给电路板注入信号，一般用来测试复杂产品——在产品的总装或动态测试之前首先保证电路板的组装焊接没有问题，以便安全地转入下一道工序。以前把静态 ICT 测试称为通电测试。而动态 ICT 在接通电源的同时，还要给被测电路板注入信号，模拟产品实际的工作状态，测试它的功能和性能。动态在线测试对电子产品的测试更完善，也更复杂，因比一般用于测试比较简单的产品。ICT 的基本结构如图 6-32 所示。它的硬件主要由计算机、测试电路、压板、针床和显示、机械传动系统等部分组成。软件由 Windows 操作系统和 ICT 测试软件组成。

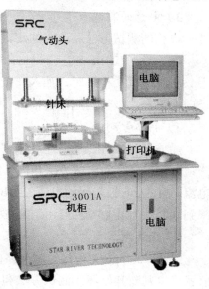

### 1. 在线调试的原理

1）电阻的测试

测量电阻的阻值，其原理很简单，就是通过电阻的测试顶针注入一个电流，测试这个电阻两端的电压，利用欧姆定律 $R=\dfrac{U}{I}$ 计算出该电阻的阻值。

图 6-32 ICT 的基本结构

测量中，如果电阻在电路中与一个电解电容并联，如图 6-33（a）所示，电容充电需要一定时间，将会出现测试误差，测试时要增加一定的延时时间。

测量电阻时，有时因为电路关系需增加一隔离点，如图 6-33（b）所示。电阻 R1 和 R2、R3 并联，当在顶针 1、2 位测试 R1 的阻值时，测试结果不是 1kΩ，而是 700Ω。这是由于从 1 号顶针位流入的电流 $I$ 有一部分流入了 R2、R3 支路。要解决这一问题，可以在 3 号增加一顶针"3"，使 3 号顶针的电位和 1 号顶针的电位相等。那么，R2、R3 支路就不会使 1 号顶针的电流分流，测试结果也就准确了。3 号顶针就称为隔离点。

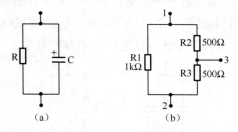

图 6-33 对各类元器件的 ICT 编程及调试方法

2）电容的测试

对电容测量其容量。测试小电容的方法与电阻类似，不同之处是注入交流电流信号，利用 $X_C=\dfrac{U}{I}$、$X_C=\dfrac{1}{\omega C}$ 和 $C=\dfrac{I}{\omega U}$ 进行测量，其中 $f$ 是测试频率，$U$、$I$ 是测试信号电压和电流的有效值。

容量在 100nF 以下的小电容，用交流（AC）测试。大容量的如电解电容值，采用 DC 测试方法，即把直流电压加在电容器两端，因为充电电流随时间指数规律减少，在测试时加一定的延时时间，就能测出其电容量。

3）电感的测试

电感的测试方法和电容的测试类似，也用交流信号进行测试。

4）二极管测试

正向测试二极管时，加入一正向电流，硅二极管的正向压降为 0.6~0.7V，如加一反向电流，二极管的压降会很大。

5）晶体管测试

晶体管测试分三步：先测试它的集电结和发射结，看 b-c 极、b-e 极之间的正向压降，这和二极管的测试方法相同。然后测试晶体管的电流放大作用，在 b-e 极加入基极电流，测试 c-e 极之间的电压。当 b-e 极加入 1mA 电流时，若 c-e 极的电压由原来的 2V 降到 0.7V，则晶体管处于正常的放大状态。

6）跳线测试

跳线（Jumper）跨接印制电路板上的两点，只有通、断两种状态。测试跳线的电阻值就可以判断其好坏，测试方法和电阻测试相同。

7）测试集成电路

通常，对集成电路只测试其引脚是否会有连焊（短路）或虚焊的情况，集成电路的内部性能一般无法通过 ICT 系统进行测试。

测试方法是，以电源 VCC 的引脚作为参考点，将集成电路各引脚的正向电压和反向电压顺序测试一遍，再将各引脚对接地端 GND 引脚的正向、反向电压测试一遍。与正常值进行比较，若有不正常的，可判断该引脚连焊或虚焊。

因电路设计的缘故，有些元器件使用 ICT 测试并不方便，例如图 6-34 中的几种情况。图 6-34（a）是两个阻值不同的电阻并联，只能测出其并联后的电阻值，不能分别测出各自的阻值；图 6-34（b）是一个小电容和一个大电容的并联，不能测出小电容的容量；图 6-34（c）是一个电阻和一个电感的并联，无法测试电阻的数值。图 6-34（d）是一个电容和一个电感的并联，无法测试电感和电容的数值。

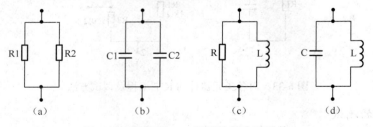

图 6-34 不能用 ICT 测试的部分元器件

经过对单个元器件的测试以后，ICT 再通过对某些关键点的电压测试来判断整块电路板是否组装合格。

2. 在线检测设备与方法

ICT 的计算机系统可以由工业计算机构成，也可以使用普通的 PC。操作系统一般是 Windows，专用的测试软件要根据具体的产品编程，通过接口在屏幕上显示或在打印机上输出测试结果，还能完成对测试结果的数据分析与统计等功能。

测试电路是被测电路板与计算机的接口，它可以分成两部分：开关电路由继电器或半导体开关电路组成，把电路板组件（PCBA）上需要测试的元器件接入测试电路；控制电路根据软件的设定，选中相应的元器件并测试其参数，如对电阻测试其阻值，对电容测试其电容量，对电感测试其电感量等。

测试针床是一块专为被测产品设计的工装电路，不仅是信号的传输工具，而且是被测板和信号板之间的连接纽带。通俗的说法就是相当于一些"导线"，只不过此"导线"是可动的。其特点就是针床的每一根针都和电路板的焊点是一一对应的，图 6-35 是测试针床的示意图。

图 6-35 测试针床的示意图

当压板向下移动一段距离，上面的塑料棒压住电路板往下压的时候，针床上的测试顶针受到压缩，保证测试点与测试电路良好连接，使被测元器件接入测试电路。

ICT 的机械部分包括传送系统、气动压板、行程开关等机构。高档的 ICT 带有传送系统，能够自动把被测产品顺序送到 ICT 设备上；压缩空气通过汽缸驱动压板上升或下降，当压板下降到指定位置，行程开关把气路断开，使压板停止下压动作。

### 6.5.5 后壳组件的准备与测试

1. 安装电源变压器

先将电源变压器输入端与电源输入插座焊好，并用绝缘胶带或套管将焊接处理好，然后将变压器用螺丝刀固定在后盖上，最后将电源插座固定。

### 2. 安装天线

将天线从后盖外面的插口插入，注意一定要插到底，然后从后壳内用螺丝刀将 270mm 长的带焊片单线和天线一并固定在天线位置上。

### 3. 安装喇叭

先将喇叭的连接线焊好，然后在电视机后壳相应位置将其朝外摆放并插入，最后用热熔胶固定。

整个安装位置示意图如图 6-36 所示。

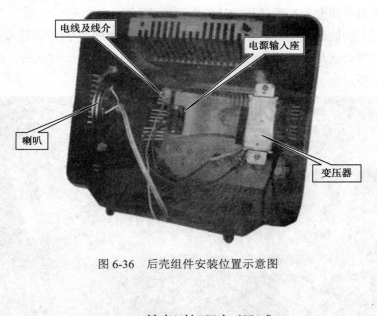

图 6-36　后壳组件安装位置示意图

## 6.6　整机装配与调试

整机装配就是将检验合格的部件、配件等连接合成完整的电子设备的过程。

### 6.6.1　总装原则与要求

#### 1. 总装的一般顺序及对装配件的质量要求

电子整机总装的一般顺序是：先轻后重，先小后大，先铆后装，先装后焊，先里后外，先下后上，先平后高，上道工序不得影响下道工序，下道工序不应改动上道工序等。这些原则总的目的是：顺序合理，安装方便，功效大，各工序有机衔接，保证安装质量。

整机装配总的质量与各组成部分的装配件的装配质量是相关联的。因此，在总装之前对所有装配件、紧固件等必须按技术要求进行配套和检查。

经检查合格的装配件应进行清洁处理，保证表面无灰尘、油污、金属屑等。

## 2．整机总装的基本要求

（1）未经检验合格的零件、部件、整件（包括自制件和外购件）不许装配。已检验合格的零件、部件、整件在装配前要检查外观，表面应无伤痕，涂覆应无损坏。

（2）装配时，电子元器件、机械装配件的引线方向、极性、装配位置应正确，不应歪斜，尤其金属封装电子元器件不应相互接触。

（3）电子元器件的装配及其引线加工时，所采取的方法不得使电子元器件的参数、性能变化或受损。

（4）需要进行机械装配（螺装、铆装、黏结等）的电子元器件，焊接前应当固定，焊接后则不应再调整装配。

（5）装配中的机械活动部分，如控制器、开关等必须使其动作平滑、自如，不能有阻滞的现象。

（6）装配各种封装件时不宜拆封（图纸另有规定的例外）。

（7）止动锁紧件（如传动轴上的止动锁紧器、旋钮顶丝等）、锁紧件（如电子管的固定夹等）在止动锁紧以后，在运输的震动下应保持原止动锁紧状态。

（8）用紧固件（螺钉、螺母、铆钉等）装配地线焊片时，在装配位置上要去掉涂漆层和氧化层，使接触良好。

（9）绝缘导线穿过机座孔时，孔上要装配绝缘圈（橡皮圈、塑胶圈、胶木圈等），防止磨损导线的绝缘层。

（10）密封垫圈和密封环应无损、干净，以免影响密封性能，装配时应注意让密封口上受的力分布均匀。

（11）对载有大功率射频电流的器件，用紧固件装配时，不许有尖端毛刺，以防止尖端放电。

（12）整机装配中需要钻、铰和配打圆锥销孔时，加工后要细心清理切屑。

（13）黏结装配部位应洁净、平整，胶剂不应外溢和不足，黏结后的初期不应受振动和冲击。

（14）铆装应当紧固、不允许有松动现象。铆钉不应偏斜，铆钉头部不应卡列、不光滑等。

（15）装配时勿将异物遗忘在整机里，应当在装配中注意随时随地清理。如焊锡渣、螺钉、螺母、垫圈、导线头、废屑及元器件、工具等。

（16）装配中需要涂覆润滑剂、紧固漆、黏合剂的地方，应当到位、均匀和适量。

整机的调试是保证产品质量的关键工艺环节，不同的调试设备和工艺对调试的质量和效率有非常大的影响。

### 6.6.2 整机装配

**1. 装配流程**

根据电视机结构设计,整个部件组成由前向后,由高到低依次为前壳、显像管及其附件、前控板、主板、后壳、变压器、天线、电源连接线等。装配就是通过工艺手段将不同的部件安装到指定位置达到设计要求,同时达到需要的机械强度、电磁兼容性、电气性能等指标,好的工艺过程除达到以上目的外,还能提高工作效率、节省材料。

根据前述相关规则,整机的装配流程如图 6-37 所示。

图 6-37 整机装配流程图

**2. 整机装配方案及注意事项**

1)前控板安装

(1)将装好显像管的前壳平放在工作台上,注意显像管下面不要有硬东西。

(2)将控制板上的开关按钮、波段开关的按钮放置在开关上;将调台电位器、音量电位器的旋钮插入电位器轴上,注意缺口方向并插装到底。

(3)将前控板平放至前壳显像管下方,用 3 个 2.3×10 自攻螺钉固定前控制板。要求各开关按钮、旋钮都要伸出机壳,且按压、拨动、旋转无阻力;同时,各连接线要无缠绕,从前控板留出。

2)主板的安装

(1)将前控板、偏转线圈、喇叭等连接线插于主板相应位置。

(2)调整主板方位,将主板放入前壳导轨中。

(3)将高压包引线插入显像管高压嘴处。

(4)推入主板到底部。注意观察元器件的高度对安装的影响。

3)管座板安装

(1)将管座板平直推入显像管尾部,注意方向和力度,以防损坏显像管。

(2)将管座引线插入主板。

### 6.6.3 整机调试

**1. 整机调试要求**

(1)图像位置:接收测试卡或棋盘格信号,图像的宽高比应与屏幕的宽高比吻合。图像的中心位置应正确;图像不应有倾斜现象。

(2)全波段接收调试:适应 VHF-1、VHF-3、UHF 频段的电视广播。

（3）AV 功能调试：能够提供 AV 输入、AV 输出功能，信号幅度、输入/输出阻抗满足国家通用标准要求。

（4）AGC 控制能力（包括中放、高放及整机）中放大于 40dB；整机大于等于 60dB。

2. 整机调试的方法

1）图像位置与中心调整

打开电源，接收到一个电视台节目。调整偏转线圈使其紧贴显像管，左右旋转偏转线圈，保证图像无倾斜，然后锁紧固定螺钉。

接收圆形图像信号，转动偏转线圈后的二级磁环，使图像位于显像管中心，然后打胶固定。

2）接收机接收波段调试

信号源输入 CH1、CH4 频道信号，接收机的波段开关放至 VHF-1 波段，调整调台旋钮，可接收到两个清晰图像，此项抽查可以表明接收机在该波段工作正常。

信号源输入 CH6、CH10 频道信号，接收机的波段开关放至 VHF-3 波段，调整调台旋钮，可接收到两个清晰图像，表明该波段接收功能正常。

信号源输入 CH13、CH19、CH45 频道信号，接收机的波段开关放至 UHF 波段，调整调台旋钮，可接收三个清晰图像，表明该波段接收功能正常。

3）AV 功能检测

外加 AV 监视器和 AV 输出设备，分别与接收机的 AV 输入和 AV 输出相连，调整接收机面板上的 AV 开关，检测能否将本机的图像和伴音信号送至监视器；AV 信号源的图像和伴音是否能够在本机上重现。

4）AGC 控制能力调试

将万用表的红表笔接 IC5151 第 2 脚，黑表笔接地，用调试棒调整 VR1 可调电阻使 AGC 电压为 5.6～5.7V 为佳。

AGC 功能的好坏表征接收机对信号强弱快速变化的适应能力，当 AGC 功能正常时，图像通道的增益会随场强改变而做相应变化，图像和伴音输出变化很小。检测时，输入强信号，看图像和伴音是否正常，如果图像无扭曲、失步、对比度过浓、层次不清和白饱和现象，伴音不出现蜂声；再接收弱信号，看图像和伴音有无变化，如果无变化则说明接收机 AGC 功能正常。

3. 常温老化

当以上各项调试通过后，让电视机正常工作，进行常温老化，一般要求 2h，考察当机器内部温度达到正常温度时，接收机元器件的稳定性。

## 6.7 整机质量检验

经过常温老化后的接收机进入最后的整机质量检验环节,通过全面地检验保证接收的性能最佳。

### 1. 图像、伴音检验及加振检查

接收不同频道（VHF-1、VHF-3、UHF）电视节目,信号强度为 75±3dB,确认各频道的图像、伴音无异常,行场是否同步,最后给机箱加振,检查图像是否正常。

### 2. 高压和灯丝电压检查

这两项电压影响图像的质量与显像管的寿命,故必须进行最终检查。接收机正常工作,接收棋盘格信号,调整对比度、亮度,电位器为中间位置,用高压计测量显像管阳极高压,确认其值为（80±5V）;用数字万用表的有效值挡测量显像管的 3、4 脚电压,确认其为 6.3±0.3V）。

### 3. 行扫描电路检查

对整机行同步、行幅等相关电路进行最后确认。接收电视测试卡信号,确认电源电压正常,检查行同步、行幅;微调同步电位器 V9 和行逆程电容的大小。

### 4. 场扫描电路检查

对场中心、场幅及场同步进行确认和调整。接收电视测试卡信号,确认电源电压正常,检查场同步、场幅和场线性;微调 VR5、VR10 达到预期目标。

### 5. 抗电强度和绝缘电阻检查

电视接收机的安全性关系到用户的人身安全,因此接收机在出厂前都必须进行此项检查。

1）耐压（抗电强度）检查

将绝缘耐压试验器置于耐压状态,将其检测头接在电视机电源与电视机外露金属之间,加 3500V（50Hz）电压 1s,绝缘不应该被破坏。

2）绝缘电阻检查

将绝缘耐压试验器置于绝缘状态,将其检测头接在电视机电源插头与天线端子上,其绝缘电阻应不小于 20MΩ。

## 思考与练习题 6

1. 什么是元器件的可焊性？如何检测，提高可焊性的方法有哪些？
2. 流水线插件的优点有哪些？要提高质量和产量，主要解决的问题有哪些？
3. 浸焊、波峰焊的原理是什么？如何在规模化生产过程中进行不同焊接工艺的选择？
4. 结合具体型号，简述自动插装技术的特点。
5. 简述实验用电视接收机的装配过程及要求。
6. 分析实验用电视接收机的电源调试方法。
7. 分析实验用电视接收机的公共通道的调试方法与原理。
8. 在线检测（ICT）是什么意思？ICT有什么特点？
9. 整机装配的一般要求有哪些？
10. 在整机检验中为什么要进行抗电强度和绝缘电阻检查？

# 第 7 章 典型电子产品的现代生产工艺
## ——手机生产工艺简介

## 7.1 产品简介

我国是手机生产的大国，也是世界上拥有手机数量最多的国家之一。手机日益成为人们日常生活中不可缺少的消费品，不断向轻薄化、智能化、绿色环保方向发展；这些对制造工艺提出了更高的要求，手机所用器件体积小、密度大，分立元器件与超大规模集成电路共存，传统器件与特殊器件共存，时尚与绿色要求共存等。这些使得 SMT、自动检测、自动调试工艺等成为主要工艺手段，下面就主要工艺做简要介绍。

GSM 手机电路一般分为四部分——射频部分、基带处理部分、控制器部分和电源部分。如图 7-1 所示，手机在接收状态时，来自基站的 GSM 射频信号通过天线、射频电路变换处理，最后经基带电路处理后送到听筒发音；手机在发射信号时，经过相反的过程，最后经射频功率放大由天线辐射出去。

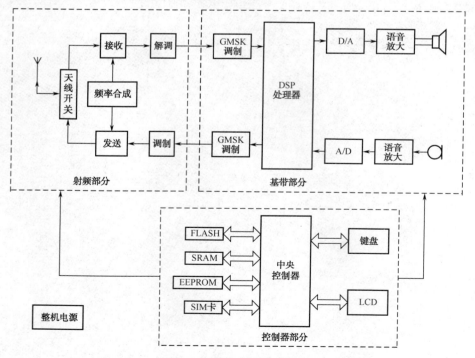

图 7-1 GSM 手机原理框图

## 1. 射频电路分析

射频电路部分主要完成基带信号的调制/解调、放大、变频、功率放大/弱信号放大等功能；在接收状态完成射频信号的下变频和解调，得到基带信号；在发射状态，将 67.707kHz 的 TXI/Q 基带信号上变频为 880～915MHz（GSM900 频段）或 1710～1785MHz（DCS1800 频段）的射频信号；具体接收部分和发射部分的电路如图 7-2 和图 7-3 所示。图中还有一个非常重要的模块频率合成器，以实现手机根据基站的控制信号变换自己的频率，即改变接收机的本振频率和发射机的载波频率。

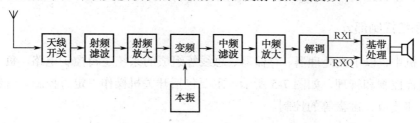

图 7-2 发射部分电路结构框图

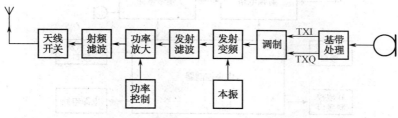

图 7-3 接收部分电路结构框图

## 2. 基带信号处理

以数字信号处理器为核心，完成语音信号的加工变换，整体的结构框图如图 7-4 所示。按功能也可分为接收过程的基带处理和发射过程的基带处理。

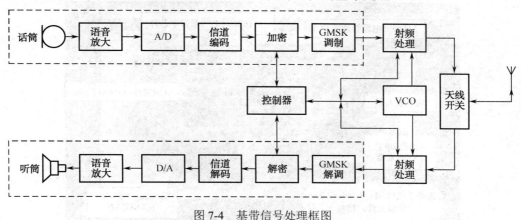

图 7-4 基带信号处理框图

1）接收音频信号处理

接收信号时，先对射频解调完的基带信号（RXI/RXQ）进行 GMSK 解调，得到数字基带信号，然后进行解密、去交织、信道解码、D/A 转换等处理，得到模拟语音信号，此信号经放大后驱动听筒发声。

2）发送音频信号处理

发送信号时，话筒送来的模拟信号经 A/D 转换后得到数字信号，然后经信道编码、交织、加密等得到欲发送的数字基带，经 GMSK 调制处理得到载频为 67.707kHz 的基带信号（TXI/TXQ），最后送到射频部分进行变频、高频功放、天线辐射等处理。

### 3．系统控制部分

在手机中，以中央处理器、存储器、总线等组成的系统逻辑控制电路，负责对整机的工作进行控制和管理，如图 7-5 所示。主要包括开关机操作、定时控制、音频、射频控制、外部接口、键盘等的控制。

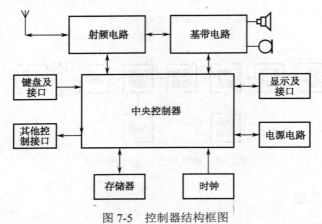

图 7-5 控制器结构框图

如图 7-6 所示为某手机的 PCB 实物图。

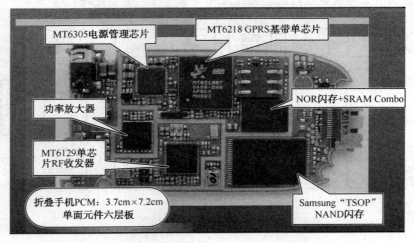

图 7-6 某手机的 PCB 实物图

## 7.2 产品的特点与实施方案

### 1. 工艺特点

作为日常生活中越来越不能少的手机,随着人们在功能、外观上等方面要求的提高,对其制造工艺也提出了更多的要求,其主要工艺特点如下。

(1) 主要采用贴片元器件,减小装配空间,提升电气性能。

贴片元器件体积小,分布参数影响小,高频特性好,在电子产品中得到越来越广泛的应用。作为复杂的无线电收发系统,器件主要采用贴片元器件。

(2) 电磁环境复杂,对 PCB 的设计要求高。

从原理上来看,整个接收机涉及的信号频率从低频(20Hz~20kHz)的语音信号,到天线辐射的射频信号(880~915MHz 或 1710~1785MHz);信号的类型有模拟信号还有数字信号,有模拟信号的变频,有数字信号的 GMSK 调制与解调;有射频微弱信号的接收放大,有已调信号的射频功率放大;各类信号处理、各类控制要求共存,同时空间大小的限制,对实现整个电路连接的 PCB 设计和装配提出了很高的要求,实际中都采用多层板完成。

(3) 器件密度大,主要采用 SMT 工艺。

有限的空间、较小的体积、高性能的指标要求、大量采用贴片元器件和多层 PCB 的使用,这些使得手机的生产采用自动化程度高的 SMT 工艺。

(4) 检测难度大、调试内容多。

由于元器件密度的增大、SMT 工艺的使用,焊点密度很高,对不同环节的检测提出了更高要求。另外,手机的调试,除了不同组件硬件的调试外,还有软件的调试,而两者是密切相关的,也对制造提出了更高的要求。

### 2. 涉及的主要技能

常用贴片元器件的识别与检测、特殊器件的识别与检测、SMT 工艺、自动光学检测(AOI)技术原理、在线自动检测(ICT)技术原理、飞针检测技术原理、电子产品生产的基本流程等。

### 3. 实施方案

根据电子产品的生产制造一般工艺流程,本产品的工艺流程如图 7-7 所示。

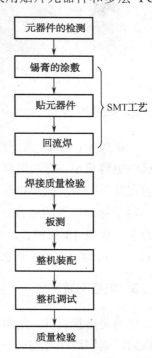

图 7-7 手机生产的基本流程

## 7.3 贴片元器件的识别与检测

手机电路中的基本元器件主要包括电阻、电容、电感、晶体管等。由于手机体积小、功能强大、电路比较复杂，决定了这些元器件必须采用贴片式安装（SMD），与传统的通孔元器件相比，贴片元器件安装密度高，减小了引线分布的影响，降低了寄生电容和电感，高频特性好，并增强了抗电磁干扰和射频干扰能力。

### 7.3.1 常用元器件的识别与检测

**1. 贴片电阻**

贴片安装的电阻元器件外形多呈薄片形状，引脚在元器件的两端。电阻一般为黑色，个头稍大的电阻在其表面一般用三位数表示其阻值的大小，三位数的前两位数是有效数字，第三位数是 10 的指数。贴片电阻如图 7-8 所示。

图 7-8　贴片电阻

**2. 贴片电容**

在手机中，电容一般为黄色或淡蓝色，个别电解电容也有用红色的。电解电容稍大，无极性电容很小，有的电容在其中间标出两个字符，大部分电容则未标出其容量。电解电容在其一端有一较窄的暗条，表示该端为其正极。

对于标出容量的电容，一般其第一个字符是英文字母，代表有效数字，第二个字符是数字，代表 10 的指数，电容单位为 pF。例如，一个电容标注为 G3，通过查表，查出 G 为 1.8，3 为 $10^3$，那么这个电容的标称值为 1800pF。贴片电容如图 7-9 所示。

**3. 电感与微带线**

电感是电抗器件，是由导线绕在骨架上得到的，其可带磁芯。在手机电路中，一条特殊的印刷铜线即可构成一个电感，在一定条件下，又称其为微带线。电感是储存磁能的元器件，手机电路中比较常见的电感有以下几种：一种是两端银白色，中间是白色的；

另一种是两端银白色，中间是蓝色的。还有一种电源电路的电感，体积比较大，一般为圆形或方形，黑色，很容易辨认。

图 7-9　贴片电容

在部分手机电路中，还常常用一段特殊形状的铜皮来构成一个电感。通常把这种电感称为印刷电感或微带线。在手机电路中，微带线一般有两个方面的作用。一是传输高频信号；二是微带线与其他固体器件，如电感、电容等构成一个匹配网络。微带线耦合器常用在射频电路中，特别是接收的前级和发射的末级。用万用表测量微带线的始点和末点是相通的，但绝不能将始点和末点短接。

贴片电感如图 7-10 所示。

图 7-10　贴片电感

### 4．二极管

手机中的二极管主要有以下几种。

1）普通二极管

普通二极管是利用二极管的单向导电性来工作的，有两个引脚，一般为黑色，在其一端有一白色的竖条，表示该端为负极。

2）稳压二极管

稳压二极管是利用二极管的反向击穿特性来工作的。在手机电路中，它常常用于受话器（喇叭、扬声器）电路、振动器电路和铃声电路。

3）变容二极管

变容二极管是一个电压控制元器件，通常用于振荡电路，与其他元器件一起构成 VCO

（压控振荡器）。在 VCO 电路中，主要利用它的结电容随反偏压变化而变化的特性，通过改变变容二极管两端的电压便可改变变容二极管电容的大小，从而改变振荡频率。

4）发光二极管

发光二极管在手机中主要用来作为背景灯及信号指示灯，发光二极管一般分发红光、绿光、黄光等几种，发光二极管的发光颜色取决于制造材料。

另外，还有一些特殊的发光二极管，如红外二极管。目前越来越多的手机中都使用了红外发光二极管，它被用来进行红外线传输。

5）组合二极管

所谓组合二极管，就是由几个二极管共同构成一个二极管模块电路。组合二极管还有三引脚、四引脚的。

贴片二极管如图 7-11 所示。

图 7-11　贴片二极管

## 5．三极管

手机电路中使用的三极管都是 SMD 器件，从电路结构上可分为以下几种。

1）普通三极管

普通三极管有三个电极的，也有四个电极的；四个引脚的三极管中，比较大的一个引脚是三极管输出端，另有两个引脚相通的是发射极，余下的一个是基极。晶体三极管的外形和双二极管（即两个二极管组成的元器件，也为三个引脚）、场效应管极为相似，判断时应注意区分，以免造成误判。

2）带阻三极管

带阻三极管是由一个三极管及一两个内接电阻组成的。带阻三极管在电路中使用时相当于一个开关电路，当三极管饱和导通时，$I_c$ 很大，c-e 间输出电压很低；当三极管截止时，$I_c$ 很小，c-e 间输出电压很高，相当于 $V_{CC}$（供电电压）。带阻三极管的外观、结构与普通三极管并无多大区别，要区分它们只能通过万用表进行测量。

3）组合三极管

所谓组合三极管就是由几个三极管共同构成一个模块。组合三极管在手机电路中得到了广泛的应用。

贴片三极管如图 7-12 所示。

图 7-12 贴片三极管

### 6．场效应管

场效应管与三极管的控制特性不同，三极管是电流控制元器件，场效应管是电压控制元器件，它的输入阻抗很高。此外，场效应管还具有开关速度快、高频特性好、热稳定性好、功率增益大、噪声小等优点，在手机电路中得到了广泛的应用。

场效应管分为普通场效应管和组合场效应管，其外观、结构和普通三极管及组合三极管相似。

### 7．集成电路

手机电路的集成电路主要有电源 IC、CPU、中频 IC、锁相环 IC 等，IC 的封装形式多样，用得较多的集成电路封装有 SOP 封装、QFP 封装（适用于高频电路和引脚较多的模块，四边都有引脚，其引脚数目一般在 20 以上）、BGA 封装。目前 BGA 集成电路在手机电路中得到了广泛的应用。

## 7.3.2 特殊元器件的识别与检测

### 1．开关元器件

开关、干簧管和霍尔元器件都是用来控制电路通断的器件。大多数开关是人工手动操作的，而干簧管和霍尔元器件则是通过磁信号来控制电路的通和断。

1）机械开关

在手机中使用的开关通常是薄膜按键开关，它由触点和触片组成。按键的两个触点平时都不和触片接触，当按下按键时，触片同时和两个触点接触，使两个触点所连接的电路接通。这种开关通常用于电源开关及各种按键。

2）干簧管

干簧管是利用磁场信号进行控制的一种电路开关器件。干簧管又称为磁控管，其外壳一般是一根密封的玻璃管，在玻璃管中装有两个铁质的弹性簧片电极，玻璃管中充有某种惰性气体。在实际运用中，通常使用磁铁来控制这两个金属片的接通与否。磁控管常常被用于翻盖手机、折叠式手机电路中。通过翻盖的动作，使翻盖上的磁铁控制磁控管闭合或断开，从而挂断电话或接听电话等。

干簧管如图 7-13 所示。

3）霍尔元器件

霍尔传感器是一种电子元器件，其外形封装与三极管很像，它由霍尔元器件、放大器、施密特电路及集电极开路输出三极管组成。当磁场作用于霍尔元器件时产生一微小的电压，经放大器放大及施密特电路后使三极管导通输出低电平；当无磁场作用时，三极管截止，输出高电平。

图 7-13 干簧管

2．电声和电动器件

电声器件就是将电信号转换为声音信号或将声音信号转换为电信号的器件，包括扬声器、振铃、耳机、送话器等。电动器件主要是指手机的振动器，即振子。

1）受话器

受话器是一个电声转换器件，它将模拟的语音电信号转化成声波，受话器又称为听筒，如图 7-14 所示。

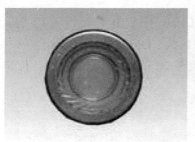 

图 7-14 受话器

2）振铃

手机的振铃（也称蜂鸣器）也是一种电声器件，手机的按键音一般是由振铃发出的，振铃一般用字母 BUZZ 表示。

3）耳机

耳机是声电转换器件，基本上都是动圈式的，其结构及工作原理和扬声器基本上是一样的。

4）送话器

送话器是用来将声音转换为电信号的一种器件，送话器又称为麦克风、微音器、拾音器等，手机电路中用得较多的是驻极体送话器。

5）振动器

振动器就是电动机（俗称马达），如图 7-15 所示。在手机电路中，振动器用于来电提示。振动器通常用 VIB 或 Vibrator 表示。

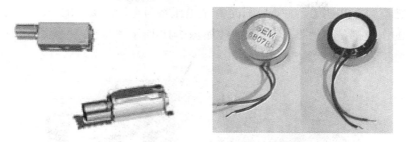

图 7-15　振动器图片

### 3．集中滤波器

集中滤波器具有分离信号、抑制干扰、阻抗变换与阻抗匹配、延迟信号等作用。采用集中滤波器不仅能使整机电路简单、紧凑，而且性能稳定，给维护带来方便，主要有双工滤波器（见图 7-16）、射频滤波器、中频滤波器等。

### 4．晶振和 VCO 组件

手机基准时钟和振荡电路是手机中两个十分重要的电路，晶振产生的时钟，一方面为手机逻辑电路提供了必要条件，另一方面为频率合成电路提供基准时钟。晶振如图 7-17 所示。

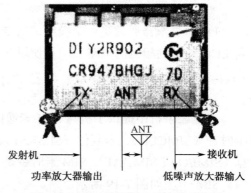

图 7-16　双工滤波器及其连接示意图

图 7-17　晶振

在手机射频电路中，还有一本振 VCO（UHFVCO、RXVCO、RFVCO）、二本振 VCO（1FVCO、VHFVCO）、发射 VCO（TXVCO）等。VCO 电路通常各采用一个组件。组成 VCO 电路的元器件包含电阻、电容、晶体管、变容二极管等。VCO 组件将这些电路元器件封装在一个屏蔽罩内，VCO 组件一般有 4 个引脚——输出端、电源端、控制端及接地端。

### 5．天线和地线

手机天线既是接收机天线也是发射机天线，其体积很小。电路中的地线是一个特定的概念，它不同于其他的器件，它只是一个电压参考点。在实际的电路板上，一般情况下，大片的铜皮都是"地"。天线和地线如图 7-18 所示。

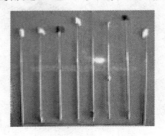

图 7-18　天线和地线

### 6．液晶显示器

LCD 显示器通常是一个模组，用专用的芯片来驱动。手机电路中常使用两种方法将 LCD 连接到相应的电路：一是使用软导电排线；二是使用导电橡胶。

### 7．SIM 卡座

卡座在手机中提供手机与 SIM 卡通信的接口，卡座有几个基本的 SIM 卡接口端：卡时钟（SIMCLK）、卡复位（SIMRST）、卡电源（SIMVCC）、地（SIMGND）和卡数据（SIMI/O 或 SIMDAT）。SIM 卡时钟是 3.25MHz；I/O 端是 SIM 卡的数据输入/输出端口。SIM 卡座如图 7-19 所示。

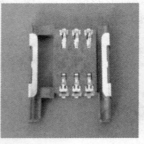

图 7-19　SIM 卡座

### 8．PCB

因电路连接关系的复杂性，电气性能、电磁性能的要求，以及有限的安装尺寸，手机中的 PCB 都采用多层结构。如图 7-20 所示为 12 层手机印制电路板（PCB）的示意图。

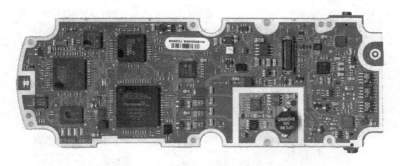

图 7-20　12 层手机印制电路板

## 7.4　产品的生产流程

与一般电子产品的生产过程相似，手机的一般生产流程也是按照以下几个环节进行的，且主要的目标也相同，仅是对象、要求、方法有所变化而已。

（1）器件的检测与准备，包括相关消辅材料和 PCB 等。

（2）元器件的插装、焊接与检测完成部件的准备。手机中此项工作的完成是通过 SMT 工艺和相关检测完成的。

（3）整机的组装与调试。将不同模块按照设计要求装配为一个整体，并进行必要的软件下载和相关参数的调整。

（4）质量的检验与出厂。按照相关规定对整机的性能、指标进行必要的检验，完成出厂前的必要质量监控环节。

图 7-21 给出了某机型一个完整的生产流程，图 7-22～图 7-24 给出了与此流程相对应的设备及过程。其中，图 7-22 主要完成 SMT 焊装；图 7-23 主要完成检测和调试；图 7-24 主要完成质量检验与扫尾工作。

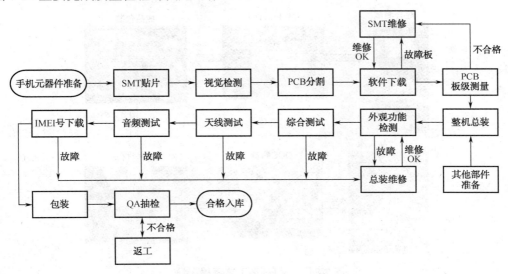

图 7-21　手机制造工艺流程（1）

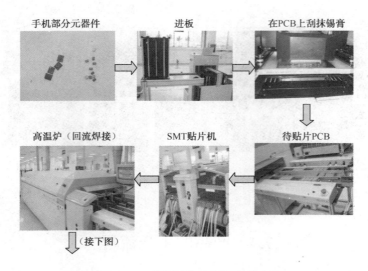

图 7-22　手机制造工艺流程（2）

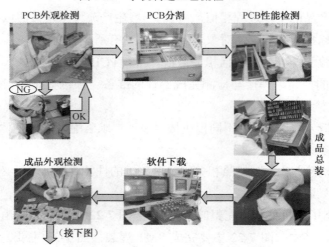

图 7-23　手机制造工艺流程（3）

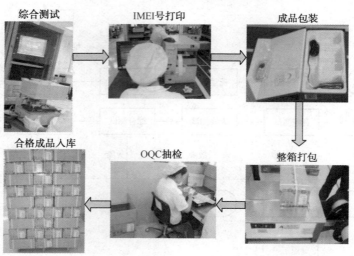

图 7-24　手机制造工艺流程（4）

## 7.5　元器件贴装与焊接的 SMT 工艺

电子产品制造从通孔插装（THT）方式到表面安装（SMT）方式的工艺技术转换，是一个时间相当长的、不平衡的逐步发展过程。目前在全世界各国制造的电子产品中，已经有多数产品全部采用了 SMT 元器件，但还有一部分采用所谓的"混装工艺"，即在同一块印制电路板上，既有插装的传统 THT 元器件，又有表面安装的 SMT 元器件。

SMT 电路板组装焊接的典型设备有锡膏印制机、贴片机和再流焊炉等。

### 7.5.1　锡膏涂敷工艺

在再流焊工艺中，将焊料焊接在指定部位的主要方法有焊膏法、预敷涂料法和预形成焊料法，使用的设备为锡膏印制机。

**1．焊膏法**

将焊膏涂敷到 PCB 焊盘图形上，这是再流焊工艺中最常用的方法。焊膏涂敷方式有两种：注射滴除法和印制涂敷法。注射滴除法主要应用在新产品的研制或小批量产品的生产中；印制涂敷法又分直接印制法（也称模板漏印法或漏板印制法）和非接触印制法（也称丝网印制法）两种类型，直接印制法是目前高档设备广泛应用的方法。

**2．预敷涂料法**

预敷涂料法采用电镀法和熔融法，把焊料预敷在元器件电极部位的细微引线上或 PCB 的焊盘上。

**3．预形成焊料法**

预形成焊料法将焊料制成各种形状，如片状、棒状、微小球状等预先成型的焊料，焊料中可含有助焊剂。

**4．锡膏印制机及其结构**

图 7-25 是锡膏印制机，它是用来印制焊锡膏或贴片胶的，其功能是将焊锡膏或贴片胶正确地印到印制电路板相应的位置上。

SMT 印制机由以下几部分组成。

① 夹持 PCB 基板的工作台。包括工作台面、真空夹持或板边夹持机构、工作台传输控制机构。

② 印制头系统。包括刮刀、刮刀固定机构、印制头的传输控制系统。

③ 漏印模板（或丝网）及其固定机构。

④ 为保证印制精度而配置的其他选件。包括视觉对中系统、擦板系统和二维测量

系统、三维测量系统等。

图 7-25　锡膏印制机

1）印制涂敷法的模板及丝网

在印制涂敷法中，直接印制法和非接触印制法的共同之处是，其原理与油墨印制类似，主要区别在于印刷焊料的介质，即用不同的介质材料来加工印制图形：无刮动间隙的印制是直接（接触式）印制，采用刚性材料加工的金属漏印模板；有刮动间隙的印制是非接触印制，采用柔性材料丝网或金属掩模。刮刀压力、刮动间隙和刮刀移动速度是保证印制质量的重要参数。

高档 SMT 印制机一般使用不锈钢薄板制作的漏印模板，这种模板的精度高，但加工困难，制作费用较高，适合大批量生产的高密度 SMT 电子产品。手动操作的简易 SMT 印制机可以使用薄铜板制作的漏印模板，这种模板容易加工，制作费用低廉，适合小批量生产的电子产品，但长期使用后模板容易变形而影响印制精度。非接触丝网印制法是传统的方法，制作丝网的费用低廉，印制锡膏的图形精度不高，适合大批量生产的一般 SMT 电路板。

2）漏印模板印制法的基本原理

将 PCB 放在工作台面上，用真空泵或机械方式固定，把已加工有印制图形的漏印模板在金属框架上绷紧，模板与 PCB 表面接触，镂空图形网孔与 PCB 上的焊盘对准，把焊锡膏放在漏印模板上，刮刀从模板的一端向另一端推进，同时压刮焊膏通过模板上的镂空图形网孔印制到 PCB 的焊盘上。假如刮刀单向刮锡，沉积在焊盘上的焊锡膏可能会不够饱满，而刮刀双向刮锡，锡膏图形就比较饱满。高档的 SMT 印制机一般有 A、B 两个刮刀，当刮刀从右向左移动时，刮刀 A 上升，刮刀 B 下降，B 压刮焊膏；当刮刀从左向右移动时，刮刀 B 上升，刮刀 A 下降，A 压刮焊膏。两次刮锡后，PCB 与模板脱离（PCB 下降或模板上升），完成焊锡膏印制过程。

焊锡膏是一种膏状流体，其印制过程遵循流体动力学的原理。漏印模板印制的特征是：

① 模板和 PCB 表面直接接触。

② 刮刀前方的焊锡膏颗粒沿刮刀前进的方向滚动。

③ 漏印模板离开 PCB 表面的过程中，焊锡膏从网孔转移到 PCB 表面。

3）丝网印制涂敷法的基本原理

用乳剂涂敷到丝网上，只留出印制图形的开口网目，就制成了非接触印制涂敷法所用的丝网。

将 PCB 固定在工作支架上，将印制图形的漏印丝网绷紧在框架上并与 PCB 对准，将焊锡膏放在漏印丝网上，刮刀从丝网上刮过去，压迫丝网与 PCB 表面接触，同时压刮焊锡膏通过丝网上的图形印制到 PCB 的焊盘上。

丝网印制具有以下 3 个特征：

① 丝网和 PCB 表面隔开一小段距离。

② 刮刀前方的焊锡膏颗粒沿刮板前进的方向滚动。

③ 丝网从接触到脱开 PCB 表面的过程中，焊锡膏从网孔转移到 PCB 表面上。

### 7.5.2 SMT 元器件贴片工艺

在 PCB 上印好焊锡膏或贴片胶以后，用贴片机（也称贴装机）或人工的方式，将 SMC/SMD 准确地贴放到 PCB 表面相应位置上的过程，称为贴片（贴装）工序。目前在国内的电子产品制造企业里，主要采用自动贴片机进行自动贴片。在维修或小批量的试制生产中，也可以采用手工方式贴片。

根据贴装速度的快慢，可以分为高速贴片机（通常贴装速度在 7Chip/s 以上）与中速贴片机。一般高速贴片机主要用于贴装各种 SMC 元器件和较小的 SMD 器件（最大约为 27mm×30mm）；而多功能贴片机能够贴装大尺寸（最大为 60mm×60mm）的 SMD 器件和连接器（最大长度为 170mm）等异形元器件。

要保证贴片质量，应该考虑三个要素：贴装元器件的正确性、贴装位置的准确性和贴装压力（贴片高度）的适度性。

#### 1. 贴片机的工作方式和类型

按照贴装元器件的工作方式，贴片机有四种类型：顺序式、同时式、流水作业式和顺序-同时式。它们在组装速度、精度和灵活性方面各有特色，要根据产品的品种、批量和生产规模进行选择。目前国内电子产品制造企业使用最多的是顺序式贴片机。

所谓流水作业式贴片机是指由多个贴装头组合而成的流水线式的机器，每个贴装头负责贴装一种或在电路板上某一部位贴装元器件，如图 7-26（a）所示。这种机器适用于元器件数量较少的小型电路。

顺序式贴片机如图 7-26（b）所示，是由单个贴装头顺序地拾取各种片状元器件，固定在工作台上的电路板由计算机进行控制，在 $X\text{-}Y$ 方向上移动，使板上贴装元器件的位置恰好位于贴装头的下面。

同时式贴片机也称多贴装头贴片机，是指它有多个贴装头，分别从供料系统中拾取不同的元器件，同时把它们贴装到电路基板的不同位置上，如图 7-26（c）所示。

顺序-同时式贴装机则是顺序式和同时式两种机型功能的组合。片状元器件的位置可以通过电路板在 X-Y 方向上的移动或贴装头在 X-Y 方向上的移动来实现，也可以通过两者同时移动来控制，如图 7-26（d）所示。

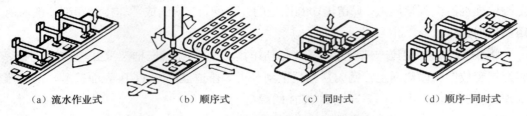

(a) 流水作业式　　(b) 顺序式　　(c) 同时式　　(d) 顺序-同时式

图 7-26　SMT 元器件贴装机的类型

### 2．自动贴片机的主要结构

自动贴片机相当于机器人的机械手，能按照事先编制好的程序把元器件从包装中取出并贴放到电路板相应的位置上。贴片机的基本结构包括设备本体、片状元器件供给系统、电路板传送与定位装置、贴装头及其驱动定位装置、贴片工具（吸嘴）、计算机控制系统等。为适应高密度超大规模集成电路的贴装，比较先进的贴片机还具有光学检测与视觉对中系统，保证芯片能够高密度地准确定位。图 7-27 是多功能贴片机正在工作时的照片。

图 7-27　多功能贴片机正在工作

1) 设备本体

贴片机的设备本体是用来安装和支撑贴片机的底座，一般采用质量大、振动小、有利于保证设备精度的铸铁件制造。

2) 贴装头

贴装头也称吸-放头，是贴片机上最复杂、最关键的部分，它相当于机械手，它的动作由拾取-贴放和移动-定位两种模式组成。第一，贴装头通过程序控制，完成三维的往复运动，可以从供料系统取料后移动到电路基板的指定位置上。第二，贴装头的端部有一个用真空泵控制的贴装工具（吸嘴）。不同形状、不同大小的元器件要采用不同的吸嘴拾放，一般元器件采用真空吸嘴，异形元器件（如没有吸取平面的连接器等）用机械爪结构拾放。当换向阀门打开时，吸嘴的负压把 SMT 元器件从供料系统（散装料仓、管装料斗、盘状纸袋或托盘包装）中吸上来；当换向阀门关闭时，吸嘴把元器件释放到电路基板上。贴装头通过上述两种模式的组合，完成拾取-贴放元器件的动作。贴装头还可以用来在电路板指定的位置上点胶，涂敷固定元器件的黏合剂。

贴装头的 $X\text{-}Y$ 定位系统一般用直流伺服电动机驱动，通过机械丝杠传输力矩，磁尺和光栅定位的精度高于丝杠定位，但后者容易维护修理。

3）供料系统

适合表面组装元器件的供料装置有编带、管状、托盘和散装等几种形式。供料系统的工作状态根据元器件的包装形式和贴片机的类型确定。贴装前，将各种类型的供料装置分别安装到相应的供料器支架上。随着贴装进程，装载着多种不同元器件的散装料仓水平旋转，把即将贴装的元器件转到料仓门的下方，便于贴装头拾取；纸带包装元器件的盘装编带随编带架垂直旋转，直立料管中的芯片靠自重逐片下移，托盘料斗在水平面上二维移动，为贴装头提供新的待取元器件。

4）电路板定位系统

电路板定位系统可以简化为一个固定了电路板的 $X\text{-}Y$ 二维平面移动的工作台。在计算机控制系统的操纵下，电路板随工作台沿传送轨道移动到工作区域内并被精确定位，使贴装头能把元器件准确地释放到一定的位置上。精确定位的核心是"对中"，有机械对中、激光对中、激光加视觉混合对中及全视觉对中方式。

5）计算机控制系统

计算机控制系统是指挥贴片机进行准确有序操作的核心，目前大多数贴片机的计算机控制系统采用 Windows 界面。可以通过高级语言软件或硬件开关，在线或离线编制计算机程序并自动进行优化，控制贴片机的自动工作步骤。每个贴片元器件的精确位置都要编程输入计算机。具有视觉检测系统的贴片机，也是通过计算机实现对电路板上贴片位置的图形识别的。

3. 贴片机的主要指标

衡量贴片机的三个重要指标是精度、贴片速度和适应性。

1）精度

精度是贴片机技术规格中的主要指标之一。一般来说，贴片的精度体系应该包含三个项目：贴装精度、分辨率、重复精度，三者之间有一定的关系。

（1）贴装精度是指元器件贴装后相对于 PCB 上标准贴装位置的偏移量大小，被定义为贴装元器件焊端偏离指定位置最大值的综合位置误差。贴装精度由两种误差组成，即平移误差和旋转误差，如图 7-28（a）、(b) 所示。平移误差主要因为 $X\text{-}Y$ 定位系统不够精确，旋转误差主要因为元器件对中机构不够精确和贴装工具存在旋转误差。定量地说，贴装 SMC 要求精度达到±0.01mm，贴装高密度、窄间距的 SMD 至少要求精度达到±0.06mm。

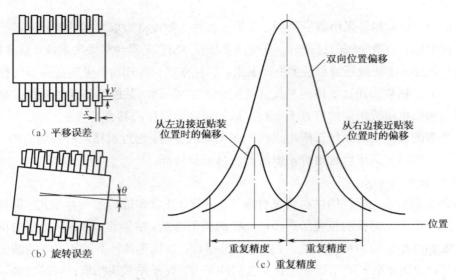

图 7-28  贴片机的贴装精度

（2）分辨率是描述贴片机分辨空间连续点的能力。贴片机的分辨率由定位驱动电动机和传动轴驱动机构上的旋转位置或线性位置检测装置的分辨率来决定，它是贴片机能够分辨的距离目标位置最近的点。分辨率用来度量贴片机运行时的最小增量，是衡量机器本身精度的重要指标。例如，丝杠的每个步进为 0.01mm，那么该贴片机的分辨率为 0.01mm。但是，实际贴装精度包括所有误差的总和，因此描述贴片机性能时很少使用分辨率，一般在比较不同贴片机的性能时才使用它。

（3）重复精度描述贴装头重复返回标定点的能力。通常采用双向重复精度的概念，它定义为"在一系列试验中，从两个方向接近任一给定点时，离开平均值的偏差"，如图 7-28（c）所示。

2）贴片速度

影响贴片机贴片速度的因素有许多，如 PCB 的设计质量、元器件供料器的数量和位置等。一般高速贴片机贴片速度高于 7 Chip/s，目前最高贴片速度为 20 Chip/s 以上；高精度、多功能机一般都是中速贴片机，贴片速度为 2~3 Chip/s。贴片速度主要用以下几个指标来衡量。

（1）贴装周期。指完成一个贴装过程所用的时间，它包括从拾取元器件、元器件定心、检测、贴放和返回到拾取元器件的位置这一过程所用的时间。

（2）贴装率。指在 1h 内完成的贴装周期数。测算时，先测出贴片机在 70mm×270mm 的 PCB 上贴装均匀分布的 170 个片式元器件的时间，然后计算出贴装一个元器件的平均时间，最后计算出 1h 贴装的元器件数量，即贴装率。目前高速贴片机的贴装率可达每小时数万片。

（3）生产量。理论上每班的生产量可以根据贴装率来计算，但由于实际的生产量会受到许多因素的影响，因此与理论值有较大的差距，影响生产量的因素有生产时停机、更换供料器或重新调整 PCB 位置的时间等因素。

3）适应性

适应性是贴片机适应不同贴装要求的能力，包括以下内容。

（1）能贴装的元器件的种类。影响贴装元器件类型的主要因素是贴装精度、贴装工具、定位机构与元器件的相容性，以及贴片机能够容纳供料器的数目和种类。

（2）贴片机能够容纳供料器的数目和种类。贴片机上供料器的容纳量通常用能装到贴片机上的 8mm 编带供料器的最多数目来衡量。一般高速贴片机的供料器位置大于 120 个，多功能贴片机的供料器位置为 60～120 个。由于并不是所有元器件都能装在 8mm 编带中，所以贴片机的实际容量将随着元器件的类型而变化。

（3）贴装面积。由贴片机传送轨道及贴装头的运动范围决定。一般可贴装的 PCB 尺寸最小为 70mm×70mm，最大应大于 270mm×300mm。

（4）贴片机的调整。当贴片机从组装一种类型的电路板转换到组装另一种类型的电路板时，需要进行贴片机的再编程、供料器的更换、电路板传送机构和定位工作台的调整、贴装头的调整和更换等工作。高档贴片机一般采用计算机编程方式进行调整，低档贴片机多采用人工方式进行调整。

**4．贴片工序对贴装元器件的要求**

（1）元器件的类型、型号、标称值和极性等特征标记，都应该符合产品装配图和明细表的要求。

（2）贴装元器件的焊端或引脚上不小于 1/2 的厚度要浸入焊锡膏，一般元器件贴片时，焊锡膏挤出量应小于 0.2mm；窄间距元器件的焊锡膏挤出量应小于 0.1mm。

（3）元器件的焊端或引脚均应该尽量和焊盘图形对齐、居中。因为再流焊时的自定位效应，元器件的贴装位置允许有一定的偏差。

**5．元器件贴装偏差及贴片压力（贴装高度）**

（1）矩形元器件允许的贴装偏差范围。如图 7-29 所示，图 7-29（a）第 1 个元器件贴装优良，元器件的焊端居中位于焊盘上。图 7-29（a）第 2 个表示元器件在贴装时发生横向移位（规定元器件的长度方向为"纵向"），合格的标准是焊端宽度的 3/4 以上在焊盘上，即 $D_1>$ 焊端宽度的 $\frac{3}{4}$；否则为不合格。图 7-29（a）第 3 个表示元器件在贴装时发生纵向移位，合格的标准是焊端与焊盘必须交叠，如果 $D_2>0$，则为不合格。图 7-29（a）第 4 个表示元器件在贴装时发生旋转偏移，合格的标准是 $D_3>$ 焊端宽度的 $\frac{3}{4}$；否则为不合格。图 7-29（a）第 5 个表示元器件在贴装时与焊锡膏图形的关系，合格的标准是元器件焊端必须接触焊锡膏图形；否则为不合格。

（2）小外形晶体管（SOT）允许的贴装偏差范围：允许有旋转偏差，但引脚必须全部在焊盘上。

（3）小外形集成电路（SOIC）允许的贴装偏差范围：允许有平移或旋转偏差，但必须保证引脚宽度的 3/4 在焊盘上，如图 7-29（b）所示。

（4）四边扁平封装器件和超小型器件（QFP，包括 PLCC 器件）允许的贴装偏差范围：要保证引脚宽度的 3/4 在焊盘上，允许有旋转偏差，但必须保证引脚长度的 3/4 在焊盘上。

（5）BGA 器件允许的贴装偏差范围：焊球中心与焊盘中心的最大偏移量小于焊球半径，如图 7-29（c）所示。

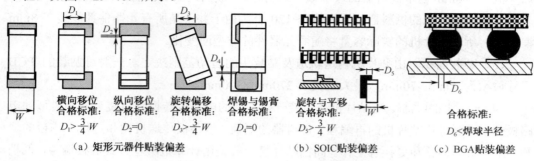

图 7-29　矩形元器件贴装偏差

（6）元器件贴装压力（贴片高度）。元器件贴装压力要合适，如果压力过小，元器件焊端或引脚就会浮放在焊锡膏表面，使焊锡膏不能粘住元器件，在传送和再流焊过程中可能会产生位置移动。

如果元器件贴装压力过大，焊锡膏挤出量过大，容易造成焊锡膏外溢粘连，使再流焊时产生桥接，同时也会造成器件的滑动偏移，严重时会损坏器件。

### 7.5.3　SMT 涂敷贴片胶工艺

SMT 技术是在焊接前把元器件贴装到电路板上，采用再流焊工艺流程进行焊接，依靠焊锡膏就能把元器件粘贴到电路板上传递到焊接工序；但对于采用波峰焊工艺焊接双面混合装配、双面分别装配的电路板来说，由于元器件在焊接过程中位于电路板的下方，所以必须在贴片时用黏合剂进行固定。用来固定 SMT 元器件的黏合剂称为贴片胶。

**1. 涂敷贴片胶的方法**

把贴片胶涂敷到电路板上的工艺俗称"点胶"，常用方法有点滴法、注射法和丝网印制法。

1）点滴法

这种方法比较简单，是用针头从容器里蘸取一滴贴片胶，把它点涂到电路基板的焊盘或元器件的焊端上。点滴法只能手工操作，效率很低，要求操作者非常细心，因为贴片胶的量不容易掌握，还要特别注意避免涂到元器件的焊盘上导致焊接不良。

2）注射法

这种方法既可以手工操作，又能够使用设备自动完成。手工注射贴片胶，是把贴片胶装入注射器，靠手的推力把一定量的贴片胶从针管中挤出来。有经验的操作者可以准确地掌握注射到电路板上的胶量，取得很好的效果。

大批量生产中使用的由计算机控制的点胶机如图 7-30 所示。图 7-30（a）是根据元器件在电路板上的位置，通过针管组成的注射器阵列，靠压缩空气把贴片胶从容器中挤出来，胶量由针管的大小、加压的时间和压力决定。图 7-30（b）是把贴片胶直接涂到被贴装头吸住的元器件下面，再把元器件贴装到电路板的指定位置上。

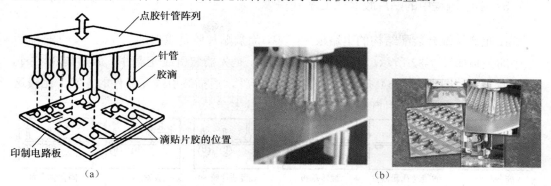

图 7-30　自动点胶机的工作原理示意图

点胶机的功能可以用 SMT 自动贴片机来实现：把贴片机的贴装头换成内装贴片胶的点胶针管，在计算机程序的控制下，把贴片胶高速逐一点涂到印制电路板的焊盘上。

3）丝网印制法

用丝网漏印的方法把贴片胶印制到电路基板上，这是一种成本低、效率高的方法，特别适用于元器件的密度不太高，生产批量比较大的情况。和印制焊锡膏一样，可以采用不锈钢薄板或薄铜板制作的模板或采用丝网来漏印贴片胶，如图 7-31 所示。

需要注意的是，电路基板在丝网印制机上必须准确定位，保证贴片胶涂敷到指定的位置上，避免污染焊接面点胶机。

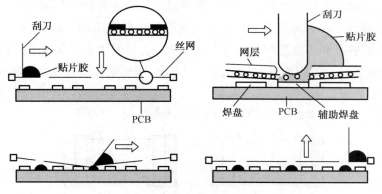

图 7-31　丝网/模板印制

## 2. 贴片胶的固化

在涂敷贴片胶的位置贴装元器件以后，需要固化贴片胶，把元器件固定在电路板上。固化贴片胶可以采用多种方法，比较典型的方法有以下三种：

（1）用电热烘箱或红外线辐射（可以采用再流焊设备），对贴装了元器件的电路板加热一定时间。

（2）在黏合剂中混合添加一种硬化剂，使黏结了元器件的贴片胶在室温中固化，也可以通过提高环境温度加速固化。

(3)采用紫外线辐射固化贴片胶。

3. 装配流程中的贴片胶涂敷工序

在元器件混合装配结构的电路板生产中,涂敷贴片胶是重要的工序之一,它与前后工序的关系如图 7-32 所示。其中,图 7-32(a)是先插装引线元器件,后贴装 SMT 元器件的方案;图 7-32(b)是先贴装 SMT 元器件,后插装引线元器件的方案。比较这两个方案,后者更适合用自动生产线进行大批量生产。

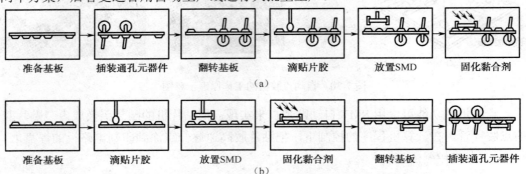

图 7-32 混合装配结构生产过程中的贴片胶涂敷工序

4. 涂敷贴片胶的技术要求

对于通过光照固化(光固型)和加热方法(热固型)固化的两类贴片胶,其涂敷要求有所不同。一般光固型贴片胶的胶点位置应设在元器件外侧,因为贴片胶至少应该从元器件的下面露出一半,才能被光照射而实现固化,如图 7-33(a)所示。胶点位置设在元器件外侧,并且和焊盘的相对位置有所增大,也可以防止出现过大的黏结,给维修带来困难。热固型贴片胶因为采用加热固化的方法,所以贴片胶可以完全被元器件覆盖,如图 7-33(b)所示。

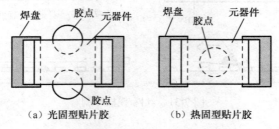

图 7-33 贴片胶的点涂位置

### 7.5.4 印制电路板的组装及装焊工艺

1. 三种 SMT 组装结构

1)全部采用表面安装(SMT)工艺

印制电路板上没有 THT 元器件,各种 SMD 和 SMC 被贴装在电路板的一面或者两侧，如图 7-34（a）、(b) 所示。

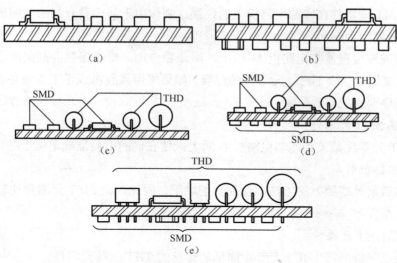

图 7-34 表面安装工艺

2）单面或双面混合安装

如图 7-34（c）所示，在印制电路板的 A 面（元器件面）既有 THT 元器件又有各种 SMT。

如图 7-34（d）所示，在印制电路板的 A 面（元器件面）既有 THT 元器件又有各种 SMT；在 B 面（焊接面）上只装配体积较小的 SMD 晶体管和 SMC 元器件。

3）顶面插装，底面贴装，两面分别安装

如图 7-34（e）所示，在印制电路板的 A 面只安装 THT 元器件，而小型的 SMT 元器件贴装在印制电路板的 B 面。

第一种组装结构能够充分体现出 SMT 的技术优势，这种印制电路板体积小。后面两种混合组装结构的优势在于不仅发挥了 SMT 贴装的优点，也解决了某些元器件至今不能做成表面贴装形式的问题。

从印制电路板的装配工艺来看，第三种装配结构除了要增加点胶工艺，将 SMT 元器件粘贴在印制电路板底面以外，其余和传统的通孔插装方式的区别不大，特别是可以利用波峰焊设备进行焊接，工艺技术上也比较成熟；而前两种装配结构都需要添加一系列 SMT 生产焊接设备。

## 2．SMT 印制电路板波峰焊工艺流程

在上述第二、第三种 SMT 装配结构下（如图 7-34（d）、(e) 所示），在 B 面贴有 SMT 元器件的印制电路板采用波峰焊的工艺流程，如图 7-35 所示。

图 7-35 SMT 印制电路板波峰焊工艺流程

1)制作黏合剂丝网或模板

按照 SMT 元器件在印制电路板上的位置,制作用于漏印黏合剂的丝网或模板。

2)丝网漏印黏合剂

把丝网或模板覆盖在电路板 B 面上,漏印黏合剂。要确保黏合剂漏印在元器件的中心,尤其要避免黏合剂污染元器件的焊盘。如果采用点胶机或手工点涂黏合剂,则前面这两道工序要相应修改。

3)贴装 SMT 元器件

把 SMT 元器件贴装到印制电路板 B 面上,使它们的电极准确定位于各自的焊盘。

4)固化黏合剂

用加热或紫外线照射的方法,使黏合剂烘干、固化,把 SMT 元器件比较牢固地固定在印制电路板上。

5)插装 THT 元器件

把印制电路板翻转 180°,在 A 面插装传统的 THT 引线元器件。

6)波峰焊

与普通印制电路板的焊接工艺相同,用波峰焊设备在 B 面进行焊接。在印制电路板焊接过程中,SMT 元器件浸没在熔融的锡液中。可见,SMT 元器件应该具有良好的耐热性能。假如采用双波峰焊接设备,则焊接质量会好很多。

7)印制电路板(清洗)测试

对经过焊接的印制电路板进行清洗,去除残留的助焊剂残渣(如果已经采用免清洗助焊剂,除非是特殊产品,一般不用清洗),最后进行电路检验测试。

**3. SMT 印制电路板再流焊工艺流程**

印制电路板装配焊接采用再流焊工艺,涂敷焊料的典型方法之一是用丝网或模板印制焊锡膏,其工艺流程如图 7-36 所示。

图 7-36  印制焊锡膏的再流焊工艺流程

1)制作焊锡膏丝网或模板

按照 SMT 元器件在印制电路板上的位置及焊盘的形状,制作用于漏印焊锡膏的丝网或模板。

2)漏印焊锡膏

把焊锡膏丝网或模板覆盖在印制电路板上,漏印焊锡膏,要精确保证焊锡膏均匀地漏印在元器件的电极焊盘上。

请注意:这两道工序所涉及的"焊锡膏丝网或模板"和"漏印焊锡膏",与 SMT 印制电路板波峰焊工艺漏印黏合剂相似,只不过把漏印的材料换成焊锡膏而已。

3）贴装 SMT 元器件

把 SMT 元器件贴装到印制电路板上，有条件的企业采用不同档次的贴装设备，在简单的条件下也可以手工贴装。无论采用哪种方法，关键是使元器件的电极准确定位于各自的焊盘。

4）再流焊

用再流焊设备进行焊接。

5）印制电路板清洗及测试

根据产品要求和工艺材料的性质，选择印制电路板清洗工艺或者免清洗工艺，最后对电路板进行检查测试。

### 4. 针对 SMT 组装结构制定的工艺流程

事实上，不仅产品的复杂程度各不相同，各企业的设备条件也有很大差异，针对如图 7-34 所示的三种 SMT 组装结构，可以选择多种工艺流程，如图 7-37 所示。例如，对如图 7-34（d）所示的第二种 SMT 组装结构（双面混合安装），即在印制电路板的 A 面（元器件面）上同时装有 SMT 元器件，则 A 面肯定要经过贴装和再流焊工序；但在印制电路板的 B 面（焊接面），既可以用黏合剂粘贴 SMD，并在 A 面插装 THD 后执行波峰焊工艺流程，也可以在 B 面用贴装和再流焊工序。少量的引线元器件采用手工插装。

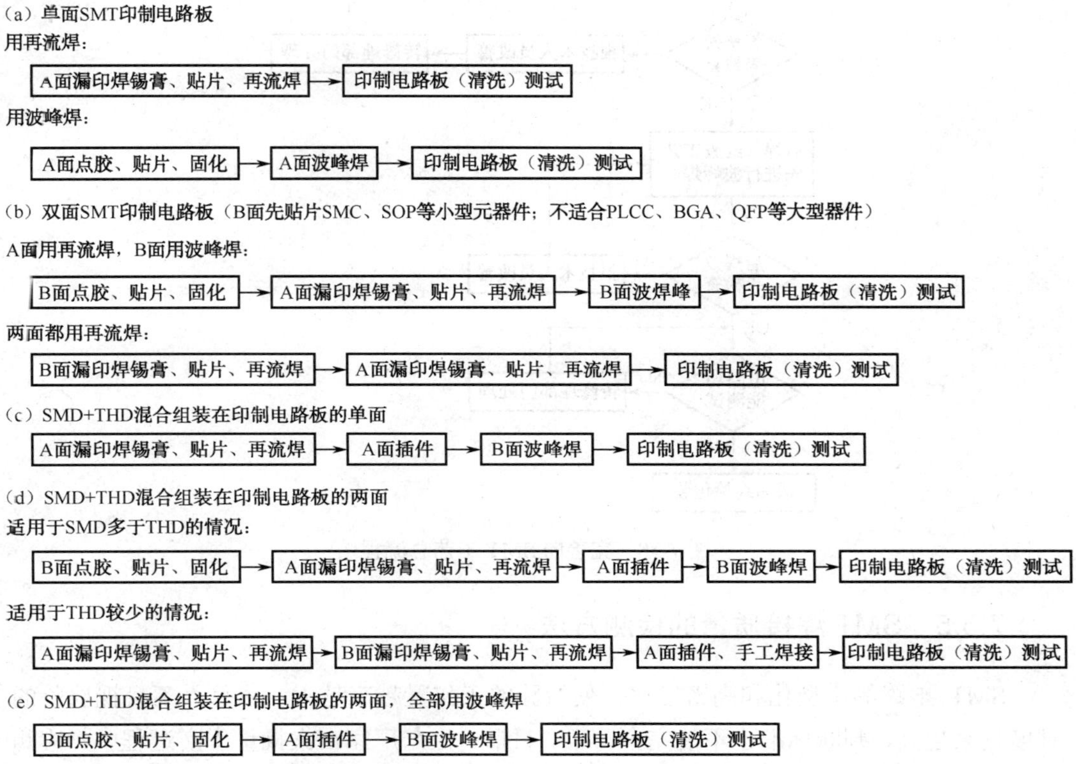

(a) 单面SMT印制电路板
用再流焊：

A面漏印焊锡膏、贴片、再流焊 → 印制电路板（清洗）测试

用波峰焊：

A面点胶、贴片、固化 → A面波峰焊 → 印制电路板（清洗）测试

(b) 双面SMT印制电路板（B面先贴片SMC、SOP等小型元器件；不适合PLCC、BGA、QFP等大型器件）

A面用再流焊，B面用波峰焊：

B面点胶、贴片、固化 → A面漏印焊锡膏、贴片、再流焊 → B面波焊峰 → 印制电路板（清洗）测试

两面都用再流焊：

B面漏印焊锡膏、贴片、再流焊 → A面漏印焊锡膏、贴片、再流焊 → 印制电路板（清洗）测试

(c) SMD+THD混合组装在印制电路板的单面

A面漏印焊锡膏、贴片、再流焊 → A面插件 → B面波峰焊 → 印制电路板（清洗）测试

(d) SMD+THD混合组装在印制电路板的两面

适用于SMD多于THD的情况：

B面点胶、贴片、固化 → A面漏印焊锡膏、贴片、再流焊 → A面插件 → B面波峰焊 → 印制电路板（清洗）测试

适用于THD较少的情况：

A面漏印焊锡膏、贴片、再流焊 → B面漏印焊锡膏、贴片、再流焊 → A面插件、手工焊接 → 印制电路板（清洗）测试

(e) SMD+THD混合组装在印制电路板的两面，全部用波峰焊

B面点胶、贴片、固化 → A面插件 → B面波峰焊 → 印制电路板（清洗）测试

图 7-37 针对 SMT 组装结构制定的工艺流程

**5. 完善的 SMT 组装工艺总流程**

在企业实际生产中，在 SMT 工艺流程的每一个阶段完成之后，都要进行质量检验。完善的 SMT 工艺总流程（包含质检环节）如图 7-38 所示。

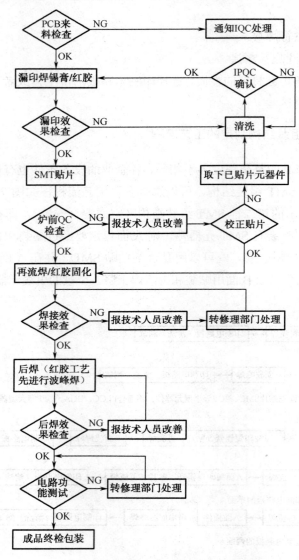

图 7-38 完善的 SMT 工艺总流程

## 7.5.5 SMT 焊接质量的检测方法

SMT 电路的小型化和高密度化，使检验的工作量越来越大，依靠人工目视检验的难度越来越高，判断标准也不能完全一致。目前，生产厂家在大批量生产过程中，检测 SMT 电路板的焊接质量，广泛使用自动光学检测（AOI）或自动 X 射线检测（AXI）技术及设备。这两类检测系统的主要差别在于对不同光信号的采集处理方式的差异。也可以采用电性能测试的方法,通过在线检测(ICT)仪或飞针测试仪等自动化检测装置对焊接质量进行判断。

1. 自动光学检测设备(AOI)

1)基本原理

通常的 AOI 是在批量生产中采用的一种在线测试方法,其工作原理如图 7-39 所示。AOI 系统包括多光源照明、高速数字摄像机、高速线性电动机、精密机械传动、图形处理软件等部分。当自动检测时,AOI 设备通过摄像头自动扫描 PCB,将 PCB 上的元器件或者特征(如印制的焊锡膏、贴片元器件状态、焊点形态及缺陷等)捕捉成像,通过软件处理,与数据库中合格的参数进行综合比较,判断这一元器件及其特征是否完好,然后得出检测结果,判断如元器件缺失、极性反转、桥接或者焊点质量问题等。

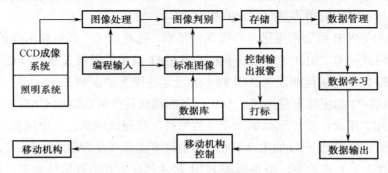

图 7-39　AOI 系统原理框图

一台 AOI 设备具有一台或多台高清晰度摄像机,以保证将被检测的 PCB 的局部图像清晰地记录下来。为保证图像的清晰,需要有高亮度的灯光照射被检测的部位。在摄取立体图像时,需要用两个或更多的装在不同位置的摄像机摄取多幅不同的图像,或改变灯光照射角度,用同一摄像机分别摄取多幅不同的图像,再经综合分析得出真实的立体图像。有的设备将灯光分成几种不同的颜色,这就使所摄图像成为不同色彩的图像。不同的色彩及每种色彩有 276 个灰度等级,这就使得图像中的细节有清晰程度的不同。这个图像经模数转换变成数字图像,再与预先输入到计算机的数字图像进行对比,就可找出差别。如果差别超过规定的范围,检测设备就可判定它不合格。

无数个 PCB 的局部图像组成检查电路板的全部,这就要求人为地将无数个局部图像按一定排列次序一个个地拍摄下来。如果将 AOI 设备连进 SMT 生产线,那么每拍摄一幅图像必须足够快,目前已能够达到小于 1 幅/s 的速度,而对每个元器件的判读必须小于 30ms 才能满足在线检测的要求。一幅一幅图像拍摄,需要不断交换摄像机与 PCB 的相对位置,这就需要由程序控制的自动控制系统来实现。

一幅局部图像有时包含一个被重点检测的对象(如一个元器件或一个焊点),有时也会包含多个被重点检测的对象。为了保证这些重点检测的图像清晰,以便更好地进行图像处理,检测设备会自动识别重点检测对象,并进行有效的图像对比(与预先输入的检测标准数据对比)。一块 PCB 检测完毕后,计算机会将不合格的部位显示出来或打印出来（有的设备甚至在 PCB 上打上标记）。连续检测很多块 PCB 后，计算机将会把检测结果按照统计工艺控制（Statistic Process Control，SPC）的要求适时地进行分析，并及时反馈给工艺控制的有关人员，及时修正工艺参数。经修正的工艺参数生产的电路板再经检测、统计、分析，再进行修改直到达到最佳工艺控制，形成工艺控制的闭环系统。

2）AOI 对 SMT 生产过程进行检测所具有的特点

（1）检查并及时消除 PCB 缺陷，在过程进行中发现缺陷比在最终测试和检查之后才发现缺陷成本要低得多。

（2）能尽早发现重复性错误，如贴装位移或料盘安装不正确等。

（3）为工艺技术人员提供 SPC 资料。AOI 技术的统计分析功能与 SPC 工艺管理技术的结合为 SMT 生产工艺的适时完善提供了有力的武器，PCB 装配的成品率得到明显提高。随着现代制造业规模的扩大，生产的受控越来越重要，对 SPC 资料的需求也不断增加，AOI 系统的应用将越发显出其重要性。

（4）能适应 PCB 组装密度进一步提高的要求。随着电子产品组装密度的大幅提高，一些传统的测试技术，如 ICT 等，已不能适应 SMT 技术的发展要求，0402 片式组件的出现已经使得 ICT 无法检测，而 AOI 则不会受这些因素的影响。

（5）测试程序的生成十分迅速。AOI 设备的测试程序可直接由 CAD 资料生成，十分快捷。与 ICT 相比，由于无须制作专门的夹具，其测试成本也大幅降低。

（6）能跟上 SMT 生产线的生产节拍。目前许多工厂在生产过程中对 PCB 组件进行检验主要依靠人工目视检查，但是随着 PCB 尺寸的加大和组件数的增多，这种方式已经不堪重负。而 AOI 目前能达到 1 幅/s 的检测速度，可以满足在线测试的要求。

（7）检测的可靠性较高。检测的要素是精确性和可靠性，人工目视检查始终有其局限性，而 AOI 则避免了这方面的问题，能保持较好的精确性和可靠性。

3）AOI 在 SMT 生产上的应用策略与技巧

一般来说，可以在一条生产线中三个生产步骤的任意一步之后有效地运用 AOI 检测设备，如图 7-40 所示。下面将分别介绍 AOI 在 SMT 生产线上的三个不同生产步骤后的应用。可以粗略地将 AOI 分为预防问题与发现问题两类。焊锡膏印制之后、（片式）元器件贴放之后和元器件贴放之后的检测可以归为预防问题一类；而最后一个步骤——再流焊之后的检测则可以归于发现问题一类，因为在这个步骤检测并不能阻止缺陷的产生。

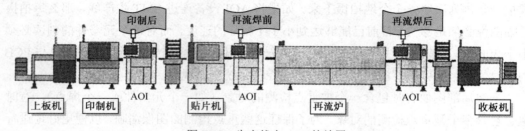

图 7-40　生产线上 AOI 的放置

（1）AOI 放在焊锡膏印制之后。有缺陷的焊接很大程度上均源于有缺陷的焊锡膏印制。在这个阶段，可以很容易、很经济地清除掉 PCB 上的焊接缺陷。大多数二维检测系统便能监控焊锡膏的偏移和歪斜、焊锡膏不足的区域及溅锡和短路。三维系统还可以测量焊锡膏的量。

（2）AOI 放在贴片机之后。一条 SMT 生产线根据需要布置了一个以上的贴片机，每个贴片机之后均可以安置一台 AOI 设备。AOI 设备可以检查出片式元器件的缺失、移位、歪斜和（片式）元器件的方向故障，也可检查出 PCB 上缺失、偏移及歪斜的元器件，查出元器件极性的错误。

（3）AOI 放在再流焊之后。在生产线的末端，检测系统可以检查元器件的缺失、偏移和歪斜的情况及所有极性方面的缺陷。该系统还可对焊点的正确性及焊锡膏不足、焊接短路和翘脚等缺陷进行检测。如果有需要，还可以在上述步骤中加入光学字符识别（OCR）和光学字符校验（OCV）这两种方法进行检测。

SMT 工艺工程师和厂商对不同检测方法利弊的争论总是无休无止，其实选择的主要标准应该着眼于元器件和工艺的类型、故障谱和对产品可取性的要求。如果使用许多 BGA、CSP 元器件或者 FC，就需要将检测系统应用到第一和第二步骤，以发挥其最大的功效。另外，在第三阶段后进行检测可以有效地发现低档消费品的缺陷。而对运用在航空航天、医学及安全产品（汽车气囊）领域的 PCB 来说，由于对质量要求十分严格，可能会要求在生产线上的许多地方都进行检测。对这一类 PCB 可以选用 X 射线进行检测。

**2．X 射线检测设备（AXI）**

1）采用 AXI 技术的原因

表面贴装技术使得 PCB 上安装的元器件变得越来越小，而板上单位面积所包含的功能则越来越强大。

就无源表面贴装元器件来说，10 几年前铺天盖地被大量使用的 0807 元器件在今天的使用量只占同类元器件总数的 10%左右；而 0603 元器件的使用量也已在 4 年前就开始走下坡路，取而代之的是 0402 元器件。从 0807 元器件转向 0603 元器件大约经历了 10 年时间。目前，更加细小的 0201 元器件则风头正盛。无疑，我们正处在一个元器件加速小型化的年代。

再来看看表面贴装的集成电路。从 10 几年前占主导地位的 QFP 技术到今天的 FC 技术，其间涌现出五花八门的封装形式，如薄型 SOP（TSOP）、BGA、μBGA、CSP 等。纵观芯片封装技术的演变，其主要特征是元器件的表面积和高度显著减小，而元器件的引脚密度则急速增加。特别是 BGA 技术，已成为现代高密度 IC 封装技术的主流，如 NVIDIA 公司的 GeForce FX 图形芯片（GPU）（如图 7-41 所示）含有 1148 个焊脚，是同等尺寸大小 QFP 元器件所容纳引脚数的 3～4 倍。但高 I/O 数也给传统电路接触

图 7-41　GeForce FX 图形芯片

测试（如ICT）带来挑战，同时BGA焊点隐藏在封装体下面，无法进行光学检查。

不仅如此，由于表面贴装元器件引脚间距的减小和引脚密度的增大，传统的电路接触式测试受到了极大限制。另外，在线测试技术还存在背面电流驱动、测试夹具费用高和可靠性等问题，种种迹象表明，这一技术的发展已走到了尽头。

2）AXI的原理与特点

AXI是近几年才兴起的一种新型测试技术。如图7-42所示，当组装好的PCB沿导轨进入机器内部后，位于PCB上方的X射线发射管发射的X射线穿过电路板后被置于下方的探测器（一般为摄像机）接收，由于焊点中含有可以大量吸收X射线的铅，因此与穿过玻璃纤维、铜、硅等其他材料的X射线相比，照射在焊点上的X射线能大量吸收而呈黑点，形成良好图像（见图7-43）。这使得对焊点的分析变得相当直观，故简单的图像分析算法便可自动且可靠地检验焊点缺陷。

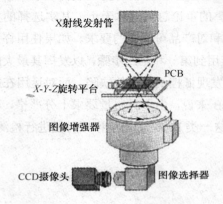
图7-42 AXI检测原理

图7-43 呈现良好性能的BGA焊点

AXI的特点如下：

（1）对工艺缺陷的覆盖率高达97%。可检查的缺陷包括虚焊、桥接、立碑、焊料不足、气孔、元器件漏装等。尤其是X射线对BGA、CSP等焊点隐藏的元器件也可检查。

（2）较高的测试覆盖度。可以对人工目视和在线测试检查不到的地方进行检查。例如，PCB被判定有故障，怀疑是PCB内层走线断裂，X射线可以很快地进行检查。

（3）测试的准备时间大大缩短。

（4）能观察到其他测试手段无法可靠探测到的缺陷，如虚焊、空洞和成型不良等。

（5）对双面板和多层板只需一次检查（带分层功能）。

（6）提供相关测量信息，如焊锡膏厚度、焊点下的焊锡膏量等，用来对生产工艺过程进行评估。

3．飞针测试仪

飞针测试——就是利用4支探针对电路板进行高压绝缘和低阻值导通测试（测试电路的开路和短路）而不需要做测试工具，非常适合测试小批量样板。目前针床测试机测试架制作费用少则上千元，多则数万元，且制作工艺复杂，要占用钻孔机，调试工序较为复杂。而飞针测试利用 4 支探针的移动来量度 PCB 的网络，灵活性大大增加，测试不同 PCB 无须更换夹具，直接装 PCB 运行测试程序即可，测试极为方便，节约了测试成本，减去了制作测试架的时间，提高了出货的效率。

飞针测试仪是一个在制造环境测试 PCB 的系统。不使用传统在线测试机上所有的传统针床（bed-of-nails）界面，飞针测试仪使用 4~8 支独立控制的探针，移动到测试中的元器件。在测单元（Unit Under Test，UUT）通过皮带或者其他 UUT 传送系统输送到测试仪内，然后固定，测试仪的探针接触测试焊盘（test pad）和通路孔（via），从而测试在测单元（UUT）的单个元器件。测试探针通过多路传输（multiplexing）系统连接到驱动器（信号发生器、电源供应等）和传感器（数字万用表、频率计数器等）来测试 UUT 上的元器件。当一个元器件正在测试时，UUT 上的其他元器件通过探针器在电气上屏蔽以防止读数干扰。

飞针测试仪可检查短路、开路和元器件值。在飞针测试仪上也使用了一个相机来帮助查找丢失的元器件。用相机来检查方向明确的元器件形状，如极性电容。随着探针定位精度和可重复性达到 7~17μm 的范围，飞针测试仪可精密地探测 UUT。

飞针测试解决了在 PCB 装配中遇到的大量现有问题，如在开发时缺少金样板（golden standard board），可能长达 4~6 周的测试开发周期，大约$10000~$70000 的夹具开发成本，不能经济地测试少批量生产，以及不能快速地测试原型样机（prototype）装配。这些情况说明，传统的针床测试机缺少测试低产量的低成本系统，缺乏对原型样机装配的快速测试覆盖，以及不能测试屏蔽了的装配。图 7-44 为有 4 支探针的飞针测试仪。

图 7-44 飞针测试仪

## 7.6 产品调试技术简介

手机生产过程中，测试主要包括板测、综合测试、功能测试及天线测试等几个方面。

一般情况下，板测、综合测试和天线测试可采用自动或半自动测试方式；手机功能测试一般采用人工测试方式进行。

### 7.6.1 调试系统结构

对于完成了 SMT 工艺的 PCB，经过目检或自动检测合格的主板即可进行板测和综合测试，整个测试系统结构如图 7-45 所示，包括检测标准与控制信号产生设备——计算机，测试信号发生与检测系统，被测对象——主板及相关的连接线等。

图 7-45　在线检测系统结构

### 7.6.2 板测与综合测试

板测主要是对刚完成贴片的 PCB 进行相关参数的校准及相关项目的测试，以检验该 PCB 是否合格，它是通过板测软件平台结合相关检测设备实现的。

综合测试与调整是在完成了板测后并经过进一步装配后，对手机综合性能的检测和调整。综合测试采用点测和天线耦合测试方式进行，点测是接触式测试方式，将射频测试头与手机 RF 测试点进行连接，实现对手机本身主要指标性能的测试。天线耦合测试，就是手机天线与天线耦合片通过空气耦合的方式建立通信联系，从而对手机整体性能进行测试的方式。

某企业试生产阶段某型号手机综合测试的内容如表 7-1 所示。

表 7-1　综合测试标准（试产阶段）

| 测试项目 | GSM900M | | | DCS1800M | | |
|---|---|---|---|---|---|---|
| | 低端信道 | 中间信道 | 高端信道 | 低端信道 | 中间信道 | 高端信道 |
| 发射功率 | 33±2dBm | 33±2dBm | 33±2dBm | 30±2dBm | 30±2dBm | 30±2dBm |
| 相位峰值误差 | ±20° | ±20° | ±20° | ±20° | ±20° | ±20° |
| 相位均方值误差 | ≤5° | ≤5° | ≤5° | ≤5° | ≤5° | ≤5° |
| 频率误差 | ±90Hz | ±90Hz | ±90Hz | ±180Hz | ±180Hz | ±180Hz |
| 接收电平 | 50±2dBm | 50±2dBm | 50±2dBm | 50±2dBm | 50±2dBm | 50±2dBm |
| 接收质量 | ≤0 | ≤0 | ≤0 | ≤0 | ≤0 | ≤0 |
| 比特误码率 | ≤2.4% | ≤2.4% | ≤2.4% | ≤2.4% | ≤2.4% | ≤2.4% |
| 待机电流 | 根据具体机型另行规定，通常为 1~150mA | | | | | |
| 通话电流 | 根据具体机型另行规定，通常为 100~450mA | | | | | |

说明：

1）低端信道

GSM 频段为 1~5 信道，通常为 1 信道；DCS 频段为 513~523 信道，通常为 513 信道。

2）中间信道

GSM 频段为 60~65 信道，通常为 62 信道；DCS 频段为 690~710 信道，通常为 699 信道。

3）高端信道

GSM 频段为 120~124 信道，通常为 124 信道；DCS 频段为 874~885 信道，通常为 885 信道。

### 7.6.3 天线测试

天线测试主要是测试手机天线各项性能指标是否符合规范要求；测试需在微波暗室中进行；其主要性能指标有频率范围、增益、阻抗、驻波比和吸收率，这些指标应在手机天线设计厂家提供的测试报告中说明并符合标准和要求。

某企业试生产阶段某机型的主要测试指标如表 7-2 所示。

表 7-2 天线测试标准（试产阶段）

| 测试项目 | GSM900M | | | DCS1800M | | |
|---|---|---|---|---|---|---|
| | 低端信道 | 中间信道 | 高端信道 | 低端信道 | 中间信道 | 高端信道 |
| 发射功率 | 33±4dBm | 33±4dBm | 33±4dBm | 30±4dBm | 30±4dBm | 30±4dBm |
| 相位峰值误差 | ±20° | ±20° | ±20° | ±20° | ±20° | ±20° |
| 相位均方值误差 | ≤5° | ≤5° | ≤5° | ≤5° | ≤5° | ≤5° |
| 频率误差 | ±90Hz | ±90Hz | ±90Hz | ±180Hz | ±180Hz | ±180Hz |
| 接收电平 | 50±4dBm | 50±4dBm | 50±4dBm | 50±4dBm | 50±4dBm | 50±4dBm |
| 接收质量 | ≤0 | ≤0 | ≤0 | ≤0 | ≤0 | ≤0 |
| 比特误码率 | ≤2.4% | 不测试 | 不测试 | 不测试 | 不测试 | ≤2.4% |

说明：

1）低端信道

GSM 频段为 1~5 信道，通常为 1 信道；DCS 频段为 513~523 信道，通常为 513 信道。

2）中间信道

GSM 频段为 60~65 信道，通常为 62 信道；DCS 频段为 690~710 信道，通常为 699 信道。

3）高端信道

GSM 频段为 120~124 信道，通常为 124 信道；DCS 频段为 874~885 信道，通常为 885 信道。

## 7.7 整机装配与质量检验

### 1. 装配的原则

在完成主板的加工和检测、调整后,进入整机装配环节,按照"由内向外,由核心向边缘"等原则将液晶显示模块、电动机、受话器、送话器、照相机模块、键盘组件、前后盖等检测过的部件与组件进行装配。

### 2. 质量检验

依照国际/国家和行业企业的相关标准对特定的机型做全面的质量检验。不同的产品有各自特点,但检验内容基本上是相似的,以下为某种产品的主要检验内容。

1) 电性能检验

以 GSM 规范、移动电话相关标准和待测手机技术手册为标准来测试手机的电性能。

2) 功能/软件测试

根据用户手册的内容,详细测试手机的各项功能,以及人为使手机软件的负荷最大化(如使电话本、短消息信箱全部填满,闹钟全部设置等),然后测试软件的性能是否达到要求。

3) 场地测试

手机场地测试是在用户试用所出现严重缺陷改善的基础上考察手机在各地区不同网络情况环境下的实地使用情况,避免手机上市后出现与某些地区网络不兼容的问题。

4) ESD 静电测试

手机在接充电器和不接充电器的情况下,分别在待机和通话状态时对手机进行接触放电和空气放电测试。

### 3. 例行试验

1) RF 测试

测试的目的是使手机各项射频测试指标符合标准,采用的标准为国家/国际相关标准。根据测试内容的不同,要求在特定的温度、湿度、大气压、电磁环境等条件下进行测试,主要包括输出功率测试、频率/相位误差测试、接收电平与接收灵敏度测试、同信道抑制特性测试、邻信道抑制、互调抑制测试、阻塞与杂散响应测试、天线测试等。

2) EMC 测试

该测试的目的是保证手机的 EMC 性能符合相关国际、国家标准,如 GSM 11.10、YD/T 1215—2002、YD/T 720—1998、GB4943 等。某型号机器的主要测试内容如下:传导杂散骚扰测试、辐射杂散骚扰测试、传导连续骚扰测试、辐射连续骚扰测试、辐射骚扰抗扰度试验、 话机辐射吸收率 SAR 测试、ESD 测试等。

3）环境测试

该测试的目的是保证手机在不同环境状况下具有正常功能并符合相关标准，主要包括低温存储试验、低温负荷测试、高温存储测试、高温负荷测试、温度冲击试验、自由跌落试验、振动试验、潮热试验、淋雨试验及灰尘实验等。

4）寿命测试

测试各易损部件的工作寿命是否达到规格要求，主要包括背光、振子、电池、振铃、按键测试，耳机插拔试验，受话器寿命试验，耳塞拉拔试验，旅充插拔试验，座充接触片可靠性及旅充连接线的缠绕实验。

5）机械强度测试

测试手机机械结构的强度及关键部件的抗磨损性，主要包含振动测试、跌落测试、冲击测试、翻盖强度、硬度测试及耐磨测试等。

6）包装成品测试

对包装好的待出货的成品进行可靠性测试，主要包含高低温实验、随机振动和自由跌落。

7）其他测试

主要包括铃声测试、时钟维持测试、最长待机时间、最长通话时间、待机电流、关机电流、最小/最大工作电压、最大工作电流、开机电压、关机电压、电池与旅充通配测试、充电温升测试和误操作试验。

8）附件（旅充、座充、电池、耳机）测试

# 思考与练习题 7

1. 简述现代电子产品加工的主要特点。
2. 贴片元器件是如何提高电子系统性能的？
3. 简述 SMT 工艺。
4. 分析 SMT 元器件与 THT 元器件混装时的加工工艺。
5. 手工贴装 SMT 元器件的要求和工艺流程是什么？
6. 涂敷贴片胶的方法有哪几种？
7. 造成 SMT 焊接质量差的原因有哪些？典型的检验方法有哪些？
8. 什么是 AOI 检测技术？AOI 检测技术有哪些优点？
9. 说明 AXI 技术的原理与特点。
10. 简述手机生产过程中的调试内容。

# 第8章　电子产品的静电防护

## 8.1　静电的产生与危害

众所周知，电子产品的电路部分是将一定数量的、功能各异的电子元器件按照一定的连接方式组装和焊接在电路板上，以实现电效应与力、热、光效应等之间的转换。当电路板和电子元器件受到静电的干扰和影响时，电子产品的功能会受到一定的影响，严重时电子产品会被破坏，甚至会危及人身的安全。据统计，半导体破坏率中59%是由静电引起的。而其中仅有10%是静电敏感器件（SSD）硬击穿，即SSD立即失效（短路、开路、参数变化）；有90%为潜在性损伤——软击穿。由于IC是电子产品（设备）的核心，它的失效会引起电子产品（或设备）的工作不正常或损坏，因此静电是电子产品（设备）的无形杀手。所以，电子产品设计者应该认识到静电的产生原因、渠道和危害，并在设计时采取相应的措施，抑制静电的干扰和影响，保证电子产品的安全和质量。

**1. 静电术语及定义**

（1）静电（ElectroStatic）：物体表面过剩或不足的静止电荷，由它所引起的磁场效应较之电场效应可以忽略不计。

（2）静电场：静电荷在其周围形成的电场。它是一种特殊的物质，其基本的特征是对位于该场中的其他电荷施以作用力，且不随时间而改变。

（3）静电放电（ElectroStatic Discharge，ESD）：静电电场的能量达到一定程度击穿其间介质而进行放电的现象就是静电放电。

（4）静电敏感度（ElectroStatic Susceptivity）：元器件所能承受的静电放电电压值。

（5）静电敏感器件（Static Sensitivity Device，SSD）：对静电放电敏感的器件，静电敏感器件的敏感度分级参照GJB 1649的附录A。

（6）接地（Grounding）：电气连接到能供给或接收大量电荷的物体上，如大地、舰船或运载工具金属外壳等。

（7）中和（Neutralization）：利用电荷使静电消失。

（8）静电导体（ElectroStatic Conductor）：表面电阻值在$10^5 \sim 10^8\,\Omega$范围内的物体。

（9）防静电工作区（Static Safe Area）：配备各种防静电设备和器材，能限制静电电位，具有明确的区域界限和专门标记的适于从事静电防护操作的工作场地。

## 2. 静电的产生

1) 静电产生的原因

自然界的所有物质都是由原子组合而成的,而原子含有质子和中子,质子具有正电荷,电子具有负电荷,通常任何物体带有的正、负电荷是等量的,当其发生运动(摩擦、接触、冷冻、电解、温差等)时,一种物体积聚正电荷,另一种物体积聚负电荷,从而在物体上产生静电。

2) 静电产生的途径

在电子产品生产中,产生静电的主要途径为摩擦、感应和传导。

(1) 摩擦:在日常生活中,任何两个不同材质的物体接触后再分离,即可产生静电,而产生静电的最通用方法就是摩擦生电。材料的绝缘性越好,越容易摩擦生电。另外,任何两种不同的物体接触后再分离,也能产生静电。

(2) 感应:针对导电材料而言,因电子能在它的表面自由流动,因此如果将其置于一电场中,由于同性相斥,异性相吸,正、负离子就会转移而产生静电。

(3) 传导:针对导电材料而言,因电子能在它的表面自由流动,因此如果与带电物体接触,将发生电荷转移从而产生静电。

## 3. 静电的危害

1) 静电效应的危害

(1) 静电的力学效应及其危害。

① 静电的力学效应。静电带电体周围存在着静电场,在静电力的作用下,轻小的物体被吸引或被排斥。这种作用力的大小按库仑法则计算,此时带电体单位面积的作用力 $F$ 为:

$$F = \frac{\sigma^2}{2\varepsilon}$$

式中,$\sigma$ 为带电体的表面电荷密度(c/m²);$\varepsilon = \varepsilon_0 \varepsilon_r$,其中 $\varepsilon_0$ 和 $\varepsilon_r$ 分别为真空中的介电常数和相对介电常数。

② 静电力学效应的危害。在生产过程中,由于带有同种电荷的排斥作用和异种电荷的吸引作用也会造成生产损害。如在纺织工业的抽丝过程中,由于静电力的作用,会使丝飘动、黏合纠结;在织布过程中,由于橡胶辊轴与丝纱摩擦产生静电,导致乱纱、挂条、缠花、断头等,降低了针齿梳理能力,影响产品质量和生产效率。在粉体加工行业,由于静电力作用使筛孔变小或堵塞,气力输送管道不畅通,球磨机不能正常运行。在印刷行业和塑料薄膜包装生产中,由于静电的吸引力或排斥力,影响正常的纸张分离、叠放,塑料膜不能正常包装和印花,甚至出现"静电墨斑",使自动化生产遇到困难。

(2) 静电热学效应的危害。

静电火花放电或刷形放电一般都是 ns 或 μs 量级的,因此通常可以将静电放电过程看作一种绝热过程。空气中发生的静电放电,可以在瞬间使空气电离、击穿、通过数安培的大电流，并伴随着发光、发热过程，形成局部的高温热源。这种局部的热源可以引起易燃、易爆气体燃烧、爆炸。静电放电过程产生的瞬时大电流也可以使炸药、电雷管、电引信等各种电发火装置意外发火，引起爆炸事故。

在微电子技术领域，静电放电过程是静电能量在 $0.1\mu s$ 时间内通过器件电阻释放的，其平均功率可达几千瓦。如此大功率的短脉冲电流作用于器件上，足以在绝热情况下使硅片微区熔化，电流集中处使铝互连局部区域发生熔化，甚至烧毁 PN 结和金属互连线，形成破坏性的"热电击穿"，导致电路损坏、失效。

(3) 静电强电场效应的危害。

静电荷在物体上的积累往往使物体对地具有高电压，在附近形成强电场。在电子工业中，MOS 器件的栅氧化膜厚度为 $10^{-7}m$ 数量级，100V 的静电电压加在栅氧化膜上，就会在栅氧化膜上产生 $10^6 kV/m$ 的强电场，超过一般 MOS 器件的栅氧化膜的绝缘击穿强度$(0.8\sim1.0)\times10^6 kV/m$，导致 MOS 场效应器件的栅氧化膜被击穿，使器件失效。当电路设计没有采取保护措施时，就算栅氧化膜为致密无针孔的高质量氧化层，也会被击穿。对于有保护措施的电路，虽然击穿电压可以远高于 100V，但危险静电源的电压可以是几千伏，甚至几万伏。因此，高压静电场的击穿效应仍然是 MOS 器件的一大危害。另外，高压静电场也可以使多层布线电路间介质击穿或金属化导线间介质击穿，造成电路失效。需要强调的是，介质击穿对电路造成的危害是由于过电压或强电场，而不是功率造成的。

在其他领域，高压静电场使电介质击穿也会造成危害。据报道，曾有一同步发电机因绕组槽绝缘嵌条运转中与空气摩擦产生静电导致绝缘介质击穿短路，电动机烧毁。日本 500kV·A 大变压器用泵循环油冷却，油流动中与绕组线圈摩擦产生静电高电压击穿了绝缘绕组，引起短路，发生了火灾和爆炸。

(4) 静电放电的电磁脉冲效应危害。

我们知道，静电放电过程是电位、电流随机瞬时变化的电磁辐射过程。无论是放电能量较小的电晕放电，还是放电能量比较大的火花式放电，都可以产生电磁辐射。这种静电放电电磁脉冲场对各种电子装备、信息化系统都可以造成电磁干扰，对航空、航天、航海领域和各种现代化电子装备造成危害。

ESD 电磁干扰属于宽带干扰，从低频一直到几个吉赫兹以上。其中电晕放电是出现在飞机机翼、螺旋桨及天线和火箭、导弹表面等尖端或细线部位，产生几兆赫兹到 1GHz 范围的电磁干扰，使飞机、火箭等空间飞行器与地面的无线通信中断，导航系统不能正常工作，使卫星姿态失控，造成严重后果。

传播型刷形放电和火花放电都是静电能量比较大的 ESD 过程，其峰值电流可达几百安培，它可以形成电磁脉冲（EMP）串，对微电子系统造成强电磁干扰及浪涌效应，引起电路错误翻转或致命失效。即使采取完善的屏蔽措施，当电路屏蔽盒上发生静电火花放电时，ESD 的大电流脉冲仍会在仪器外壳上产生大压降，这种瞬时的电压跳变会使被屏蔽的内部电路出现感应电脉冲而引起电路故障。

2) 静电对工业生产的危害

在工业生产的某些过程中，常常由于静电力学效应的影响妨碍生产或降低产品质量。

在纺织行业及有纤维加工的行业,特别是涤纶、腈纶等合成纤维的生产、处理工序,静电问题突出。例如,在抽丝过程中,每根丝都要从直径几十微米的小孔中挤出,会产生较多的静电,由于静电力的作用,会使丝飘动、黏合、纠结,妨碍正常生产。在织布、印染等过程中,由于静电力吸附作用,可能吸附灰尘等,降低产品质量,甚至影响缠卷,使缠卷不紧。

在粉体生产、加工过程中,静电除带来火灾和爆炸危险外,还会降低生产效率、影响产品质量。例如,在进行粉体筛分时,由于静电力的作用而吸附细微的粉末,使筛目变小,降低生产效率。在粉体气力输送过程中,在管道某些部位由于静电力的作用,积存一些被输送的物科,也会降低生产效率,而且由于静电作用结块的粉末脱离下来混在产品中会影响产品的质量。对粉体进行测量时,测量器具静电吸附的粉体还会造成测量误差。粉体装袋时,由于静电斥力的作用,使得粉体四处飞扬,既造成粉体损失,又污染环境。

在塑料和橡胶行业,由于制品与辊轴的摩擦、制品的挤压或拉伸,会产生大量的静电。一方面存在火灾和爆炸危险,另一方面由于静电不能迅速消散会吸附大量灰尘,从而不得不花费大量时间清扫。在印花和绘画工艺中,静电使油墨移动,大大降低产品质量。在将塑料薄膜打卷时,会由于静电的斥力使缠卷不紧。

在印刷行业,由于纸张带有静电,使纸张的移动受到阻碍,可能使纸张不能分开,粘在传送带上,出现套印不准、折收不齐、油墨受力移动、降低印刷质量等问题。

在感光胶片行业,由于胶片与辊轴的高速摩擦,胶片的静电电压可高达数千伏甚至上万伏。一旦发生静电放电,即使是能量较低的电晕放电,也会使胶片感光而报废。另外,带电的胶片会因静电引力吸附灰尘降低胶片质量。在涂膜工艺,由于静电力的影响,会出现涂膜不匀的问题。

在食品行业,粉状原料会由于静电而吸附在工艺设备的内壁上,往往一时不能清除,而在改制另一种食品时,这些残留在设备内壁上的食品可能脱落下来,混合进去,降低食品质量。

3)静电对电子行业的危害

据统计,半导体破坏率59%是由静电引起的。而其中仅有10%是静电敏感器件(SSD)硬击穿,即SSD立即失效(短路、开路、参数变化);有90%为潜在性损伤——软击穿。由于IC是电子产品(设备)的核心,它的失效会引起电子产品(或设备)的工作不正常或损坏,因此静电是电子产品(设备)的无形杀手。

(1)电子行业静电的危害形式。

① 静电吸附尘埃。静电吸附尘埃对微电子生产业影响巨大,在现代大规模集成电路生产中,芯片的线宽已达到 $0.1\mu m$,一颗直径几微米的尘埃吸附在芯片上,即可造成十几根芯线之间的绝缘强度降低,芯片漏电流增大,使用寿命缩短,甚至造成短路,使芯片损坏。酸、碱微粒子吸附在芯片上,可造成芯片腐蚀。

② 静电放电引起的器件击穿(软击穿、硬击穿)。元器件置于静电场中会发生感应

带电，在器件或芯片氧化膜两端及结构金属突出部位因尖端效应可感应出较强的电场。因各点对地电位不同，当电场强度超过某结构点绝缘强度的限值时，就会导致介质之间或结构点之间击穿（或软击穿），使元器件失效或品质降低。

③ 静电放电时产生宽频带电磁脉冲。静电放电产生的电磁场幅度很大（达几百伏/米），频谱极宽（从几十兆到几千兆），对电子仪器、信息化系统、医疗监护系统等产生静电噪声和电磁干扰，使电路出现错误动作和翻转。

（2）电子行业静电危害的特性。静电对电子器件的危害具有以下特性：

① 隐蔽性。人体不能直接感知静电，除非发生静电放电，但是发生静电放电人体也不一定能有电击的感觉，这是因为人体感知的静电放电的电压要达 2～3kV，所以静电具有隐蔽性。

② 潜在性。即器件在受到 ESD 后并不马上失效，而会在使用过程中逐渐退化或突然失效，这时的器件是"带伤工作"。这是人们对静电危害认识不够的一个主要原因。实际上，静电放电对元器件损伤的潜在性和累积效应会严重影响元器件使用的可靠性。由于潜在损伤的器件无法鉴别和剔除，一旦在上机应用时失效，造成的损失更大。而避免或减少这种损失的最好办法就是采取静电防护措施，使元器件避免静电放电的危害。

③ 随机性。电子元器件什么时候会遭受静电破坏？可以这么说，从一个元器件遭受侵袭一直到它损坏以前，所有过程都受到静电的威胁，而静电的产生具有随机性，其损坏也具有随机性。

④ 复杂性。静电放电损伤的失效分析工作，因电子产品的精、细、微小的结构特点而费时、费事、费钱，要求较高的技术往往需要使用一些高精密仪器。即使如此，有些静电损伤现象也难以与其他原因造成的损伤加以区别，使人误把静电损伤失效当作其他失效。这在对静电放电危害未充分认识之前，常常归因于早期失效或情况不明的失效，从而不自觉地掩盖了失效的真正原因。所以静电对电子器件损伤的分析具有复杂性。

## 8.2 电子器件的静电防护

电子器件在加工生产、组装、存储及运输过程中，可能与带静电的容器、测试设备及操作人员接触，所带静电经过器件引线放电到地，使器件受到损伤或失效，这就叫静电放电损伤（ESD）。它对各类器件都有损伤，而 MOS 器件特别敏感。

电子器件静电防护设计方法，是指电路设计者在设计过程中为降低电子器件与设备防护静电危害所应用的方法。电路保护涉及与抗静电放电干扰相关的很多因素，如过程变量、布局考虑、几何形状和空间、包装、测试和容错等。

防护网络有时同保护装置的其他部件都安装在集成电路的表面。这种保护网络通常旨在降低敏感节点上的电压或电流瞬变，不同的防护网络已经用于保护各种敏感的电子器件。这些电路防护网络为器件提供了防 ESD 危害的有效保护。

对于 MOS 器件来说，设置防护网络是降低 ESD 敏感度的重要途径。一些改进的防护网络可使某些 MOS 器件达到 4000V 的保护程度。然而，在未进行静电控制的环境中，静电电位往往可以达到数十千伏，这样的 ESD 足以使器件完全失效。

### 1. 二极管的静电防护

1）二极管的结构特点

几乎所有"在芯片上"的输入防护网络都使用了某种 P-N 结的形式。在 ESD 瞬变过程中，影响 P-N 结特性的因素包括强电场、大电流密度、高温和非均匀的电流，这些会引起二极管特性的显著偏移。因此，防护网络中 P-N 结的位置是很重要的。应当强调的是，电路设计人员要了解被防护的电压和电流的幅度，同时应清楚有关击穿电压的影响因素、输入电容、结面积及雪崩结在邻近构件上可能的影响。

2）二极管的静电防护

现代 CMOS 工艺在输入防护网络设计上的最新进展包括以横向硅可控整流器为基础的新的工艺容差电路。低阻、正向导通状态对大范围的工艺变化提供了设计的稳定性。横向硅可控整流器件对于利用硅化物扩散的从 $2\mu m$ 突变结到 $1\mu m$ 浅掺杂漏极结的 CMOS 工艺来说是非常有效的。这种防护网络可以用到 CMOS 工艺的 VLSI 器件的设计中，因为这种器件不直接与正电源相连，它的自锁性不是一个问题。但是，应防止相邻输入端之间的相互作用，这可以借助于使用预防性保护环境来达到。

现代 CMOS 工艺输出端的 ESD 防护技术包括：

（1）CMOS 缓冲器的有效设计和配置以达到良好的 ESD 防护。

（2）采用一种埋层扩散结构以免除硅化工艺导致的 ESD 性能降低，抑制漏极结处硅化作用和在源极/漏极处突变结的形成。这种器件对于人体模型和机器模型的静电放电起到良好的保护作用。

### 2. 电阻的静电防护

电阻用在 ESD 防护网络中已有多年了。适当使用电阻能增强特定网络的输入保护能力。电阻的两种主要类别是扩散型和多晶硅型。研究表明，使用直接连接到输入结合区的多晶硅电阻的防护网络比使用扩散型电阻的网络更敏感。如果电阻需要作为 ESD 防护网络的一部分，那么应该使用扩散型电阻。

电阻的配置应避免出现 90°角或任何其他能造成非均匀电流和电场分布的几何图形。

### 3. 三层器件（三极管）的静电防护

三层器件的层之间的连接及其间距能对输入/输出结构的 ESD 敏感度水平产生较大的影响。由于源极/漏极扩散的结果或当穿接和扩散型电阻互相靠近放置时可构成三层器件。因为这些寄生双极型晶体管的运行能被雪崩击穿电压触发，所以希望对超过此击穿电压的情况进行控制。常用的方法是将调极结的部分设计成球形结，或用离子注入来削减其击穿电压。

### 4. 四层器件的静电防护（P-N-P-N）

对大多数 CMOS 和双极型技术，最重要的防护元器件之一是二端四层器件（P-N-P-N）。在分立式形式中，这些器件被称为晶闸晶体管或 SCR。在大多数 CMOS 或双极型技术中，这些四层结构是经常使用的。然而，集成的 SCR 在防护 ESD 脉冲的损坏上很有效。通过适当控制 SCR 的参数（直流触发电压、保持电流等），能获得优良的 ESD 防护网络。

为避免与 P-N 结有关的强电场或电流聚集于 P-N 结区域，利用静电感应晶体管原理的一种新型的 ESD 防护器件在芯片上得到了应用。这种方法依靠在每个接地基片之下制作一个静电感应晶体管，使从基片的直接放电电流减小。这种设计避免了芯片表面上放电电流的横向流动，并且消除了沿放电路径的任何反向偏压结。此外，这种方法节省了芯片面积，并具有良好的热稳定性。

## 8.3 电子产品设计中的静电防护

静电干扰现象在电气设备的调试和使用中经常出现，其原因是多方面的，除外界因素造成干扰外，印制电路板布线不合理、元器件安装位置不当等都可能产生静电干扰。如果这些干扰在设计时不给予重视并加以解决，将会使设计失败，使电气设备不能正常工作。那么，电子制造业究竟该如何保护电子元器件才能使电子产品免受静电释放的损坏呢？一提及该问题，人们往往只想到在生产制造过程中的静电防护，实际上在电路设计过程中通过一些保护措施也可以达到静电防护的目的。

### 1. 电子器件的选择

在进行电路设计时，尽可能选用静电敏感度电压伏值高的电子元器件，其静电放电敏感器件分级如表 8-1 所示。

表 8-1 静电放电敏感器件分级表

| 等级和静电敏感度范围 | 元器件类型 |
| --- | --- |
| 1 级（0～1999V） | 微波器件（电接触二极管和频率大于 1GHz 的检测二极管；<br>离散型 MOSFET 器件；<br>结型场效应晶体管（JFETS）；<br>电耦合器件（OCDs）；<br>运算放大器（OPAMPs）；<br>薄膜电阻；<br>MOS 集成电路（IC）；<br>可控硅整流器 |
| 2 级（2000～3999V） | 由实验数据确定为 2 级的元器件和微电路；<br>离散型 MOSFET 器件； |

续表

| 等级和静电敏感度范围 | 元器件类型 |
|---|---|
| 2级（2000~3999V） | 结型场效应晶体管（JFETS）；<br>集成电路（IC）；<br>精密电阻网络；<br>低功率双极型晶体管 |
| 3级（4000~15000V） | 由实验数据确定为3级的元器件和微电路；<br>离散型MOSFET器件；<br>运算放大器（OPAMPs）；<br>集成电路（IC）；<br>小信号二极管；<br>硅整流器件；<br>低功率双极型晶体管；<br>光电器件；<br>片状电阻；<br>低压晶体 |

2．接口电路的设计

接口电路应尽可能选用静电敏感度为3级（静电损伤阈值电压大于4000V）或对静电不敏感的电子元器件。保护电路的放置位置，对于布置在PCB周边或靠近连接器的接口电路，其保护电路应紧靠外围地线或连接器放置，其余的保护电路应紧靠被保护的芯片放置。

3．PCB的静电防护

（1）容易受到静电干扰的信号线（如时钟线、复位线等）应尽可能短而宽，多层板中的时钟线、复位线应在两地平面之间走线。

（2）尽可能使用多层PCB，将电源层和地线层独立铺设在PCB的内层，这样可以有效减小信号线与地线之间共模阻抗和感性耦合，并且尽量将每一个信号层都紧靠一个电源层或地线层。对于较复杂的电路板或高密度电路板，还可以考虑使用内层信号线层，但两信号层之间应用电源层或底线层来隔开。对于双面PCB来说，要采用紧密交织的电源和地栅格，电源线紧靠地线，在垂直和水平线或填充区之间要尽可能多地连接，如图8-1所示。

（3）在PCB的电路周围设置一个环形地，如图8-2所示。环形地线宽应大于3mm，分别铺设在PCB的两个表层（顶层Top layer和底层Bottom layer）上，内层可以不铺设环形地，并每间隔13mm用过孔将各层的环形地连接在一起。两个表层的环形地铜皮上不要覆盖阻焊层（绿油），而采用裸铜或同焊盘一样做喷锡处理，以保证两个表层环形地表面良好的导电性能。环形地与PCB内部电路应保证3mm以上的间距，工作地汇聚后可最终与环形地相连，环形地可通过安装孔用螺钉与金属机壳相连。

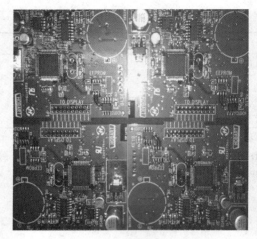
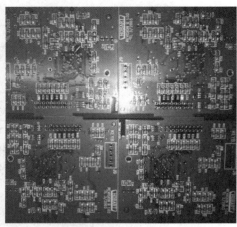

图 8-1 紧密交织的电源和地栅格

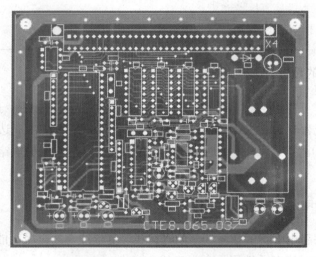

图 8-2 PCB 环形地铺设示意图

（4）CMOS 器件及其他重要 IC 芯片所不用的输入/输出引脚最好不要独立悬空，应视引脚不同功能将其单独或相连后分别接到地线、电源的 VCC、VSS、VDD 上。CMOS 器件的输入端如果接的是高阻源，则应设计上拉或下拉电阻。

（5）两块或两块以上电路板的接地线通过连接器进行连接时，最好有多个插针接地，以保证静电释放回路的通畅。

（6）电源输入端应加入瞬态过压抑制器件（TVS），PCB 上电源走线过长时，应每隔 50mm 在电源线与地线之间安装一个 0.1μF 的陶瓷滤波电容器。信号线过长时，应与信号线平行布一条地线。

（7）安装在印制电路板上或安装在机壳与操作面板上容易被人体接触的部件（如复位按钮、拨码开关、小面板、按钮、键盘、旋钮等）应采用绝缘物，如带有金属外壳，其金属外壳应尽可能有良好的接地，优先接静电保护地形环；如没有设置静电保护地形环，则接工作地。

## 8.4 电子产品制造中的静电防护

静电对电子元器件的损伤必须具备三要素：静电电势、释放途径和敏感元器件，三者缺一不可。在设计过程中通过设计一些保护电路或增加一些防护措施来预防静电对电路板造成损伤，其目的是为了保护电路板中的静电敏感元器件，也就是说即便静电释放到电路板上仍可以避免静电损伤电路板或者减轻静电对电路板的损伤。但由于静电电压和静电释放途径的不可控，很难消除静电对静电敏感元器件造成的伤害，特别是在生产制造过程中。因此，在生产制造过程中的静电防护重点是从静电电势和释放途径两个要素入手的。但由于静电无处不在，无时不有，要消除静电是很难的，或者说是根本不可能的。但可以减少静电累积，降低静电电势。总结起来：在电子产品生产过程中，可以通过减少静电累积和释放途径两个要素来实现静电防护。

### 1. 减少静电累积的静电防护

在生产场所少用或者不用易产生静电的材料（如毛料、橡胶、涤纶、尼龙、塑胶制品等），多使用防静电材料（如防静电工具、防静电衣裤、防静电鞋子、防静电手套、防静电帽子等），所以务必遵守下列措施。

（1）电路板或电子元器件在存储、搬运过程中必须采取良好的防静电措施以防静电损伤，必要时可采用防静电包装袋对其进行包装，但在 ESD 防护区外时，不可单独使用防静电包装袋，还应在防静电包装袋外面再套上一层静电屏蔽袋。

（2）进入防静电工作区或接触 SSD 的人员应穿防静电工作服，防静电工作服面料应符合 GB 12014 的有关规定。在相对湿度大于 50%的环境中，防静电工作服允许选用纯棉制品。

（3）进入防静电工作区或接触 SSD 的人员应穿防静电工作鞋和静电帽，防静电工作鞋应符合 GB 4385 的有关规定。静电服和鞋如图 8-3 所示。

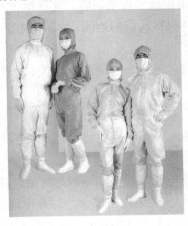

图 8-3　静电服和鞋

(4)佩戴防静电手环。在工作台上的适当位置安装防静电手环的插接插座或端口,将这些插座或端口用 6mm² 的多股铜芯绝缘线连接到该楼层或区域的防静电接地网上,并用接地电阻测试仪测量防静电手环金属面到地的接地电阻,阻值应在 106~109Ω 范围内。佩戴防静电手环时应根据佩戴者手腕的大小,调节防静电手环的松紧带,使防静电手环的金属面与手腕皮肤时刻保持良好接触,如图 8-4 所示。

图 8-4 防静电手环的连接与佩戴图

(5)在手工焊接时,应采用防静电低压恒温电烙铁。对 GJB 1649 规定的Ⅰ类 SSD 的焊接还应在拔掉电烙铁电源插头后进行。

(6)生产过程中使用的设备(成型机、插件机、波峰焊机、贴片机、切脚机、清洗机等)必须采取降静电措施。

(7)装联电子设备时,应使用有接地线的低压直流电动起子。

(8)静电安全工作台是防静电工作区的基本组成部分,它由工作台、防静电桌垫、腕带接头和接大地线等组成。

**2.释放途径的静电防护**

1)地面材料要求

(1)禁止直接使用木质地板或铺设毛、麻、化纤地毯及普通地板革。

(2)应该选用由静电导体材料构成的地面,如防静电活动地板或在普通地面上铺设防静电地垫,并有效接地。

(3)允许使用经特殊处理过的水磨石地面,如事先敷设地线网、渗碳或在地面喷涂抗静电剂等。

2)接地

(1)防静电系统必须有独立可靠的接地装置,接地电阻一般应小于 10Ω,埋设与检测方法应符合 GBJ79 的要求。

(2)防静电地线不得接在电源零线上,不得与防雷地线共用。

(3)使用三相五线制供电,其大地线可以作为防静电地线(但零线、地线不得混接)。

(4)接地主干线截面积应不小于 100mm²,支干线截面积应不小于 6mm²,设备和工作台的接地线应采用截面积不小于 1.25mm² 的多股敷塑导线,接地线颜色以黄绿色线为宜。

（5）接地主干线的连接方式应采用钎焊。

（6）防静电设备连接端子应确保接触可靠,易装拆,允许使用各种夹式连接铝,如鳄鱼夹、插头座等。

3）天花板材料

天花板材料应选用抗静电型材料制品,一般情况下允许使用石膏板制品,禁止使用普通塑料制品。

4）墙壁面料

墙壁面料应使用抗静电型墙纸,一般情况下允许使用石膏涂料或石灰涂料墙面,禁止使用普通墙纸及塑料墙纸。

5）湿度控制

（1）防静电工作区的环境相对湿度以不低于 50%为宜。

（2）在不对产品造成有害影响的前提下,允许使用增湿设备喷洒制剂或水,以增加环境湿度。

（3）计算机房的湿度应符合 GB 2887 中的有关规定,类似的机房也应符合此规定。

6）区域界限

防静电工作区应标明区域界限,并在明显处悬挂警示标志,警示标志应符合 GJB1649 中的有关规定,工作区入口处应配置离子化空气风浴设备。

# 思考与练习题 8

1. 实际生活中有哪些静电现象？
2. 静电产生的原因和途径有哪些？
3. 静电的危害有哪些？
4. 电子器件的静电防护有哪些措施？
5. PCB 的静电防护如何进行？
6. 电子产品设计的静电防护应考虑哪些方面？
7. 电子产品制造中的静电防护应如何进行？

# 第 9 章　电子技术文件

从事电子技术工作离不开各种各样的电气图，如电路图、逻辑图、方框图、流程图、印制电路板图、装配图等，以及各种技术表格、文字等，这些图、文、表统称为技术文件。了解技术文件的组成、要求及特性，准确识别、正确绘制、灵活运用是掌握电子技术的重要环节。

## 9.1　电子技术文件概述

电子技术文件对所有领域的电子技术工作都非常重要。但由于工作性质和要求不同，形成专业制造和普通应用两类不同的应用领域。

专业制造是指专业从事电子产品规模生产的领域。在这里，产品技术文件具有生产法规的效力，必须执行统一的严格标准，实行严明的管理；技术部门分工明确，各司其职，各管一段；一张图一旦通过审核签署，便不能随便更改。

普通应用则是一个极为广泛的领域，它泛指除专业制造以外所有应用电子技术的领域，包括学生电子实验设计、业余电子科技活动、企业技术改革等。在这里，技术文件始终是一个不断完善的过程。一个小组，甚至一个人，既搞设计，又管工艺，甚至采购、制作、调试一条龙，技术文件的管理具有很大随意性，文件的编号、图纸的格式很难正规和统一；显然，这里的技术文件与专业制造领域差别是很大的。

本章在介绍技术文件时主要指的是各种技术图，在不引起概念混乱的情况下，为了与"专业制造"领域有所区别，我们将以"技术图表"或"技术图"取代"技术文件"名称。

电子技术图（请注意这里说的"技术图"包括图、表格和文字，为叙述方便统称为"图"）按使用功能可分为原理图和工艺图两大类。图 9-1 是电子技术图组成示意图。其中有"△"标记的为产品必备技术资料。

另一种分类方式是按专业制造厂的技术分工将图分为设计文件和工艺文件两大类，因为在专业制造厂设计和工艺是两个不同的技术部门，就像 9.2 节介绍的那样。但对普通应用领域来说，更具实际意义的分类是按电子技术图本身特性，分为工程性图表和说明性图表两大类。在图 9-1 中有"○"标记者为工程性图表，其余为说明性图表。

之所以用"工程性图表"的名称，是因为这一类图是为产品的设计、生产而用的，具有明显的"工程"属性。这一类图的最大特点：一是严格"循规蹈矩"，不允许丝毫灵活机动；二是这类图是企业的技术资产，除产品说明书外一般不对外公开。

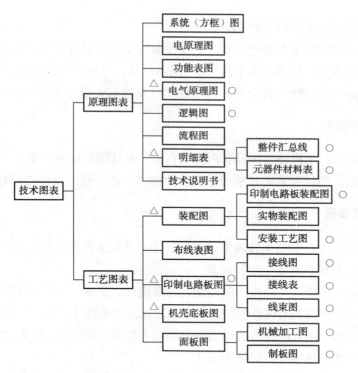

图 9-1　电子技术图分类示意图

说明性图表适用于非生产目的，如技术交流，技术说明，教学、培训等方面。这类图相对自由度比工程图大，如图纸的比例，图幅、图栏及签署、更改等。

## 9.2　产品技术文件

产品技术文件包括设计文件、工艺文件和研究试验文件等，是产品从设计、制造到检验、储运，从销售服务到使用维修全过程的基本依据。

### 9.2.1　产品技术文件的特点

产品技术文件是企业组织和实施产品生产的"基本法"，规模化生产组织和质量控制对产品技术文件有严格的要求。

#### 1. 严格的标准

标准化是产品技术文件的基本要求。标准化的依据是关于电气制图和电气图形符号的国家标准。这些标准是：

电气制图 GB 6988.X—86，共 7 项。

电气图形符号标准 GB 4728.X—8X，共 13 项。

电气设备用图形符号 GB 5465.X—85，2 项。

相关封装标准 GB 5094—85 等，5 项。

上述标准详细规定了各种电气符号、各种电气用图及项目代号、文字符号等，覆盖了技术文件各个方面。标准基本采用 IEC 国际标准，考虑了技术发展的要求，尽量结合国内实际，具有先进性、科学性、实用性和对外技术交流的通用性。

**2．严谨的格式**

按照国家标准，工程技术图具有严谨的格式，包括图样编号、图幅、图栏、图幅分区等。其中图幅、图栏等采用与机械图兼容的格式，便于技术文件存档和成册。

**3．严明的管理**

产品技术文件由企业技术管理部门进行管理，涉及文件的审核、签署、更改、保密等方面，都由企业规章制度约束和规范。

例如，一张正式投入产品生产的图纸，要有设计、复核、工艺、标准化技术负责人的签字，并由制图及描图工作者签字，经技术管理部门批准才有效，这种签署的底图由专门技术部门保管，在生产线上流通的是复制图（复印或晒制）。技术文件的任何更改都必须由技术负责人签字并标记才有效力。

技术文件中涉及核心技术的资料，特别是工艺文件，是一个企业的技术资产。对技术文件进行管理和不同级别的保密是企业自我保护的必要措施。

### 9.2.2　设计文件

设计文件是由企业设计部门制定的产品技术文件，它规定了产品的组成、结构、原理，以及产品制造、调试、验收、储运全过程所需的技术资料，也包括产品使用和维修资料。

**1．产品分级及设计阶段**

电子产品根据结构特征分为 8 级，见表 9-1。

表 9-1　产品的分级

| 级的名称 | 成套设备 | 整件 | 部件 | 零件 |
|---|---|---|---|---|
| 级的代号 | 1 | 2，3，4 | 5，6 | 7，8 |

**2．设计文件分类**

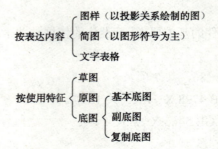

### 3. 设计文件组成及完整性

设计文件必须完整成套。一般按产品技术特征分为 10 级，每级分为 10 类，每类分为 10 型，每型又分为 10 种（均为数字 0～9）。特征标记前加企业代号，特征标记后加 3 位数字表示登记号，最后是文件简号（拼音字母）。可参考表 9-2 及示例。

表 9-2　设计文件分类

| 序号 | 设计文件名称 | 文件简号 | 试样设计文件 | | | | 定型设计文件 | | | |
|---|---|---|---|---|---|---|---|---|---|---|
| | | | 1 级成套设备 | 2,3,4 级整件 | 5,6 级部件 | 7,8 级零件 | 1 级成套设备 | 2,3,4 级整件 | 5,6 级部件 | 7,8 级零件 |
| 1 | 零件图 | | | | | Δ | | | | Δ |
| 2 | 装配图 | | | Δ | Δ | | | Δ | Δ | |
| 3 | 外形图 | WX | | O | | | | O | | |
| 4 | 安装图 | AZ | O | O | | | O | O | | |
| 5 | 总布置图 | BL | O | | | | O | | | |
| 6 | 电路图 | DL | O | Δ | | | O | Δ | | |
| 7 | 接线图 | JL | | Δ | O | | | Δ | O | |
| 8 | 逻辑图 | LJ | O | O | | | O | O | | |
| 9 | 方框图 | FL | O | O | | | O | O | | |
| 10 | 线缆连接图 | LL | O | O | | | O | O | | |
| 11 | 机械原理图 | YL | O | O | | | O | O | | |
| 12 | 机械传动图 | CL | O | O | | | O | O | | |
| 13 | 气液压原理图 | QL | O | O | | | O | O | | |
| 14 | 其他图样 | TT | O | O | O | O | O | O | O | O |
| 15 | 技术条件 | JT | Δ | Δ | | | Δ | Δ | O | |
| 16 | 技术说明书 | JS | Δ | O | | | Δ | O | | |
| 17 | 细则 | XZ | O | O | | | O | O | | |
| 18 | 说明 | SM | O | O | | | O | O | | |
| 19 | 计算文件 | JW | O | O | | | O | O | | |
| 20 | 其他文件 | TW | O | O | | | O | O | O | |
| 21 | 明细表 | MX | Δ | Δ | | | Δ | Δ | | |
| 22 | 备附件及工具配套表 | BH | O | O | | | Δ | O | | |
| 23 | 使用文件汇总表 | YH | Δ | O | | | Δ | O | | |
| 24 | 标准件汇总表 | BZ | O | O | | | Δ | O | | |
| 25 | 外购件汇总表 | WG | O | O | | | Δ | O | | |
| 26 | 其他表格 | TB | O | O | | | Δ | O | | |

示例如图 9-2 所示。

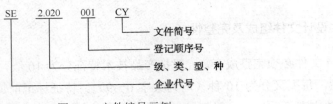

图 9-2  文件编号示例

### 9.2.3  工艺文件

工艺文件是具体指导和规定生产过程的技术文件。它是企业实施产品生产、产品经济核算、质量控制和生产者加工产品的技术依据。

**1. 工艺文件简介**

工艺是将原材料或半成品加工成产品的过程和方法,是人类在实践中积累的经验总结。将这些经验总结以图形设计表述出来用于指导实践,就形成工艺文件。

工艺管理则是企业在一定生产方式和条件下,按一定原则和方法,对生产过程进行计划、组织和控制。严格科学的工艺管理是实施工艺文件的保证。

工艺工作内容如下。

1)产品试制阶段

设计方案讨论,审查产品工艺性,拟定工艺方案和工艺路线,编制工艺文件和工艺初审,处理生产技术问题,工装设计和试验制造,关键工艺试验,工艺最终评审,修改工艺文件。

2)产品定型阶段

设计文件的工艺性审定,编制工艺规程,编制定型工艺文件,工艺文件编号归档。

**2. 工艺文件分类**

工艺文件分为工艺管理文件和工艺规程两大类。

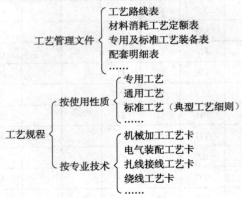

**3. 工艺文件内容**

一般工艺文件包括的内容见表 9-3。

表 9-3 工艺文件完整性表

| 序号 | 工艺文件名称 | 模样阶段 | 初样阶段 | 试样阶段 | 定型阶段 |
|---|---|---|---|---|---|
| 1 | 工艺总方案 | | Δ | Δ | Δ |
| 2 | 工艺路线表 | + | O | Δ | Δ |
| 3 | 工艺装备明细表 | | O | Δ | Δ |
| 4 | 非标准仪器、仪表、设备明细表 | | O | Δ | Δ |
| 5 | 材料消耗工艺定额明细表 | + | O | O | Δ |
| 6 | 辅助材料定额表 | | + | + | Δ |
| 7 | 外协件明细表 | | + | + | + |
| 8 | 关键零、部件明细表 | | O | Δ | Δ |
| 9 | 关键工序明细表 | O | O | Δ | Δ |
| 10 | 生产说明书 | | + | Δ | Δ |
| 11 | 各类工艺过程卡片 | + | O | Δ | Δ |
| 12 | 各类工艺卡片 | | O | Δ | Δ |
| 13 | 各类工序卡片 | | O | Δ | Δ |
| 14 | 各类典型工艺（工序）卡片 | | + | + | + |
| 15 | 毛坯下料卡片 | | + | + | + |
| 16 | 检验卡片 | | O | Δ | Δ |
| 17 | 产品工艺性分析报告 | | Δ | Δ | |
| 18 | 专题技术总结报告 | | Δ | Δ | Δ |
| 19 | 工艺评审结论 | | Δ | Δ | Δ |
| 20 | 工艺定型总结报告 | | | | Δ |
| 21 | 专用工艺装备设计文件 | + | Δ | Δ | Δ |
| 22 | 非标准设备设计文件 | | Δ | Δ | Δ |
| 23 | 工艺文件目录 | | + | Δ | Δ |

## 9.3 电子技术文件中的图形符号

电气图形符号和有关字符是绘制电子技术图的基础，熟悉常用图形符号及标注，了解有关图形符号的规定及习惯用法，对于正确识别和绘制电子技术图是非常必要的。

### 9.3.1 常用符号

根据 GB 4728 标准，或采用符合 GB 4728 标准构造的元器件库得到标准图形。

有关符号的规定如下。

（1）符号所处位置及线条粗细不影响其含义。

（2）符号大小不影响其含义，可以任意画成一种和全图尺寸相配的图形，但在放大或缩小时，图形本身各部分应按比例放大或缩小，如图 9-3 所示。

（3）在元器件符号端点加上"o"不影响符号原义，如图 9-4（a）所示。但在逻辑元器件中，"o"另有含义。

（4）符号的连线画成直线或斜线不影响符号本身含义，但符号本身的直线、斜线不能混淆，如图 9-4（b）所示。

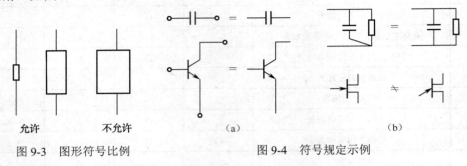

图 9-3　图形符号比例　　　　　　　图 9-4　符号规定示例

### 9.3.2　元器件代号及标准

**1. 元器件代号**

在电路图中、在元器件符号旁，一般都标上文字符号作为该元器件的代号。这种代号只是附加的说明，不是元器件图形符号的组成部分。

习惯上往往用元器件名称的汉语拼音或英语名称字头作为元器件代号，如 CT（插头）、CZ（插座）、D（二极管）等。同样，在国外电路图中不同国家元器件代号不同，如三极管有 T、Tr、Q 等代号，运算放大器有 A、OP、U 等代号。

**2. 元器件位号**

（1）同一电路图中，为表示元器件位置，要进行编号；编号次序按从左到右，从上到下，如 $R_1$，$R_2$，…；$V_1$，$V_2$…。

（2）当电路由若干单元电路组成时，一般还要在代号前面加标号，以区分不同的单元，如 $1R_1$，$1R_2$，$1V_1$…；$2R_1$，$2R_2$，$2V_1$…。

（3）当一个元器件有几个功能独立的单元时，标号后要再加附码，如图 9-5 所示为一个三极三位开关的下脚标号。

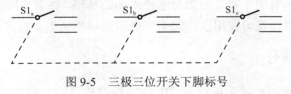

图 9-5　三极三位开关下脚标号

**3. 元器件参数标注**

在电子技术图中，工程用图一般在电路图中只标代号，元器件型号和规格参数在元器件明细表中做详细说明。在说明性图中一般需要将元器件型号规格等标出。标注的原则如下。

1) 尽量简短

电路图中符号已经表达了主要信息，文字只附加必要的信息即可，如集成电路、半导体分立器件型号、阻容元器件的阻值和容量等。

2) 取消小数点

小数点在图中容易忽略或误读，电路中用字母单位取代小数点，既简短又不容易读错。

3) 省略

在不引起误解的条件下省略元器件标注可使电路图简洁、清晰。例如，一般电路图中默认将电阻单位"Ω"省略等，如图9-6所示。

当然这种默认也可通过少量文字规定，如某电路图有50个电容，其中45个单位为μF，5个为pF，则可将"μ"省略，而在图中加附注"所有未标电容单位为μF"。

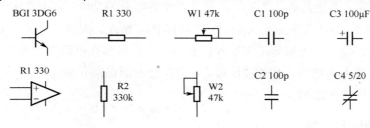

图9-6 元器件标注举例

## 9.4 原理图简介

用图形符号和辅助文字表达设计思想，描述电路原理及工作过程的一类图统称原理图，是电子技术图的核心部分。

### 9.4.1 系统图

系统图习惯称为方框图或框图，是一种使用非常广泛的说明性图形，它用简单的"方框"代表一组元器件、一个部件或一个功能块。用它们之间的连线表达信号通过电路的途径，或电路的动作顺序，具有简单明确，一目了然的特点。图9-7是普通超外差收音机的方框图，它使人们一眼就可看出电路的全貌、主要组成部分、各级的功能等。

有了方框图，对了解电原理图非常有用，因此一般比较复杂的电路图都附有方框图说明。

绘制方框图，一定要在方框内注明该方框所代表电路的内容或功能，方框之间的连线一般应带箭头表示信号流向。

方框图和其他图组合可以表达一些特定内容。

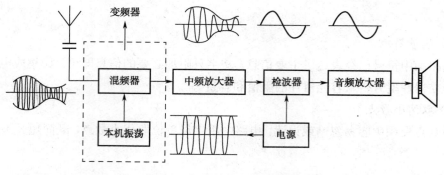

图 9-7 超外差收音机方框图

### 9.4.2 电路图

电路图也称电原理图、电子线路图,表示电路的工作原理。它使用各种图形符号,按照一定的规则,表达元器件之间的连接及电路各部分的功能。它不表达电路中各元器件的形状或尺寸,也不反映这些元器件的安装、固定情况,因而一些辅助元器件,如紧固件、接插件、焊片、支架等组成实际仪器不可少的东西在电路图中都不必画出。

电路图主要由图形符号和连线组成。图形符号前面已经介绍过了,下面主要介绍连线省略画法及原理图绘制。

**1. 电路图中的连线**

连线有实线和虚线两种。

1)实线

在电路中元器件之间的电气连接是通过图形符号之间的实线表达的。为使条理清楚,表达无误,应注意以下特点。

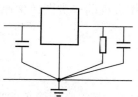

图 9-8 斜线表达工艺安装信息

(1)连线尽可能画成水平或垂直线,斜线不代表新的含义。在说明性电路图中,有时为了表达某种工艺思路,特意画成斜线,表示电路接地点位置和强调一点接地,如图 9-8 所示。

(2)相互平行线条之间距不小于 1.6mm;较长线应按功能分组画,组间应留 2 倍线间距离(见图 9-9(a))。

(3)一般不要从一点上引出多于三根的连线(见图 9-9(b))。

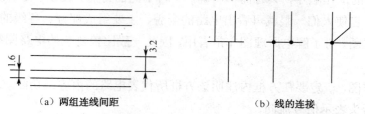

(a)两组连线间距  (b)线的连接

图 9-9 实线的间距和连接

(4)线条粗细如果没有说明,则不代表电路连接的变化。

(5) 连线可以任意延长和缩短。

## 2. 虚线

在电路图中虚线一般作为一种辅助线,没有实际电气连接的意义。虚线有以下几种辅助表达作用。

(1) 表示元器件中的机械联动作用(见图9-10)。

(2) 表示封装在一起的元器件(见图9-11)。

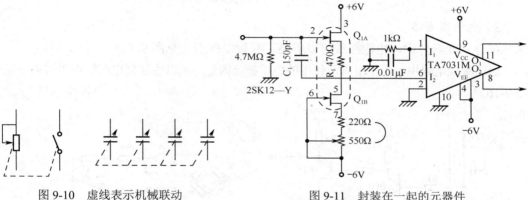

图9-10 虚线表示机械联动　　　　图9-11 封装在一起的元器件

(3) 表示屏蔽(见图9-12)。

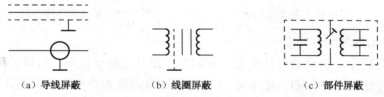

(a) 导线屏蔽　　　(b) 线圈屏蔽　　　(c) 部件屏蔽

图9-12 用虚线表示屏蔽

(4) 其他作用。例如,一个复杂电路分隔为几个单元电路、印制电路板,分板常用点画线表示,也可用虚线,一般都需附加说明。

## 3. 电路图中的省略与简化

有些比较复杂的电路,如果将所有连线和接点都画出,则图形过于密集,线条多反而不易看清楚。因此,人们都乐于采取各种办法简化图形。很多省略已为大家公认,使画图、读图都很方便。

1) 线的中断

在图中,离得较远的两个元器件之间的连线可以不画出最终去处,而用中断的办法表示,特别是成组连线,可大大简化图形,如图9-13所示。

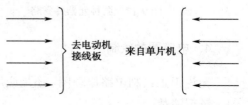

图9-13 线的中断

2）用单线表示多线

成组的平行线可用单线表示,线的交汇处用一短斜线表示,如图 9-14 所示,并用数字标出代表的线数。

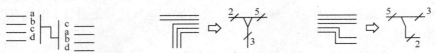

(a) 单线表示4线,线的次序改变　　(b) 多线用单线简化,多线汇集　　(c) 单线简化表示多线分叉

图 9-14　单线表示多线

3）电源线省略

在分立元器件中,电源接线可以省略,只标出接点(见图 9-15)。

而在集成电路中,由于引脚及使用的电压都已固定,所以往往把电源接点也省去(见图 9-16)。

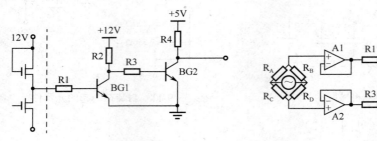

图 9-15　电源线省略　　　　图 9-16　集成电路图中的省略

4）同种元器件图形简化

在数字电路中,有时重复使用某一元器件,而且功能也相同,可以采用如图 9-17 所示的表示方法。图中,R1~R21 共 21 个电阻,从阻值到它们在图中的几何位置都相同。可用简化画法表示。

5）功能块简化

在复杂电路图,特别是数字电路中,会遇到从电路形式到功能都相同的部分,可采用图 9-18 的方式简化,这种情况应该确认不会发生误解,必要时加附注。

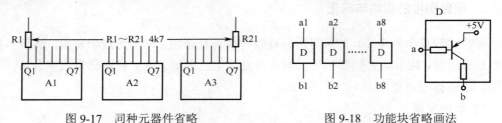

图 9-17　同种元器件省略　　　　图 9-18　功能块省略画法

### 4．电路图的绘制

无论手工绘制电路原理图,还是应用相关软件绘制电路原理图时,都要注意布置均匀,条理清楚。

（1）正常情况下电信号按从左到右，从上而下的顺序排列，即输入端在左上，输出端在右下。

（2）各图形符号的位置应体现电路工作时各元器件的作用顺序。在图 9-19 中，运放 A4 作为反馈回路将输出信号反馈到输入端，故方向与 A1、A2、A3 不同。

（3）复杂电路分单元绘制时，各单元电路应标明信号的来龙去脉，并遵循自左至右、从上而下的顺序。

（4）元器件串联最好画到一条直线上，并联时各元器件符号中心对齐，见图 9-20。

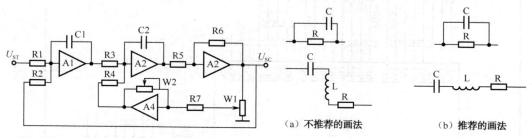

图 9-19　图形位置与作用（控制系统模拟电路）　　图 9-20　元器件串、并联时的位置

（5）根据电路图需要，也可在图中附加一部分调试或安装信息，如测试点电压值、波形图、某些元器件外形图等。

### 9.4.3　逻辑图

在数字电路中，用逻辑符号（见表 9-4）表示各种有逻辑功能的单元电路。在表达逻辑关系时，采用逻辑符号连接成逻辑图。

逻辑图有理论逻辑图（又叫纯逻辑图）和工程逻辑图（又名逻辑详图）之分。前者只考虑逻辑功能，不考虑具体器件和电平，用于培训教学等说明性领域；后者则涉及电路器件和电平，属于工程用图。

由于集成电路的飞速发展，特别是大规模集成电路的应用，绘制详细的电路原理图，不仅非常烦琐，而且没有必要。逻辑图实际取代了数字电路中的原理图。

通常也将数字逻辑占主要部分的数字模拟混合电路称为逻辑图或电路原理图。图 9-21 和图 9-22 是理论逻辑图和工程逻辑图的两个实例。

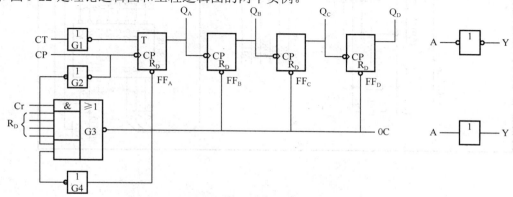

图 9-21　理论逻辑图

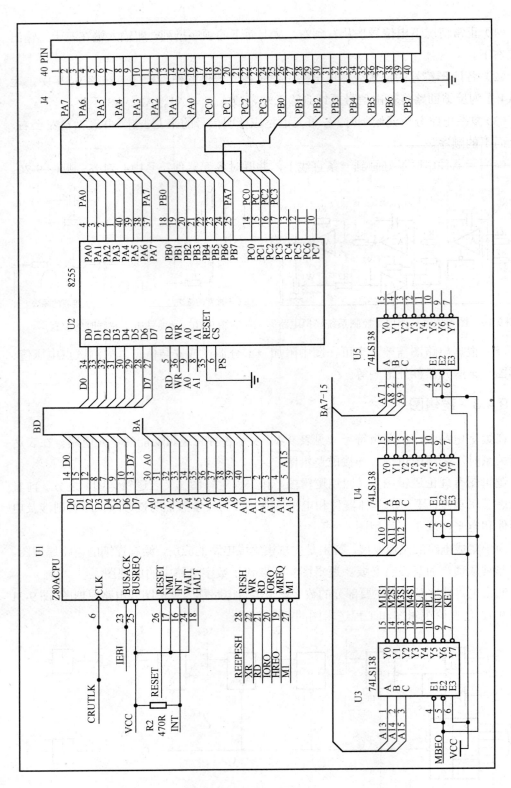

图9-22 工程逻辑图示例

1. 常用逻辑符号

表 9-4 列出部分常用的逻辑符号，其中标准符号是国家标准，但其他符号不仅在大量译著中见到，很多人也习惯使用。

表 9-4  常用逻辑符号对照

| 名称 | 标准 | 其他 | 名称 | 标准 | 其他 |
|---|---|---|---|---|---|
| 与门 | 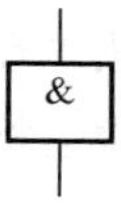 & | 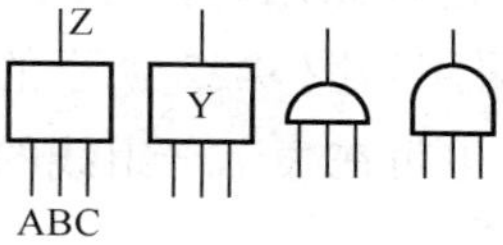 | 与非门 |  & | 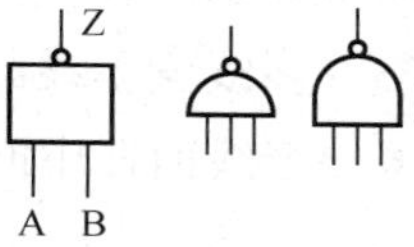 |
| 或门 |  ≥1 | 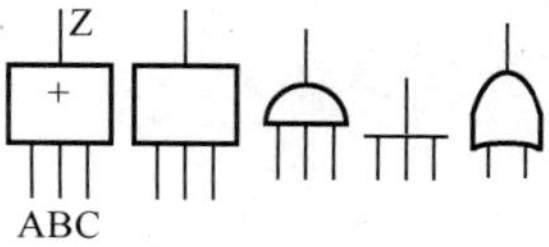 | 或非门 |  ≥1 | 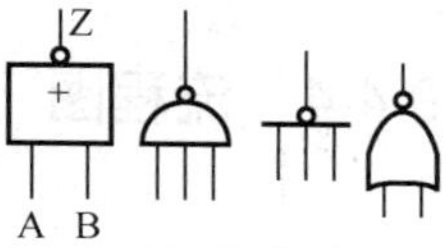 |
| 非门 | 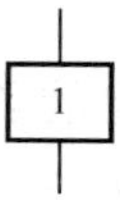 1 | 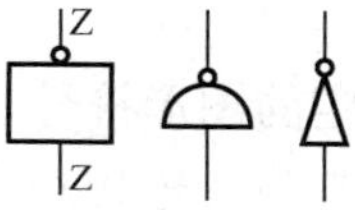 | 与或非门 | 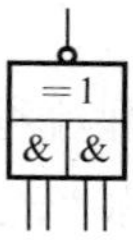 =1 & & | 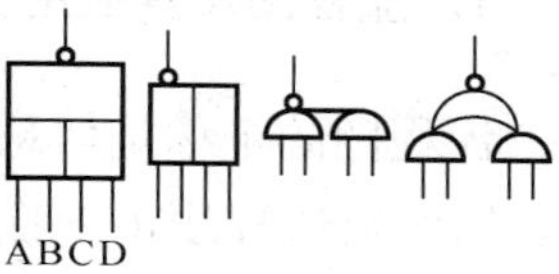 |
| 异或门 | 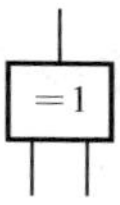 =1 | 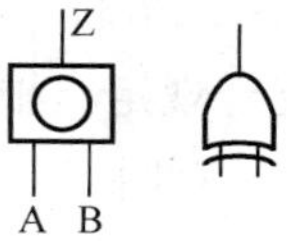 | 延迟器 | 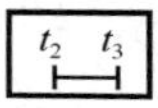 $t_2$ $t_3$ | 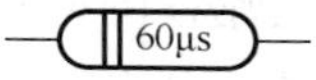 60μs |

必须注意逻辑元器件中符号"o"的作用。"o"加在输出端，表示"非"、"反相"的意思；而加在输入端，则表示该输入端信号的状态。具体地说，根据逻辑元器件不同，在输入端加"o"表示低电平或负脉冲，或下跳变起作用。

2. 逻辑图绘制

绘制逻辑图同电路原理图一样，要层次清楚，分布均匀，容易读图。尤其中、大规模集成电路组成的逻辑图，图形符号简单而连线很多，布置不当容易造成读图困难和误解。

1) 基本规则

（1）符号统一。同一图中不能有一种电路两种符号，尽量采用国标符号，但大规模电路的引脚名称一般保留外文字母标法（见图 9-22）。

（2）出入顺序。信号流向要从左向右、自下而上（同一般电路原理图相同），如有不符合本规定者，应以箭头表示。

（3）连线成组排列。逻辑电路中很多连线规律性很强，应将相同功能关联的线排在一组并且与其他线有适当距离，如计算机电路中数据线、地址线等。

（4）引脚标注。对中、大规模集成电路来说，标出引脚名称同标出引脚标号同样重要。但有时为了图中不太拥挤，可只标其一而用其他图详细表示该芯片的引脚排列及功能。多个相同电路可只标其中一个，如图 9-22 中的 U3～U5。

2）简化方法

电路原理图中讲述的简化方法都适用于逻辑图。此外，由于逻辑图连线多而有规律，因此可采用一些特殊简化方法。

（1）同组线只画首尾，中间省略。由于此种图专业性强，因此不会发生误解，如图 9-22 中 U2 到 J4 间的连线。

（2）断线表示法。对规律性很强的连线，也可采用断线表示法，即在连线两端写上名称而中间线段省略，如图 9-22 中的 A7～A15 线就采用这种方式。

（3）多线变单线。对成组排列的线，也可采用如图 9-22 所示的方法。在电路两端画出多根连线而在中间则用一根线代替一组线。也可在表示一组线的单线上标出组内线数。

### 9.4.4 流程图

**1. 流程图及其应用**

流程图的全称是信息处理流程图，它用一组规定的图形符号表示信息的各个处理步骤，用一组流程线（一般简称"流线"）把这些图形符号连接起来，表示各个步骤的执行次序。

常用流程图符号见表 9-5。符号大小和比例无统一规定，根据内容多少确定，但图形形状是不允许随便变动的。图形符号内外都可根据需要标注文字符号。

表 9-5 常用流程图符号

| 名称 | 符号 | 意义 | 备注 |
|---|---|---|---|
| 终端 |   | 表示出口点或入口点 |  |
| 处理 | 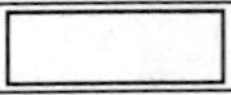  | 表示各种处理功能 | 通用符号 |
| 判断 |   | 流程分支选择或表示开关 |  |
| 准备 |   | 处理的准备 | 常用于判断 |
| 输入/输出 |   | 表示输入/输出功能，提供处理信息 | 常用处理取代 |
| 连接 |   | 连接记号 | 一般加字母符号 |

流程图主要用于计算机软件的生产、调试及交流和维护，也可用于其他信息处理过程的说明和表达。

**2. 流程图标注**

1）符号中文字说明

符号名称标于左上角，符号说明标于右上角（见图 9-23）。文字说明符号均为自上而下、从左到右。

2）连接符与标志

连接符用于复杂流程图的中断与衔接。

如图 9-24 所示,在流线中断线上（箭头头部）画一个小圆圈并加上标志字符,而在另一行流线中断处（箭头尾部）画同样圆圈及相同标志字符,即表示相互衔接。

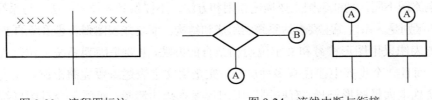

图 9-23　流程图标注　　　　　图 9-24　流线中断与衔接

3）流线分支

当一个图符需引出两个以上出口时,可直接引出多个流线,也可一个流线上分支,每个分支标出相应条件,如图 9-25 所示。

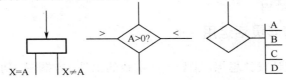

图 9-25　流线分支

### 3. 流程图画法

流向：自上而下、自左而右的顺序。用箭头流线连接表示流向流线可交叉也可综合,图 9-26 是一个流程图示例。

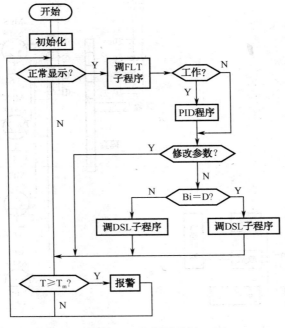

图 9-26　流程图示例

### 9.4.5 功能表图简介

功能表图是电气图中的一个新的图种,主要用于全面描述一个电气控制系统的控制过程、作用和状态。

与电路图不同,功能表图主要描述原则和方法,不提供具体技术方法。与系统图(方框图)的区别是,系统图主要表达系统的组成和结构,而功能表图则表述系统的工作过程。

功能表图采用图形符号和文字说明相结合的办法,主要是因为系统工作过程往往比较复杂,而且一个步骤中往往有多种选择,完全用文字表述难以完整准确,完全采用图形则需要规定大量图形符号,有些过程用图形很难描述清楚,而采用少量图形符号加文字说明方式,则可图文相辅相成,解决难题。

功能表图有两方面的作用:
(1) 为系统的进一步设计提供框架和纲领。
(2) 技术交流和教学、培训。

### 9.4.6 图形符号灵活运用

电子技术图是表达设计思想,指导生产实践的工具。方框图、功能图、电路原理图、逻辑图等各有不同的侧重和作用,实际应用中单用一种图往往不能表达完全,或用多种图也不能很好表达。而将几种图结合在一起灵活运用就能较完整地表达设计思想。尤其学术交流、教学等说明性图中,往往是原理图中有实物,方框图中有元器件接线图等。图 9-27 和图 9-28 就是两个示例。由于绘图目的、阅图对象不同,实际运用综合图形可以灵活变通,以表达清楚设计意图、方便阅图、有利于交流为原则。

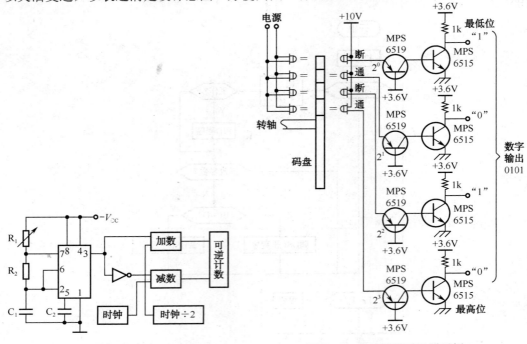

图 9-27 各种图灵活运用示例 1　　图 9-28 各种图灵活运用示例 2

## 9.5 工艺图简介

工艺图大部分属于工程图的范畴,主要用于产品生产,是生产者进行具体加工、制作的依据,也是企业或技术成果拥有者的技术关键。

### 9.5.1 实物装配图

实物装配图是工艺图中最简单的图,它以实际元器件形状及其相对位置为基础画出产品装配关系。

这种图一般只用于教学说明或为初学者入门制作说明。但与此同类性质的局部实物图则在产品装配中仍有使用。如图 9-29 所示为某仪器上波段开关接线图,由于采用实物画法,装配时一目了然,不易出错。

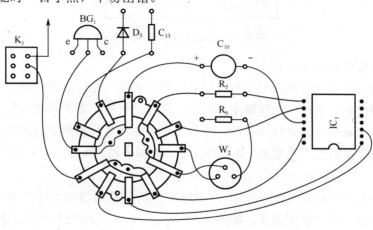

图 9-29 实物装配图

### 9.5.2 印制电路板图

这是电子工艺设计中最重要的一种图。关于印制电路板设计已在前面详细讨论,需要强调的是某些元器件的安装尺寸,必要时注明公差,类似机械图。例如,如图 9-30 所示,插座在印制电路板上穿孔安装,插针间距为 2.54mm,设插孔在绘图时孔间距有 0.05mm 的误

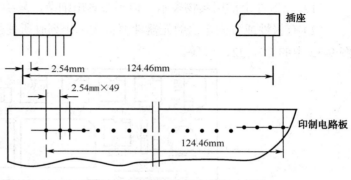

图 9-30 印制电路板上的尺寸标注

差，这是很容易忽略的。但到第 50 个孔时，就会有 0.05×49=2.45mm，几乎一个孔的误差，就是说这个插座无法装到印制电路板上。因此，在加工时，不仅要控制每个孔的距离，还要注意误差积累。采用图中的标注就可以避免上述漏洞。

### 9.5.3 印制电路板装配图

印制电路板装配图是供焊接安装工人加工制作印制电路板的工艺图。这种图有两类，一类是将印制电路板上导线图形按板图画出，然后在安装位置加上元器件，如图 9-31 所示。

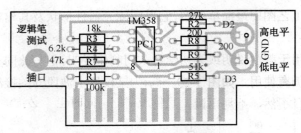

图 9-31 印制电路板装配图 1

绘制这种安装图时要注意：

（1）元器件可以用标准符号，也可以用实物示意图，也可混合使用。

（2）有极性的元器件，如电解电容极性、晶体管极性一定要标记清楚。

（3）同类元器件可以直接标参数、型号，也可标代号，另附表列出代号内容。

（4）特别要说明的工艺要求，如焊点大小、焊料种类、焊后保护处理等要求应加以注明。

另一类印制电路板装配图不画出印制导线的图形，只是将元器件作为正面，画出元器件外形及位置，指导装配焊接，如图 9-32 所示。这类电路图大多以集成电路为主，电路元器件排列比较有规律，印制电路板上的安装孔也比较有规律，而且印制电路板上有丝印的元器件标记，对照安装图不会发生误解。

绘制这种安装图要注意以下几点：

（1）元器件全部用实物表示，但不必画出细节，只绘制外形轮廓即可。

（2）有极性或方向定位的元器件要按实际排列时所处位置标出极性和安装位置，如图 9-32 中的 C7、J2、J8 等。

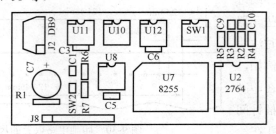

图 9-32 印制电路板装配图 2

（3）集成电路要画出引脚顺序标志，且大小和实物成比例。

（4）一般在每个元器件上都标出代号。

（5）某些规律性较强的器件，如数码管等，也可采用简化表示方法。当采用计算机设计印制电路板图时，大多数情况下可同时获得印制电路板装配图。

### 9.5.4 布线图

布线图是用来表示各零部件相互连接情况的工艺接线图，是整机装配时的主要依据。常用的有直连型、简化型、接线表等。其主要特点及绘制要点如下。

#### 1. 直连型接线图

这种接线图类似于实物图，将各个零部件之间的接线用连线直接画出来，这对简单仪器既方便又实用。

（1）由于布线图所要表示的是接线关系，因此图中各零件主要画出接线板、接线端子等同连接线有关的部位，其他部分可简化或省略。同时也不必拘泥于实物比例，但各零部件位置方向等一定要同实际所处位置、方向对应。

（2）连线可用直线表示，也可用任意线表示，但为了图形整齐，大多数情况下都采用直线。

（3）图中应标出各导线的规格、颜色及特殊要求，如果不标注就意味着由制作者任选。如图 9-33 所示是一个仪器面板的实体接线图。

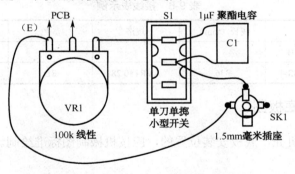

图 9-33 实体接线图举例

#### 2. 简化型接线图

直连型接线图虽有读图方便、使用简明的优点，但对复杂产品来说不仅绘图非常费时，而且连接线太多且相互交错，读图就不方便了。这种情况可使用简化型接线图。这种图的主要特点如下。

（1）装接零部件以结构形式画出，即只画简单轮廓，不必画出实物。元器件可用符号表示，导线用单线表示。与接线无关的零部件无须画出。

（2）导线汇集成束时可用单线表示，结合部位以圆弧 45°角表示。线束的线可用粗线表示，其形状同实际线束形状相似。

（3）每根导线两端应标明端子号码，如果采用接线表，还应该给每根线编号。

简单图也可以直接在图中标出导线规格、颜色等要求。图 9-34 是一个控制实验装置的接线图。

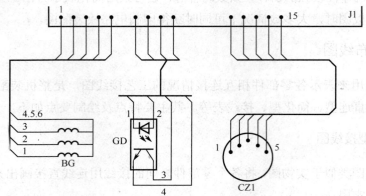

图 9-34 简化型接线图示例

### 3. 接线表

上述接线图也可用接线表来表示。如图 9-34 所示，先将各零部件标以代号或序号，再编出各零部件接线端子的序号，采用如表 9-6 所示的表格，将编好号码的线依次填入。这种方法在较大批量生产中使用较多。

表 9-6 接线表示例

| 线号 | 连接点 | | 线长（mm） | 规格 | 颜色 | 线端修剥长度（mm） | |
| --- | --- | --- | --- | --- | --- | --- | --- |
| | A | B | | | | A | B |
| 1-1 | X1-1 | MS-4 | 336 | AVR1×0.28 | RD | 5 | 5 |

## 9.5.5 机壳底板图

这种图是表达机壳、底板安装位置的，应按机械制图标准绘制。图 9-35 是某底板加工图。

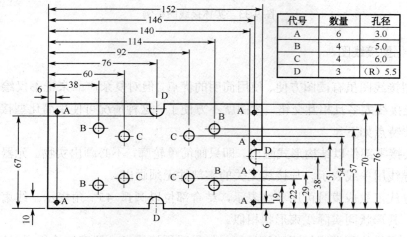

图 9-35 机壳机械加工图例

机壳、面板的尺寸应该尽可能采用标准尺寸系列。在"电子设备主要结构尺寸"（SJ 147—77）中已经规定了标准。

在电子仪器外壳图的表达中，常常采用一种等轴图（见图 9-36），这种图可以使人们对整个机壳外形一目了然，起到视图表达的补充及说明作用。其特点如下。

（1）实物的平行线条在等轴图上也是平行的，这同摄影图不一样。

（2）等轴图 $X$、$Y$、$Z$（长、宽、高）三个方向的线长都等于实物长度。

（3）实物的 $Z$ 方向（垂直）与等轴图相同，而 $X$、$Y$ 方向则变成同水平线方向成 30°角的线。

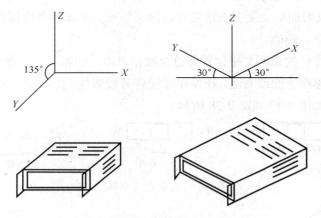

图 9-36  机壳等轴图表示法

### 9.5.6  面板图

面板图是工艺图中要求较高，难度较大的图。既要实现操作要求，又要讲究美观悦目。将工程技术人员的严谨科学态度同工艺美术人员的审美观点结合起来，才能使设计出来的面板图达到上述要求。

关于面板的设计不是本章讨论的内容，这里讨论的是如何绘制出合乎加工要求的合格的面板图。

面板图由两部分组成，如下所述。

**1．面板机械加工图**

它表示面板上安装的仪表、零部件、控制件等的安装尺寸、装配关系及面板同机壳的连接关系。这种图要按机械制图要求进行绘图。面板机械加工图应说明以下内容：

（1）面板外形尺寸。

（2）安装孔尺寸，机械加工要求。

（3）材料、规格。

（4）文字及符号位置、字体、字高、涂色。

（5）表面处理工艺及要求、颜色。

（6）其他需要说明的内容，如某孔需配打、附配件等。

**2. 面板操作信息**

面板上用图形、文字、符号表达的各种操作、控制信息，要求准确、简练，既要符合操作习惯，又要外形美观。

简单的面板图，面板操作信息可以和机械加工图画在一起，较复杂的面板图需要分别绘制。面板文字图形的表达要注意以下几点：

（1）文字符号（汉字、拼音、数字等）的大小应根据面板大小及字数多少来确定。同一面板上同类文字大小应一致，文字规格不宜过多，字高应符合标准。

（2）非出口仪器面板上文字表达应符合国家标准的要求并考虑国内用户的习惯，说明文字应尽量简单、明确。

（3）控制操作件的说明文字位置要符合操作习惯。例如，一个竖直工作的面板上，如果一操作钮名称在下面或右面，在操作时很容易被遮住。如果文字说明放在操作钮上面则较为合理，如图9-37和图9-38所示。

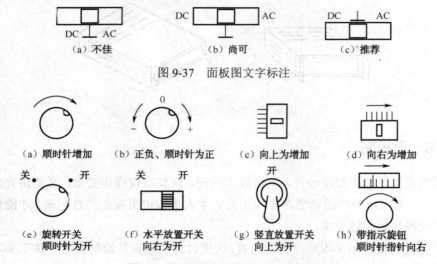

图9-37 面板图文字标注

图9-38 面板控制操作件设计示意图

## 9.5.7 元器件明细表及整件汇总表

对非生产图纸，可将元器件型号、规格等标在电原理图中并加适当说明。而对生产图纸来说，需要另附供采购及计划人员用的元器件明细表。必须注意的是，因为使用这个表的人对设计者的思路并不了解，他们只是照单采购，所以明细表应尽量详细。详细的明细表应包括：

（1）元器件名称及型号。

（2）规格、档次。

（3）数量。

（4）有无代用型号、规格。

（5）备注：是否指定生产厂家，是否有样品等。表9-7是一个示例。

表 9-7  元器件明细表（示例）

| 序号 | 名称 | 型号规格 | 位号 | 数量 | 备注 |
|---|---|---|---|---|---|
| 1 | 电阻 | RJ1-0.25-5k6±5% | R1, R5, R9 | 3 | |
| 2 | 电容 | CL21-160V-47n | C5, C6 | 2 | |
| 3 | 三极管 | 3DG12B | V3, V4, V5 | 3 | 可用 9013 代替 |
| 4 | 集成电路 | MAX4012 | A1 | 1 | MAXIM 公司 |

一般来说，元器件明细表还不能包括整个仪器的全部材料，因此除明细表外还应给出整机汇总表。它包括：

（1）机壳、底板、面板。
（2）机械加工件、外购部件。
（3）标准件。
（4）导线、绝缘材料等。
（5）备件及工具等。
（6）技术文件。
（7）包装材料，包括内外包装、填料等。

# 思考与练习题 9

1. 电子技术文件在工程中有何意义？它的内涵包括哪些？
2. 产品文件有何特点？设计文件与工艺文件的主要差别是什么？
3. 在原理图中如何准确描述一个器件？
4. 电路原理图中的实线、虚线有何不同的含义？
5. 装配图的目的是什么？应该注意哪些方面？
6. 流程图的作用是什么？如何设计？
7. 工艺图主要包括哪些内容，它们的特点是什么？主要应用场合有哪些？

# 参 考 文 献

[1] 宁铎，马令坤，等. 电子工艺实训教程（第 2 版）[M]. 西安：西安电子科技大学出版社，2010.

[2] 刘红兵，邓木生. 电子产品的生产与检验[M]. 北京：高等教育出版社，2012.

[3] 胡晶. 谈企业工艺与产品设计和制造过程的关系[J]. 现代制造技术与装备，2013.

[4] 唐薇娟，曹序芳. 电视原理与接收技术[M]. 西安：西安电子科技大学出版社，2000.

[5] 安永成 彩色电视机检测技术[M]. 北京：电子工业出版社，1997.

[6] 王天曦，李鸿儒. 电子技术工艺基础[M]. 北京：清华大学出版社，2000.

[7] 孙惠康. 电子工艺实训教程[M]. 北京：机械工业出版社，2003.

[8] 秋元利夫著. 邹秀兰译. 电子整机装配技术图解[M]. 哈尔滨：黑龙江科学技术出版社，1985.

[9] 王俊峰，裴炳南，李传光. 电子产品的设计与制作工艺. 北京：北京理工大学出版社，1996.

[10] G. 洛弗特，等著. 江庚和，等译. 电子测试与故障诊断[M]. 武汉：华中工学院出版社，1986.

[11] 谢龙汉，等. Altium Designer 原理图与 PCB 设计及仿真[M]. 北京：电子工业出版社，2012.

[12] 黄智伟. 印制电路板（PCB）设计技术与实践（第 2 版）[M]. 北京：电子工业出版社，2013.

[13] 李宗保. 电子产品生产工艺[M]. 北京：机械工业出版社，2011.

[14] 王卫平，陈栗宋. 电子产品制造工艺（第 2 版）[M]. 北京：高等教育出版社，2011.

[15] 郎永强. 静电安全防护要诀（第 2 版）[M]. 北京：机械工业出版社，2011.

[16] 张文典. 实用表面组装技术[M]. 北京：电子工业出版社，2006.

[17] 邱成悌. 电子组装技术[M]. 南京：东南大学出版社，1998.

[18] 李保红，余根强. 现代质量管理[M]. 郑州：河南大学出版社，2013.

[19] 韩福荣. 现代质量管理学 [M]. 北京：机械工业出版社，2004.

[20] 郭永基. 可靠性工程原理[M]. 北京：清华大学出版社，2002.

[21] 吕顺祥. 系统质量与可靠性工程 [M]. 北京：解放军出版社，1988.

[22] 龚益鸣. 现代质量管理学 [M]. 北京：清华大学出版社，2007.

[23] http://www.chinabaike.com/t/32065/2014/0928/2874568.html

[24] http://wenku.baidu.com/link?url=M4mkc0i5sx5ygu_JHuld8l0iZSN756wPYyuCSGBbefCpW

[25] http://max.book118.com/html/2015/0304/12955190.shtm

[26] http://www.docin.com/p-801367766.html